# 果蔬全产业链
## 国家行业标准概要

◎ 刘凤霞　徐贞贞　主编

中国农业科学技术出版社

图书在版编目（CIP）数据

果蔬全产业链国家行业标准概要/刘凤霞，徐贞贞主编. —北京：中国农业科学技术出版社，2021.6
ISBN 978-7-5116-5332-1

Ⅰ.①果…　Ⅱ.①刘…②徐…　Ⅲ.①水果—产业链—国家标准—中国②水果—产业链—行业标准—中国③蔬菜—产业链—国家标准—中国④蔬菜—产业链—行业标准—中国　Ⅳ.①F326.13-65

中国版本图书馆 CIP 数据核字（2021）第 097155 号

责任编辑　王惟萍
责任校对　马广洋
责任印制　姜义伟　王思文

出 版 者　中国农业科学技术出版社
　　　　　北京市中关村南大街 12 号　邮编：100081
电　　话　（010）82106643（编辑室）　（010）82109702（发行部）
　　　　　（010）82109709（读者服务部）
传　　真　（010）82106643
网　　址　http://www.castp.cn
经 销 者　各地新华书店
印 刷 者　北京中科印刷有限公司
开　　本　210mm×297mm　1/16
印　　张　11
字　　数　410 千字
版　　次　2021 年 6 月第 1 版　2021 年 6 月第 1 次印刷
定　　价　88.00 元

# 《果蔬全产业链国家行业标准概要》
# 编　委　会

主　　任　钱永忠

副 主 任　廖小军　潘思轶

顾　　问（按姓氏笔画排序）

万靓军　王　敏　朱泽闻　吴继红

张　宪　张志华　张星联　陈　松

金　芬　倪元颖　徐学万　徐晓云

郭林宇

主　　编　刘凤霞　徐贞贞

参编人员（按姓氏笔画排序）

凡江涛　王　雪　王冰峰　王红迪

王秀丽　王绍林　王珂雯　米　璐

杨芷璇　杨金艳　杨诗妮　李博雯

范贺凯　段杏柯　葛金江

# 前　言

"十四五"时期是全面推进乡村振兴，加快农业农村现代化的关键5年。习近平总书记指出，标准决定质量。《中共中央　国务院关于全面推进乡村振兴加快农业农村现代化的意见》（2021年中央一号文件）提出，加快健全现代农业全产业链标准体系，推动新型农业经营主体按标生产，培育农业龙头企业标准"领跑者"。

水果和蔬菜作为我国重要的农产品，其种植面积和产量均居世界首位。我国是果蔬生产大国，但非果蔬产业强国。对标果蔬产业高质量发展的新形势和新要求，亟待构建果蔬全产业链标准体系，通过新的标准体系充分引导产业链的延伸，并有效推动产业的提质增效，为做强我国果蔬产业提供全新的标准化工作方案。

基于此，本书从全产业链的视角，以产品为主线，对我国现有果蔬标准进行了梳理，收集归纳了截至2020年年底现行有效的果蔬产业相关国家标准及行业标准共1 532项，其中国家标准377项、农业行业标准723项、商检行业标准208项、林业行业标准51项、商业行业标准78项、轻工行业标准42项、中华全国供销合作总社行业标准37项、其他行业标准16项。全书按照果蔬种植栽培、鲜食果蔬、果蔬保鲜及储运流通、果蔬加工及其制品、果蔬及其制品安全卫生控制、果蔬及其制品品质评价、果蔬产业市场经营及管理、果蔬产业追溯体系管理，将果蔬全产业链各个环节分为8个模块。其中，果蔬种植栽培模块包括产地环境、种子种苗、品种审定、生产栽培、病虫害防治5个环节，果蔬加工及其制品模块包括加工用果蔬原料、果蔬加工制品、果蔬加工技术规程、果蔬加工机械设备、加工制品的工厂化管理及储运流通5个环节。本书参照农业行业标准NY/T 3177—2018《农产品分类与代码》中对蔬菜和水果的分类，蔬菜类具体按根菜类、白菜类、甘蓝类、芥菜类、茄果类、豆类、瓜类、葱蒜类、叶菜类、薯芋类、水生蔬菜、多年生蔬菜、芽苗类、野生蔬菜等顺序进行介绍，水果类具体按仁果类、核果类、浆果类、柑橘类、聚复果类、荔果类、坚果类、荚果类、果用瓜类、香蕉类的顺序进行介绍。另外，本书还对食用菌产业相关标准进行了整理，归到蔬菜类下。

在本书的编辑出版过程中，得到了农业农村部农产品质量安全监管司有关领导的支持，同时得到了农业农村部农业行业标准制修订项目"果蔬全产业链标准体系建设"的资助，在此表示衷心的感谢。

希望本书的出版可为今后构建以产品为主线的全产业链果蔬标准体系提供支撑，也希望通过果蔬全产业链标准体系的构建助力果蔬及其制品的标准化生产和品牌化建设工作，进一步创新标准化协同推进服务产业的新机制，有力推动我国果蔬及其制品的标准化、优质化、品牌化发展，促进果蔬产业的高质量转型升级，助力我国向果蔬产业强国迈进。

本书概述的标准名称与摘要内容均以公开出版的相关标准文件为准，由于内容庞杂和检索能力有限，编写过程中难免出现疏漏之处，敬请广大读者批评指正。

编　者

2021 年 3 月

# 目　　录

## 4.5　加工制品的工厂化管理及贮运流通 …………………………………………………… 98

### 4.5.1　工厂化管理 …………………………………………………………………………… 98

### 4.5.2　加工制品的贮运流通 ………………………………………………………………… 98

# 第5章　果蔬及其制品安全卫生控制 …………………………………………………………… 99

## 5.1　通用类标准 …………………………………………………………………………………… 99

# 第6章　果蔬及其制品品质评价

## 第 7 章　果蔬产业市场经营及管理

### 7.1　市场管理

# 第1章 果蔬种植栽培

## 1.1 产地环境

### 1.1.1 通用类

| 标准号 | 标准名称 | 摘要 |
|---|---|---|
| GB/T 27959—2011 | 南方水稻、油菜和柑桔低温灾害 | 本标准规定了南方水稻、油菜、柑桔致灾的低温灾害分类和等级。<br>本标准适用于各级气象、农业、统计、民政等有关部门对低温灾害监测、预报警报和发布及其评估。 |
| NY/T 848—2004 | 蔬菜产地环境技术条件 | 本标准规定了蔬菜产地选择要求、环境空气质量、灌溉水质量、土壤环境质量、采样及分析方法。<br>本标准适用于陆生蔬菜露地栽培的产地环境要求。 |
| HJ 333—2006 | 温室蔬菜产地环境质量评价标准 | 本标准规定了以土壤为基质种植的温室蔬菜产地温室内土壤环境质量、灌溉水质量和环境空气质量的各个控制项目及其浓度（含量）限值和监测、评价方法。 |

### 1.1.2 蔬菜类

| 分类 | 标准号 | 标准名称 | 摘要 |
|---|---|---|---|
| 根菜类 | GB/T 36783—2018 | 种植根茎类蔬菜的旱地土壤镉、铅、铬、汞、砷安全阈值 | 本标准规定了种植根茎类蔬菜的旱地土壤中镉、铅、铬、汞、砷安全阈值的术语和定义、安全阈值及监测与分析。<br>本标准适用于种植根茎类蔬菜的旱地土壤环境质量评价与管理。 |
| 白菜类 | NY/T 846—2004 | 油菜产地环境技术条件 | 本标准规定了油菜产地适宜的气候条件、油菜产地空气、土壤、灌溉水质量要求及检测方法等。<br>本标准适用于油菜生产。 |
| 薯芋类 | GB 7331—2003 | 马铃薯种薯产地检疫规程 | 本标准规定了马铃薯种薯产地的检疫性有害生物和限定非检疫性有害生物种类、健康种薯生产、检验、检疫、签证等。<br>本标准适用于实施马铃薯产地检疫的检疫机构和所有繁育、生产马铃薯的各种单位（农户）。 |
| | GB 7413—2009 | 甘薯种苗产地检疫规程 | 本标准规定了甘薯种苗产地检疫的程序和方法。<br>本标准适用于农业植物检疫机构对甘薯种苗实施产地检疫。 |
| 茄果类 | GB/T 34965—2017 | 辣椒寒害等级 | 本标准规定了辣椒寒害的等级指标及其使用方法。<br>本标准适用于华南地区冬春季辣椒寒害的调查、统计、监测、预警和评估。 |

### 1.1.3 水果类

| 分类 | 标准号 | 标准名称 | 摘要 |
|---|---|---|---|
| 仁果类 | QX/T 281—2015 | 枇杷冻害等级 | 本标准规定了我国枇杷开花期和幼果期的冻害等级划分指标和冻害等级。<br>本标准适用于枇杷开花期和幼果期冻害的监测/预报和评估等工作。 |

| 分类 | 标准号 | 标准名称 | 摘要 |
|---|---|---|---|
| 仁果类 | NY/T 856—2004 | 苹果产地环境技术条件 | 本标准规定了苹果产地的土壤、灌溉水、空气等环境条件质量要求及其分析方法。<br>本标准适用于苹果的产地环境。 |
| | NY/T 854—2004 | 京白梨产地环境技术条件 | 本标准规定了京白梨产地环境空气质量、土壤环境质量、农灌水质量、采样方法和分析方法。<br>本标准适用于京白梨产地环境。 |
| 核果类 | QX/T 198—2013 | 杨梅冻害等级 | 本标准规定了杨梅种植区越冬期冻害和开花期冻害等级。<br>本标准适用于杨梅种植区越冬期冻害和开花期冻害的监测、预报和评估等工作。 |
| 浆果类 | NY/T 857—2004 | 葡萄产地环境技术条件 | 本标准规定了葡萄产地环境技术条件的定义，葡萄产地环境空气质量、灌溉水质量、土壤有害物成分的各项指标和各项指标的检验方法，葡萄产地选择要求的气候、土壤等生态条件。<br>本标准适用于我国的葡萄产地，其中土壤、气候等生态条件适用于华北地区。 |
| 柑橘类 | GB 5040—2003 | 柑桔苗木产地检疫规程 | 本标准规定了柑桔苗木产地的检疫性有害生物种类、苗木培育、现场检验、室内检验、检验结果报告、疫情处理及签证等。<br>本标准适用于实施柑桔产地检疫的植物检疫机构和所有柑桔苗木繁育单位（个人）。 |
| | QX/T 197—2013 | 柑橘冻害等级 | 本标准规定了柑橘种植区越冬期内单站冻害和区域冻害的等级。<br>本标准适用于柑橘种植区越冬期内冻害的监测、预报和评估等工作。 |
| 荔果类 | QX/T 168—2012 | 龙眼寒害等级 | 本标准规定了龙眼寒害等级划分、表征指标及其计算方法。<br>本标准适用于我国龙眼产区龙眼寒害的调查、统计和评估。 |
| | QX/T 224—2013 | 龙眼暖害等级 | 本标准规定了龙眼暖害指数计算方法及暖害等级划分。<br>本标准适用于龙眼暖害的调查、监测和评估。 |
| 香蕉类 | QX/T 199—2013 | 香蕉寒害评估技术规范 | 本标准规定了香蕉寒害评估的内容、方法和流程等。<br>本标准适用于香蕉主产区开展香蕉寒害的监测评估。 |

## 1.2　种子种苗

### 1.2.1　通用类

| 标准号 | 标准名称 | 摘要 |
|---|---|---|
| NY/T 2118—2012 | 蔬菜育苗基质 | 本标准规定了蔬菜育苗基质的质量要求、试验方法、检验规则、包装、标志、贮存和运输。<br>本标准适用于以腐熟有机物料及天然矿物为主要组分的商品化蔬菜育苗基质的质量判定。 |
| NY/T 2119—2012 | 蔬菜穴盘育苗通则 | 本标准规定了蔬菜穴盘育苗的一般性要求、技术措施、成品苗质量及检验规则，以及商品苗包装、标志与运输要求。<br>本标准适用于以种子作为繁殖材料的蔬菜穴盘育苗。 |
| NY/T 2812—2015 | 热带作物种质资源收集技术规程 | 本标准规定了热带作物种质资源考察收集、引种及征集的术语和定义、收集对象和收集方式。<br>本标准适用于热带作物种质资源收集。 |

## 1.2.2　蔬菜类

| 分类 | 标准号 | 标准名称 | 摘要 |
|---|---|---|---|
| 白菜类 | GB 16715.2—2010 | 瓜菜作物种子　第2部分：白菜类 | GB 16715 的本部分规定了结球白菜 [*Brassica campestris* L. ssp. *pekinensis*（Lour）. Olsson]、不结球白菜 [*Brassica campestris* L. ssp. *Chinensis*（L.）Makino.] 种子的质量要求、检验方法和检验规则。<br>本部分适用于中华人民共和国境内生产、销售的上述白菜类种子，涵盖包衣种子和非包衣种子。 |
| | NY/T 972—2006 | 大白菜种子繁育技术规程 | 本标准规定了大白菜种子繁育基地及繁育技术的基本要求。<br>本标准适用于大白菜各类种子的生产。 |
| 甘蓝类 | GB 16715.4—2010 | 瓜菜作物种子　第4部分：甘蓝类 | GB 16715 的本部分规定了结球甘蓝（*Brassica oleracea* L. var. *capitata* L.）、球茎甘蓝（*Brassica deracea* L. var. *capitata* DC.）、花椰菜（*Brassica oleracea* L. var. *botrytis* L.）种子的质量要求、检验方法和检验规则。<br>本部分适用于中华人民共和国境内生产、销售的上述甘蓝类种子，涵盖包衣种子和非包衣种子。 |
| 茄果类 | GB 16715.3—2010 | 瓜菜作物种子　第3部分：茄果类 | GB 16715 的本部分规定了茄子（*Solanum melongena* L.）、辣椒（甜椒）（*Capsicum frutescens* L.）、番茄（*Lycopersicon esculentum* Mill.）种子的质量要求、检验方法和检验规则。<br>本部分适用于中华人民共和国境内生产、销售的上述茄果类种子，涵盖包衣种子和非包衣种子。 |
| | NY/T 2312—2013 | 茄果类蔬菜穴盘育苗技术规程 | 本标准规定了茄果类蔬菜穴盘育苗的一般性要求、操作管理技术措施、成苗质量与检验规则，以及商品苗包装与运输。<br>本标准适用于番茄、辣椒、茄子穴盘育苗。 |
| 豆类 | NY/T 1213—2006 | 豆类蔬菜种子繁育技术规程 | 本规程规定了菜豆、豇豆蔬菜种子繁育的术语，种子生产程序和方法。<br>本规程适用于菜豆、豇豆原种和大田用种种子的生产。 |
| | NY 2619—2014 | 瓜菜作物种子　豆类（菜豆、长豇豆、豌豆） | 本标准规定了菜豆（*Phaseolus vulgaris* L.）、长豇豆 [*Vigna unguiculata* W. ssp. *Sesquipedalis*（L.）Verd.]、豌豆种子（*Pisum sativum* L.）的质量要求、检验方法和检验规则。<br>本标准适用于中华人民共和国境内生产、销售上述豆类种子，涵盖包衣种子和非包衣种子。 |
| | SN/T 1586.3—2011 | 菜豆的多重 PCR 鉴定方法 | SN/T 1586 的本部分规定了对菜豆遗传种质资源多重 PCR 鉴定方法。<br>本部分适用于菜豆物种及其遗传材料的检测。 |
| 瓜类 | NY/T 1214—2006 | 黄瓜种子繁育技术规程 | 本标准规定了黄瓜原种、大田用种的繁育程序和方法。<br>本标准适用于黄瓜常规种、杂交种子的繁育。 |
| | GB 16715.1—2010 | 瓜菜作物种子　第1部分：瓜类 | GB 16715 的本部分规定了西瓜 [*Citrullus lanatus*（Thunb.）Matsum. et Nakai]、甜瓜（*Cucumismelo* L.）、冬瓜 [*Benincasa hispida*（Thunb.）Cogn.]、黄瓜（*Cucumis sativus* L.）种子的质量要求、检验方法和检验规则。 |
| | GB 16715.5—2010 | 瓜菜作物种子　第5部分：绿叶菜类 | GB 16715 的本部分规定了芹菜（*Apium Graveolens* L.）、菠菜（*Spinacia oleracea* L.）、莴苣（*Lactuca sativa* L.）种子的质量要求、检验方法和检验规则。本部分适用于中华人民共和国境内生产、销售的上述绿叶菜类种子，涵盖包衣种子和非包衣种子。 |
| 薯芋类 | GB/T 29375—2012 | 马铃薯脱毒试管苗繁育技术规程 | 本标准规定了马铃薯茎尖脱毒与组织培养、脱毒试管苗扩繁的技术要求和操作规程。<br>本标准适用于马铃薯脱毒试管苗的培育、扩繁。 |
| | GB/T 29376—2012 | 马铃薯脱毒原原种繁育技术规程 | 本标准规定了马铃薯脱毒原原种繁育的技术要求和操作规程。<br>本标准适用于实验室、温室、防虫网室中马铃薯脱毒原原种的繁育。 |

| 分类 | 标准号 | 标准名称 | 摘要 |
|---|---|---|---|
| 薯芋类 | GB/T 29377—2012 | 马铃薯脱毒种薯级别与检验规程 | 本标准规定了马铃薯原原种（G1）、原种（G2）、大田种薯（G3）各级别质量指标与检验技术要求。包括各级种薯质量要求、级别判定、田间检验、收获后块茎检验、发货前块茎检验、分级标签与证书等。<br>本标准适用于马铃薯种薯田间、收获后、发货前的级别判定与检验。 |
| | GB/T 29378—2012 | 马铃薯脱毒种薯生产技术规程 | 本标准规定了马铃薯原种（G2）、大田种薯（G3）的生产技术要求和操作规范。<br>本标准适用于马铃薯原种（G2）、大田种薯（G3）的生产。 |
| | NY/T 1212—2006 | 马铃薯脱毒种薯繁育技术规程 | 本标准规定了马铃薯脱毒技术、脱毒马铃薯基础种薯生产技术。<br>本标准适用于马铃薯脱毒技术和基础种薯生产。 |
| | NY/T 1303—2007 | 农作物种质资源鉴定技术规程　马铃薯 | 本标准规定了马铃薯（Solanum tuberosum L.）种质资源的鉴定技术要求和方法。<br>本标准适用于马铃薯（Solanum tuberosum L.）种质资源的植物学特征、生物学特性、品质性状和抗病性的鉴定，其他种的鉴定参考此规程。 |
| | NY/T 1606—2008 | 马铃薯种薯生产技术操作规程 | 本标准规定了马铃薯种薯生产技术要求。<br>本标准适用于马铃薯种薯生产。 |
| | NY/T 2179—2012 | 农作物优异种质资源评价规范　马铃薯 | 本标准规定了马铃薯（Solanum tuberosum L.）优异种质资源评价的术语和定义、技术要求、鉴定方法和判定。<br>本标准适用于马铃薯优异种质资源的评价，其他种的评价参考此规范。 |
| | NY/T 2716—2015 | 马铃薯原原种等级规格 | 本标准规定了马铃薯原原种的要求、等级规格、抽样方法、包装和标识。<br>本标准适用于马铃薯原原种的分等分级。 |
| | NY/T 2940—2016 | 马铃薯种质资源描述规范 | 本标准规定了马铃薯（Solanum tuberosum L.）种质资源基本信息、植物学特征、生物学特性、品质性状及抗性性状的描述方法。<br>本标准适用于马铃薯（Solanum tuberosum L.）种质资源的描述。 |
| | NY/T 1200—2006 | 甘薯脱毒种薯 | 本标准规定了甘薯脱毒种薯（苗）的要求、试验方法、判定规则、收获、包装、标签、运输、贮藏。<br>本标准适用于甘薯脱毒试管苗及脱毒种薯（苗）繁育、生产、销售过程中的质量鉴定。 |
| | NY/T 1320—2007 | 农作物种质资源鉴定技术规程　甘薯 | 本标准规定了甘薯［Ipomoea batatas（L.）Lam.］种质资源鉴定的技术要求和方法。<br>本标准适用于甘薯［Ipomoea batatas（L.）Lam.］栽培种种质资源的植物学特征、生物学特性、品质性状和抗性的鉴定，甘薯属的其他种参考本鉴定技术规程。 |
| | NY/T 2176—2012 | 农作物优异种质资源评价规范　甘薯 | 本标准规定了甘薯［Ipomoea batatas（L.）Lam.］优异种质资源评价的术语和定义、技术要求、鉴定方法和判定。<br>本标准适用于甘薯优异种质资源评价。 |
| | NY/T 2939—2016 | 甘薯种质资源描述规范 | 本标准规定了甘薯［Ipomoea batatas（L.）Lam.］种质资源基本信息、植物学特征、生物学特性、产量性状、品质性状及抗性性状的描述方法。<br>本标准适用于甘薯种质资源的描述。 |
| | NY/T 2327—2013 | 农作物种质资源鉴定评价技术规范　芋 | 本标准规定了芋［Colocasia esculenla（Linn.）Schott］种质资源鉴定评价的术语和定义、技术要求、鉴定方法和判定。<br>本标准适用于芋种质资源的鉴定和优异种质资源评价，滇南芋（C. antiquorum Schott）种质资源的鉴定评价可参照执行。 |

| 分类 | 标准号 | 标准名称 | 摘要 |
|---|---|---|---|
| 薯芋类 | NY/T 2938—2016 | 芋种质资源描述规范 | 本标准规定了芋种质资源［*Colocasia esculenta*（Linn.）Schott］基本信息、植物学特征、生物学特性、产量性状、品质性状及抗性性状的描述方法。<br>本标准适用于芋种质资源性状的描述。 |
| | NY/T 715—2003 | 魔芋种芋繁育技术规程 | 本标准规定了花魔芋（*Amorphophallus konjac* K. Koch）和白魔芋（*A. albus* Liu *et* Chen）种芋繁育的术语及定义、繁殖体系、繁育技术、采收和贮藏。<br>本标准适用于魔芋种芋繁育。 |
| 水生蔬菜 | NY/T 2941—2016 | 茭白种质资源描述规范 | 本标准规定了茭白［*Zizania latifolia*（Griseb.）Turcz. ex Stapf.］种质资源基本信息、植物学特征、生物学特性、产量性状、品质性状及抗性性状的描述方法。<br>本标准适用于茭白种质资源性状的描述。 |
| | NY/T 1311—2007 | 农作物种质资源鉴定技术规程　茭白 | 本标准规定了茭白［*Zizania latifolia*（Griseb.）Turcz. ex Stapf.］种质资源鉴定的技术要求和方法。<br>本标准适用于茭白［*Zizania latifolia*（Griseb.）Turcz. ex Stapf.］种质资源植物学特征、生物学特性和品质性状的鉴定。 |
| | NY/T 2183—2012 | 农作物优异种质资源评价规范　茭白 | 本标准规定了栽培茭白［*Zizania latifolia*（Griseb.）Turcz. ex Stapf.］优异种质资源评价的术语和定义、技术要求、鉴定方法和判定。<br>本标准适用于茭白优异种质资源的评价。 |
| | NY/T 2937—2016 | 莲种质资源描述规范 | 本标准规定了莲属（*Nelumbo* Adans.）种质资源基本信息、植物学特征、生物学特性、产量性状、品质性状及抗性性状的描述方法。<br>本标准适用于莲属种质资源性状的描述。 |
| | NY/T 1315—2007 | 农作物种质资源鉴定技术规程　莲 | 本标准规定了莲属（*Nelumbo* Adans.）种质资源鉴定的技术要求和方法。<br>本标准适用于莲属（*Nelumbo* Adans.）种质资源植物学特征、生物学特性和品质性状的鉴定。 |
| | NY/T 2182—2012 | 农作物优异种质资源评价规范　莲藕 | 本标准规定了莲藕（*Nelumbo nucifera* Gaertn.）优异种质资源评价的术语和定义、技术要求、鉴定方法和判定。<br>本标准适用于莲藕（藕莲）优异种质资源的评价。 |
| 食用菌类 | GB 19169—2003 | 黑木耳菌种 | 本标准规定了黑木耳菌种的术语和定义、质量要求、试验方法、检验规则及标签、标志、包装、贮运等。<br>本标准适用于黑木耳菌种的生产、流通和使用。 |
| | GB 19170—2003 | 香菇菌种 | 本标准规定了香菇菌种的质量要求、试验方法、检验规则及标签、标志、包装、贮运等。<br>本标准适用于香菇菌种的生产、流通和使用。 |
| | GB 19171—2003 | 双孢蘑菇菌种 | 本标准规定了双孢蘑菇菌种的质量要求、试验方法、检验规则及标签、标志、包装、贮运等。<br>本标准适用于双孢蘑菇菌种的生产、经销和使用。 |
| | GB 19172—2003 | 平菇菌种 | 本标准规定了平菇菌种的质量要求、试验方法、检验规则及标签、标志、包装、贮运等。<br>本标准适用于侧耳属的平菇菌种，也适用于该属的紫孢侧耳、小平菇、凤尾菇、佛罗里达平菇的生产、流通和使用。 |
| | GB/T 23599—2009 | 草菇菌种 | 本标准规定了草菇（*Volvariella volvacea*）菌种的相关术语和定义、质量要求、试验方法、检验规则及标签、标志、包装、运输、贮存的要求。<br>本标准适用于草菇菌种的生产、流通和使用。 |

| 分类 | 标准号 | 标准名称 | 摘要 |
|---|---|---|---|
| 食用菌类 | GB/T 29368—2012 | 银耳菌种生产技术规范 | 本标准规定了银耳菌种生产的术语和定义、要求、一级种制作、二级种制作、三级种制作、接种室（箱）消毒处理、培养室处理、培养期检查、菌种生产档案和标志、包装、运输。<br>本标准适用于银耳菌种生产。 |
| | GB/T 35880—2018 | 银耳菌种质量检验规程 | 本标准规定了银耳菌种质量检验的术语和定义、抽样、检验内容与方法、质量要求、判定规则。<br>本标准适用于银耳菌种质量的检验。 |
| | NY 862—2004 | 杏鲍菇和白灵菇菌种 | 本标准规定了杏鲍菇（*Pleurotus eryngii*）和白灵菇（*Pleurotus nebrodensis*）各级菌种的质量要求、试验方法、检验规则及标签、标志、包装、贮运。<br>本标准适用于杏鲍菇（*Pleurotus eryngii*）和白灵菇（*Pleurotus nebrodensis*）的母种（一级种）、原种（二级种）和栽培种（三级种）。 |
| | NY/T 1097—2006 | 食用菌菌种真实性鉴定　酯酶同工酶电泳法 | 本标准规定了食用菌菌种真实性鉴定方法　酯酶同工酶电泳法的原理、仪器、试剂、电咏操作、试验结果的观察和统计分析。<br>本标准适用于糙皮侧耳（*Pleurotus ostreatus*）、白黄侧耳（*Pleurotus cornucopiae*）、肺形侧耳（*Pleurotus pulmonarius*）、佛州侧耳（*Pleurotus osteatus var. florida*）、香菇（*Lentinula edodes*）、杏鲍菇（*Pleurotus eryngii*）、双孢蘑菇（*Agaricus bisporus*）、黑木耳（*Auricularia auicula*）、茶树菇（*Agrogybe cylindrica*）等食用菌菌种真实性的鉴定，包括母种（一级种）、原种（二级种）和栽培种（三级种）。 |
| | NY/T 1730—2009 | 食用菌菌种真实性鉴定　ISSR法 | 本标准规定了ISSR技术鉴定食用菌菌种真实性的方法。<br>本标准适用于对糙皮侧耳（*Pleurotus ostreatus*）、香菇（*Lentinula edodes*）、黑木耳（*Auricularia auicula*）、白灵菇（*Pleurotus nebrodensis*）、杏鲍菇（*Pleurotus eryngii*）、白黄侧耳（*Pleurotus cornucopiae*）、肺形侧耳（*Pleurotus pulmonarius*）、佛州侧耳（*Pleurotus osteatus var. florida*）、灰树花（*Grifola frondose*）、金针菇（*Flammulina velutipes*）、滑菇（*Pholiota nameko*）、茶树菇（*Agrocybe cylindracea*）、鸡腿菇（*Coprinus comatus*）等食用菌菌种真实性的鉴定，包括母种（一级种）、原种（二级种）和栽培种（三级种）。 |
| | NY/T 1731—2009 | 食用菌菌种良好作业规范 | 本标准规定了食用菌菌种生产厂房、生产资质、环境要求、原料管理、生产过程管理、菌种保藏、出菇试验、设备管理、质量检验、不合格品处理、质量审核、菌种档案、人员管理及安全管理等的要求。<br>本标准适用于食用菌菌种生产。 |
| | NY/T 1742—2009 | 食用菌菌种通用技术要求 | 本标准规定了食用菌各级菌种的质量要求、抽样、试验方法、检验规则及标签、标志、包装、运输和贮存。<br>本标准适用于平菇（糙皮侧耳，*Pleurotus ostreatus*）、白黄侧耳（*Pleurotus cornucopiae*）、肺形侧耳（*Pleurotus pulmonarius*）、佛州侧耳（*Pleurotus osteatus var. florida*）、香菇（*Lentinula edodes*）、黑木耳（*Auricularia auicula*）、毛木耳（*Auricularia polytricha*）、双孢蘑菇（*Agaricus bisporus*）、金针菇（*Flammulina velutipes*）、榆黄蘑（*Pleurotus citrinopileatus*）、白灵菇（*Pleurotus nebrodensis*）、杏鲍菇（*Pleurotus eryngii*）、茶树菇（*Agrogybe cylindracea*）、鸡腿菇（*Coprinus comatus*）、灵芝（*Ganoderma lucidum*）、茯苓（*Poria cocos*）、猴头菌（*Hericium erinaceus*）、灰树花（*Grifola frondose*）、草菇（*Volvariella volvacea*）、滑菇（*Pholiota nameko*）等食用菌的母种（一级种）、原种（二级种）和栽培种（三级种）。 |

| 分类 | 标准号 | 标准名称 | 摘要 |
|---|---|---|---|
| 食用菌类 | NY/T 1743—2009 | 食用菌菌种真实性鉴定 RAPD 法 | 本标准规定了利用 RAPD 技术鉴定食用菌菌种真实性的方法。<br>本标准适用于糙皮侧耳 (*Pleurotus ostreatus*)、白黄侧耳 (*Pleurotus cornucopiae*)、肺形侧耳 (*Pleurotus pulmonarius*)、佛州侧耳 (*Pleurotus osteatus* var. *florida*)、杏鲍菇 (*Pleurotus eryngii*)、白灵菇 (*Pleurotus nebrodensis*)、香菇 (*Lentinula edodes*)、双孢蘑菇 (*Agaricus bisporus*)、黑木耳 (*Auricularia auricula*)、茶树菇 (*Agrocybe cylindracea*)、鸡腿菇 (*Coprinus comatus*)、金针菇 (*Flammulina velutipes*)、灰树花 (*Grifola frondose*) 等食用菌菌种真实性的鉴定,包括母种 (一级种)、原种 (二级种) 和栽培种 (三级种)。 |
| | NY/T 1845—2010 | 食用菌菌种区别性鉴定拮抗反应 | 本标准规定了应用拮抗反应进行食用菌菌种区别性鉴定的方法。<br>本标准适用于糙皮侧耳 (*Pleurotus ostreatus*)、白黄侧耳 (*Pleurotus cornucopiae*)、肺形侧耳 (*Pleurotus pulmonarius*)、佛州侧耳 (*Pleurotus osteatus* var. *florida*)、杏鲍菇 (*Pleurotus eryngii*)、金顶侧耳 (*Pleurotus citrinopileatus*)、猴头菇 (*Hericium erinaceus*)、白灵菇 (*Pleurotus nebrodensis*)、黑木耳 (*Auricularia auricula*)、毛木耳 (*Auricularia polytricha*)、茶树菇 (*Agrocybe cylindrica*)、金针菇 (*Flammulina velutipes*)、滑菇 (*Pholiota nameko*)、香菇 (*Lentinula edodes*)、灰树花 (*Grifola frondosa*)、灵芝 (*Ganoderma* spp.)、鸡腿菇 (*Coprinus comatus*)、黄伞 (*Pholiota adiposa*)、斑玉蕈 (*Hypsizygus marmoreus*) 等食用菌菌种区别性的鉴定,包括母种、原种和栽培种。 |
| | NY/T 1846—2010 | 食用菌菌种检验规程 | 本标准规定了各类食用菌菌种质量的检验内容和方法以及抽样、判定规则等要求。<br>本标准适用于各类食用菌各级菌种质量的检验。 |
| | NY/T 528—2010 | 食用菌菌种生产技术规程 | 本标准规定了食用菌菌种生产的场地、厂房设置和布局、设备设施、使用品种、生产工艺流程、技术要求、标签、标志、包装、运输和贮存等。<br>本标准适用于不需要伴生菌的各种各级食用菌菌种生产。 |
| | NY/T 1735—2009 | 根瘤菌生产菌株质量评价技术规范 | 本标准规定了根瘤菌生产菌株质量评价的要求、方法和规则。<br>本标准适用于豆科作物接种剂生产的根瘤菌菌株。 |

## 1.2.3 水果类

| 分类 | 标准号 | 标准名称 | 摘要 |
|---|---|---|---|
| 仁果类 | NY/T 1318—2007 | 农作物种质资源鉴定技术规程 苹果 | 本标准规定了苹果属 (*Malus* Mill.) 种质资源鉴定的技术要求和方法。<br>本标准适用于苹果属 (*Malus* Mill.) 种质资源的植物学特征、生物学特性、果实性状和抗病虫性的鉴定。 |
| | NY/T 2029—2011 | 农作物优异种质资源评价规范 苹果 | 本标准规定了苹果属 (*Malus* Mill.) 优异种质资源评价的术语定义、技术要求、鉴定方法和判定。<br>本标准适用于苹果优异种质资源评价。 |
| | NY/T 2305—2013 | 苹果高接换种技术规范 | 本标准规定了高接前准备、高接技术、高接后管理等苹果高接换种技术。<br>本标准适用于以品种更新为目的的苹果树高接换种。 |
| | NY/T 2921—2016 | 苹果种质资源描述规范 | 本标准规定了苹果 (*Malus* sp.) 种质资源描述的内容和方法。<br>本标准适用于苹果种质资源收集保存和鉴定评价过程中的描述。 |
| | NY/T 1307—2007 | 农作物种质资源鉴定技术规程 梨 | 本标准规定了梨属 (*Pyrus* L.) 种质资源鉴定要求和方法。<br>本标准适用于梨属 (*Pyrus* L.) 种质资源主要植物学特征、生物学特性、果实性状和抗病性鉴定。 |

| 分类 | 标准号 | 标准名称 | 摘要 |
|---|---|---|---|
| 仁果类 | NY/T 2032—2011 | 农作物优异种质资源评价规范 梨 | 本标准规定了梨属（*Pyrus* L.）优异种质资源评价的术语定义、技术要求、鉴定方法和判定。<br>本标准适用于梨属（*Pyrus* L.）优异种质资源评价。 |
|  | NY/T 2922—2016 | 梨种质资源描述规范 | 本标准规定了梨属（*Pyrus* L.）种质资源描述的内容和方法。<br>本标准适用于梨属种质资源收集、保存和鉴定评价过程中的描述。 |
|  | NY/T 1304—2007 | 农作物种质资源鉴定技术规程 枇杷 | 本标准规定了枇杷［*Eriobotrya japonica*（Thunb.）Lindl.］种质资源鉴定的技术要求和方法。<br>本标准适用于枇杷［*Eriobotrya japonica*（Thunb.）Lindl.］种质资源的植物学特征、生物学特性和果实性状的鉴定，亦可供枇杷属其他种的资源鉴定参照执行。 |
|  | NY/T 2021—2011 | 农作物优异种质资源评价规范 枇杷 | 本标准规定了枇杷［*Eriobotrya japonica*（Thunb.）Lindl.］优异种质资源评价的术语定义、技术要求、鉴定方法和判定。<br>本标准适用于枇杷优异种质资源评价。 |
|  | NY/T 2929—2016 | 枇杷种质资源描述规范 | 本标准规定了枇杷属（*Eriobotrya* Lindl.）种质资源的描述内容和描述方法。<br>本标准适用于枇杷属种质资源收集、保存、鉴定、评价过程中的描述。 |
|  | NY/T 2928—2016 | 山楂种质资源描述规范 | 本标准规定了山楂属（*Crataegus* L.）植物种质资源描述的内容和方法。<br>本标准适用于山楂属种质资源收集、保存、鉴定和评价过程的描述。 |
|  | NY/T 2325—2013 | 农作物种质资源鉴定评价技术规范 山楂 | 本标准规定了山楂属（*Crataegus* L.）种质资源鉴定评价的术语和定义、技术要求、鉴定方法和判定。<br>本标准适用于山楂属种质资源的鉴定和优异种质资源评价。 |
| 核果类 | NY/T 1317—2007 | 农作物种质资源鉴定技术规程 桃 | 本标准规定了李属［*Prunus*（L.）Batsch.］中的普通桃［*Prunus persica*（L.）Batsch.］、山桃（*P. dauidiana* Franch.）、甘肃桃（*P. kansuensis* Rehd.）、陕甘山桃（*P. potaninii* Batal.）、光核桃（*P. Mira* Koehne）和新疆桃（*P. ferganensis* Kost. et Riab.）等桃种质资源鉴定的技术要求和方法。<br>本标准适用于桃种质资源的植物学特征、生物学特性、果实性状和抗逆性的鉴定。 |
|  | NY/T 2026—2011 | 农作物优异种质资源评价规范 桃 | 本标准规定了桃（*Prunus persica* L.）优异种质资源评价的术语定义、技术要求、鉴定方法和判定。<br>本标准适用于桃优异种质资源评价。 |
|  | NY/T 2923—2016 | 桃种质资源描述规范 | 本标准规定了李属［*Prunus*（L.）Batsch.］桃亚属（subgenus *Amygdalus* L.）的桃种质资源描述内容和描述方式。<br>本标准适用于桃［*Prunus persica*（L.）Batsch.］、山桃（*P. davidiana* Franch.）、甘肃桃（*P. kansuensis* Rehd.）、陕甘山桃（*P. potaninii* Batal.）、光核桃（*P. mira* Koehne）和新疆桃（*P. ferganensis* Kost. et Riab.）种质资源性状的描述。 |
|  | NY/T 1306—2007 | 农作物种质资源鉴定技术规程 杏 | 本标准规定了李属（*Prunus* L.）杏亚属中的普通杏（*P. armeniaca* L.）、西伯利亚杏（*P. sibirica* L.）、东北杏（*P. mandshurica* Koehne）等种质资源鉴定的技术要求和方法。<br>本标准适用于李属杏亚属种质资源的主要植物学特征、生物学特性、果实性状的鉴定。 |
|  | NY/T 2925—2016 | 杏种质资源描述规范 | 本标准规定了李属杏亚属（*Prunus Subgenus Armeniacn* Mill.）种质资源的描述内容和描述方式。<br>本标准适用于杏亚属内各类种质资源性状的描述。 |

| 分类 | 标准号 | 标准名称 | 摘要 |
|---|---|---|---|
| 核果类 | NY/T 1308—2007 | 农作物种质资源鉴定技术规程 李 | 本标准规定了李属（*Prunus* L.）李亚属中国李（*P. salicina* Lindl.）、乌苏里李（*P. ussuriensis* Kov. et Kost.）、杏李（*P. simonii* Carr.）、欧洲李（*P. domestica* L.）、樱桃李（*P. cerasifera* Ehrh.）、黑刺李（*P. spinosa* L.）、乌荆子李（*P. insititia* L.）、美洲李（*P. americana* Marsh.）、加拿大李（*P. nigra* Ait.）等种质资源鉴定的技术要求和方法。<br>本标准适用于李属种质资源的主要植物学特征、生物学特性、果实性状的鉴定。 |
| | NY/T 2027—2011 | 农作物优异种质资源评价规范 李 | 本标准规定了李属李亚属（*Prunus* Subgenus. *Prunus* Mill.）优异种质资源评价的术语定义、技术要求、鉴定方法和判定。<br>本标准适用于李属李亚属（*Prunus* Subgenus. *Prunus* Mill.）优异种质资源评价。 |
| | NY/T 2924—2016 | 李种质资源描述规范 | 本标准规定了李属李亚属（*Prunus* Subgenus. *Prunus* Mill.）种质资源的描述内容和描述方法。<br>本标准适用于李种质资源的描述。 |
| | NY/T 2326—2013 | 农作物种质资源鉴定评价技术规范 枣 | 本标准规定了枣（*Ziziphus jujuba* Mill.）种质资源鉴定评价的术语和定义、技术要求、鉴定方法和判定。<br>本标准适用于枣种质资源的鉴定和优异种质资源评价。 |
| | NY/T 2927—2016 | 枣种质资源描述规范 | 本标准规定了枣（*Ziziphus jujuba*）和酸枣（*Ziziphus acidojuba*）种质资源的描述内容和方式。<br>本标准适用于枣和酸枣种质资源的描述。 |
| | NY/T 590—2012 | 芒果 嫁接苗 | 本标准规定了芒果（*Mangifera indica* L.）嫁接苗相关的术语和定义、要求、试验方法、检测规则、包装、标识、运输和贮存。<br>本标准适用于台农1号（Tainoung No. 1）、白象牙（Nang Klang Wun）、贵妃（Guifei）、金煌（Chiin Huang）、桂热82（Guire No. 82）、凯特（Keitt）品种嫁接苗的质量检测，也可作为其他芒果品种嫁接苗检测参考。 |
| | NY/T 1808—2009 | 芒果 种质资源描述规范 | 本标准规定了漆树科（Anacardiaceae）芒果属（*Mangifera*）种质资源描述的要求与方法。<br>本标准适用于芒果属种质资源描述。 |
| 浆果类 | NY/T 2324—2013 | 农作物种质资源鉴定评价技术规范 猕猴桃 | 本标准规定了猕猴桃属（*Actinidia* L.）种质资源鉴定评价的术语和定义、技术要求、鉴定方法和判定。<br>本标准适用于猕猴桃属种质资源植物学特征、生物学特性和果实特性的鉴定和优异种质资源评价。 |
| | NY/T 2933—2016 | 猕猴桃种质资源描述规范 | 本标准规定了猕猴桃属（*Actinidia* L.）植物种质资源的描述内容和描述方式。<br>本标准适用于猕猴桃属植物种质资源性状的描述。 |
| | NY/T 1322—2007 | 农作物种质资源鉴定技术规程 葡萄 | 本标准规定了葡萄属（*Vitis* L.）种质资源鉴定的技术要求和方法。<br>本标准适用于葡萄属（*Vitis* L.）种质资源的植物学特征、生物学特性和果实性状的鉴定。 |
| | NY/T 1843—2010 | 葡萄无病毒母本树和苗木 | 本标准规定了葡萄无病毒母本树和苗木的质量要求、检验规则、检测方法、包装和标识。<br>本标准适用于葡萄无病毒母本树和苗木的繁育及销售。 |
| | NY/T 2023—2011 | 农作物优异种质资源评价规范 葡萄 | 本标准规定了葡萄属（*Vitis* L.）优异种质资源评价的术语定义、技术要求、鉴定方法和判定。<br>本标准适用于葡萄优异种质资源评价。 |
| | NY/T 2932—2016 | 葡萄种质资源描述规范 | 本标准规定了葡萄属（*Vitis* L.）种质资源的描述内容和描述方法。<br>本标准适用于葡萄属种质资源的描述。 |

| 分类 | 标准号 | 标准名称 | 摘要 |
|---|---|---|---|
| 浆果类 | NY/T 689—2003 | 番石榴　嫁接苗 | 本标准规定了番石榴（*Psidium guajava* L.）嫁接苗的要求、试验方法、检验规则、包装、标志、贮存、运输。<br>本标准适用于番石榴的嫁接苗。 |
| | NY/T 1309—2007 | 农作物种质资源鉴定技术规程　柿 | 本标准规定了柿属（*Diospyros* L.）种质资源鉴定的技术要求和方法。<br>本标准适用于柿属种质资源的植物学特征、生物学特性、果实性状的鉴定。 |
| | NY/T 2024—2011 | 农作物优异种质资源评价规范　柿 | 本标准规定了柿属（*Diospyros* L.）优异种质资源评价的术语定义、技术要求、鉴定方法和判定。<br>本标准适用于柿属（*Diospyros* L.）优异种质资源评价。 |
| | NY/T 2926—2016 | 柿种质资源描述规范 | 本标准规定了柿属（*Diospyros* Linn.）种质资源的描述内容和描述方式。<br>本标准适用于柿属种质资源的描述。 |
| | NY/T 1438—2007 | 番木瓜种苗 | 本标准规定了番木瓜（*Cacrica papaya* L.）种苗的术语和定义、要求、试验方法、检测规则、包装、标签和运输。<br>本标准适用于番木瓜种苗。 |
| | LY/T 1886—2010 | 柿苗木 | 本标准规定了柿苗木的分级要求、检验方法、检验规则、起苗、包装、运输和贮藏。<br>本标准适用于露地培育的柿嫁接苗木 |
| | LY/T 1893—2010 | 石榴苗木培育技术规程 | 本标准规定了石榴苗木培育技术、苗木出圃和质量分级、苗木检验、包装、标志和运输。<br>本标准适用于石榴育苗。 |
| | NY/T 452—2001 | 杨桃　嫁接苗 | 本标准规定了杨桃（*Auerrhoa carambola*）嫁接苗的定义、砧木条件及接穗的要求、出圃的基本要求及分级指标、检验方法及检验规则，定级准则、包装、标志和运输。<br>本标准适用于杨桃各个品种的嫁接苗。 |
| | NY/T 3327—2018 | 莲雾　种苗 | 本标准规定了莲雾 [*Syzygium samarangense*（Bl.）Merr. ct Pcrry] 种苗的要求、检验方法、检验规则、标识、运输和储存。<br>本标准适用于莲雾的嫁接苗和扦插苗的质量检验。 |
| | NY/T 1400—2007 | 黄皮嫁接苗 | 本标准规定了黄皮 [*Clausena lansium*（Lour）Skeels] 嫁接苗的术语和定义、要求、试验方法、检验规则、标识以及包装、运输和贮存。<br>本标准适用于黄皮嫁接苗。 |
| 柑橘类 | GB/T 9659—2008 | 柑桔嫁接苗 | 本标准规定了柑桔嫁接苗的定义、砧穗组合方式、砧木与接穗要求、出圃苗木质量指标、检验及包装、标志、运输等要求。<br>本标准适用于甜橙类、宽皮柑桔类、柚类、柠檬类、金柑、杂柑等一年生嫁接苗（含大田苗和容器苗）。 |
| | NY/T 1486—2007 | 农作物种质资源鉴定技术规程　柑橘 | 本标准规定了柑橘属（*Citrus* L.）及其近缘属种质资源鉴定的要求和方法。<br>本标准适用于柑橘属（*Citrus* L.）及其近缘属种质资源的植物学特征、生物学特性、果实特性和抗逆性的鉴定。 |
| | NY/T 2030—2011 | 农作物优异种质资源评价规范　柑橘 | 本标准规定了柑橘类果树，包括柑橘属（*Citrus* L.）、金柑属（*Fortunella* Swingle）、枳属（*Poncirus* Raf.）及其杂种优异种质资源评价的术语定义、技术要求、鉴定方法和判定。<br>本标准适用于柑橘优异种质资源的评价。 |
| | NY/T 2930—2016 | 柑橘种质资源描述规范 | 本标准规定了柑橘属（*Citrus* L.）种质资源的描述内容和方法。<br>本标准适用于柑橘属种质资源的收集、保存、鉴定和评价过程的描述。 |

| 分类 | 标准号 | 标准名称 | 摘要 |
|---|---|---|---|
| 柑橘类 | NY/T 973—2006 | 柑橘无病毒苗木繁育规程 | 本标准规定了柑橘无病毒苗木繁育的术语和定义、要求、柑橘病毒病和类似病毒病害检测方法、脱毒技术以及无病毒母本园、无病毒采穗圃和无病毒苗圃的建立和管理。<br>本标准适用于全国柑橘产区的甜橙、宽皮柑橘、柚、葡萄柚、柠檬、来檬、枸橼（佛手）、酸橙和金柑以及以它们为亲本的杂交种的无病毒苗木的繁育。 |
| 聚复果类 | NY/T 1487—2007 | 农作物种质资源鉴定技术规程　草莓 | 本标准规定了草莓属（Fragaria）种质资源鉴定的要求和方法。<br>本标准适用于草莓属（Fragaria）种质资源的植物学特征、生物学特性、果实性状和抗性的鉴定。 |
| | NY/T 2020—2011 | 农作物优异种质资源评价规范　草莓 | 本标准规定了草莓属（Fragaria）优异种质资源评价的术语定义、技术要求、鉴定方法和判定。<br>本标准适用于草莓属（Fragaria）优异种质资源的评价。 |
| | NY/T 2931—2016 | 草莓种质资源描述规范 | 本标准规定了草莓属（Fragaria）种质资源的描述内容和描述方式。<br>本标准适用于草莓种质资源性状的描述。 |
| | NY/T 3032—2016 | 草莓脱毒种苗生产技术规程 | 本标准规定了草莓茎尖培养脱毒方法、脱毒种苗保存与繁殖、检测病毒种类和 RT-PCR 检测方法。<br>本标准适用于草莓脱毒种苗的培育及草莓活体材料中病毒的检测。 |
| | NY/T 2253—2012 | 菠萝组培苗生产技术规程 | 本标准规定了菠萝［Ananas comosus（L.）Merr.］组培育苗过程中的培养基制备程序、组织培养程序、炼苗和移栽程序。<br>本标准适用于菠萝组培苗的生产。 |
| | NY/T 451—2011 | 菠萝种苗 | 本标准规定了菠萝［Ananas comosus（L.）Merr.］种苗相关的术语和定义、要求、试验方法、检测规则、包装、标识、运输和贮存。<br>本标准适用于卡因类和皇后类菠萝种苗，也可作为其他菠萝品种种苗检验参考。 |
| | NY/T 2813—2015 | 热带作物种质资源描述规范　菠萝 | 本标准规定了凤梨科（Bromeliaceae）凤梨属（Ananas Merr.）菠萝种质资源描述的要求和方法。<br>本标准适用于菠萝种质资源的描述，不适用于观赏凤梨。 |
| | NY/T 1473—2007 | 木菠萝　种苗 | 本标准规定了木菠萝（Artocarpus heterophyllus Lain.）种苗的术语和定义、要求、试验方法、检验规则、包装、标签、运输和贮存。<br>本标准适用于木菠萝嫁接苗。 |
| | NY/T 1399—2007 | 番荔枝嫁接苗 | 本标准规定了番荔枝嫁接苗的术语和定义、要求、试验方法、检验规则、标识、包装、运输和贮存。<br>本标准适用于番荔枝嫁接苗。 |
| | NY/T 1809—2009 | 番荔枝　种质资源描述规范 | 本标准规定了番荔枝科（Annonaceae）番荔枝属（Annona）种质资源描述的要求与方法。<br>本标准适用于番荔枝种质资源描述。 |
| 荔果类 | NY/T 1691—2009 | 荔枝、龙眼种质资源描述规范 | 本标准规定了无患子科（Sapindaceae）荔枝属（Litchi Sonn.）和龙眼属（Dimocarpus Lour.）种质资源的基本信息、植物学特征、生物学特性和品质性状的描述方法。<br>本标准适用于荔枝、龙眼种质资源的描述。 |
| | NY/T 355—2014 | 荔枝　种苗 | 本标准规定了荔枝（Litchi chinensis Sonn.）种苗相关的术语和定义、要求、检测方法与规则、包装、标识、运输和贮存。<br>本标准适用于妃子笑（Feizixiao）、鸡嘴荔（Jizuili）、糯米糍（Nuomici）、白糖罂（Baitangying）、桂味（Guiwei）等品种嫁接苗的生产与贸易，也可作为其他荔枝品种嫁接苗参考。 |
| | NY/T 2329—2013 | 农作物种质资源鉴定评价技术规范　荔枝 | 本标准规定了荔枝（Litchi chinensis Sonn.）种质资源鉴定评价的术语和定义、技术要求、鉴定方法和判定。<br>本标准适用于荔枝种质资源的鉴定和优异种质资源评价。 |

| 分类 | 标准号 | 标准名称 | 摘要 |
|---|---|---|---|
| 荔果类 | NY/T 1305—2007 | 农作物种质资源鉴定技术规程 龙眼 | 本标准规定了龙眼（*Dimocarpus longan* Lour.）种质资源鉴定的技术要求和方法。<br>本标准适用于龙眼（*Dimocarpus longan* Lour.）种质资源的植物学特征、生物学特性、果实性状的鉴定，亦可供龙眼属其他种的资源鉴定参照执行。 |
| | NY/T 1472—2007 | 龙眼 种苗 | 本标准规定了龙眼（*Dimocarpus longan* Lour.）种苗相关的术语和定义、要求、试验方法、检测规则、包装、标签、运输和贮存。<br>本标准适用于龙眼种苗。 |
| | NY/T 2022—2011 | 农作物优异种质资源评价规范 龙眼 | 本标准规定了龙眼（*Dimocarpus longan* Lour.）优异种质资源评价的术语定义、技术要求、鉴定方法和判定。<br>本标准适用于龙眼优异种质资源评价。 |
| 坚果类 | NY/T 1810—2009 | 椰子 种质资源描述规范 | 本标准规定了棕榈科（Arecaceae）椰子属（*Cocos*）中的椰子（*Cocos nucifera* L.）种质资源描述的要求和方法。<br>本标准适用于椰子种质资源的描述。 |
| | NY/T 2553—2014 | 椰子 种苗繁育技术规程 | 本标准规定了椰子（*Cocos nucifera* L.）种苗繁育技术相关的术语和定义、种果选择、催芽、苗圃建设和苗圃管理。<br>本标准适用于椰子种苗繁育。 |
| | NY/T 353—2012 | 椰子 种果和种苗 | 本标准规定了椰子（*Cocos nucifera* L.）种果和种苗的定义、要求、试验方法、检测规则和包装、标识、贮存、运输等。<br>本标准适用于海南高种、文椰 2 号、文椰 3 号、文椰 78F1 椰子品种种果和种苗的质量检测，也可作为其他椰子品种种果和种苗质量检测参考。 |
| 果用瓜类 | NY/T 2387—2013 | 农作物优异种质资源评价规范 西瓜 | 本标准规定了西瓜属西瓜种［*Citrullus lanatus*（Thunb.）Matsum & Nakai］优异种质资源评价的术语定义、技术要求、鉴定方法和判定。<br>本标准适用于西瓜优异种质资源评价。 |
| | NY/T 2388—2013 | 农作物优异种质资源评价规范 甜瓜 | 本标准规定了甜瓜属甜瓜种（*Cucumis melo* L.）优异种质资源评价的术语定义、技术要求、鉴定方法和判定。<br>本标准适用于甜瓜优异种质资源评价。 |
| 香蕉类 | NY/T 1319—2007 | 农作物种质资源鉴定技术规程 香蕉 | 本标准规定了香蕉属（*Musa* spp.）种质资源鉴定的技术要求和方法。<br>本标准适用于香蕉属（*Musa* spp.）种质资源的植物学特征、生物学特性、果实性状和抗病性的鉴定。 |
| | NY/T 2025—2011 | 农作物优异种质资源评价规范 香蕉 | 本标准规定了香蕉（*Musa* spp.）优异种质资源评价的术语定义、技术要求、鉴定方法和判定。<br>本标准适用于香蕉优异种质资源评价。 |
| | NY/T 2120—2012 | 香蕉无病毒种苗生产技术规范 | 本标准规定了香蕉无病毒种苗生产技术和病毒检测对象及方法。<br>本标准适用于香蕉无病毒种苗的生产。 |
| | NY/T 1689—2009 | 香蕉种质资源描述规范 | 本标准规定了香蕉种质资源的基本信息、形态特征、生长发育特性及结果习性、品质特性的记载要求和描述方法。<br>本标准适用于香蕉种质资源描述。 |
| | NY/T 1690—2009 | 香蕉种质资源离体保存技术规程 | 本标准规定了香蕉（*Musa nana* Lour.）种质资源离体保存技术的术语和定义、基本要求、保存技术、检验方法、技术指标等相关内容。<br>本标准适用于香蕉种质资源的常温、低温和超低温离体保存。 |
| | NY/T 3200—2018 | 香蕉种苗繁育技术规程 | 本标准规定了香芽蕉（*Musa* AAA Cavendish sub-group）种苗繁育技术规程的术语和定义、种苗组培技术和种苗假植技术。<br>本标准适用于香芽蕉种苗的组培繁育。 |

| 分类 | 标准号 | 标准名称 | 摘要 |
|---|---|---|---|
| 香蕉类 | NY/T 357—2007 | 香蕉　组培苗 | 本标准规定了香蕉（*Musa nana* Lour.）组培苗的术语和定义、要求、试验方法、检验规则、包装、标志、运输和贮存。<br>本标准适用于香蕉组培苗。 |
| 不另分类的果品 | NY/T 1398—2007 | 槟榔　种苗 | 本标准规定了槟榔（*Arecae catechu* L.）种苗的要求、试验方法、检验规则、标识、包装、运输和保存。<br>本标准适用于槟榔种苗。 |
| | LY/T 2785—2016 | 文冠果播种育苗技术规程 | 本标准规定了文冠果（*Xanthoceras sorbifolia*）播种育苗的采种与加工、整地、播种、苗期管理、移植育苗、移植苗管理、苗木出圃以及苗圃档案等技术要求。<br>本标准适用于我国干旱、半干旱区的文冠果播种苗培育。 |

# 1.3　品种审定

## 1.3.1　蔬菜类

| 分类 | 标准号 | 标准名称 | 摘要 |
|---|---|---|---|
| 根菜类 | NY/T 2349—2013 | 植物新品种特异性、一致性和稳定性测试指南　萝卜 | 本标准规定了萝卜新品种特异性、一致性和稳定性测试的技术要求和结果判定的一般原则。<br>本标准适用于食用萝卜（*Raphanus sativus* L.）新品种特异性、一致性和稳定性测试和结果判定。 |
| | NY/T 2561—2014 | 植物新品种特异性、一致性和稳定性测试指南　胡萝卜 | 本标准规定了胡萝卜新品种特异性、一致性和稳定性测试的技术要求和结果判定的一般原则。<br>本标准适用于胡萝卜（*Daucus carota* L.）新品种特异性、一致性和稳定性测试和结果判定。 |
| 白菜类 | NY/T 2476—2013 | 大白菜品种鉴定技术规程　SSR 分子标记法 | 本标准规定了利用简单重复序列（Simple scquence repeats，SSR）标记进行大白菜 [*Brassica rupa* L. ssp. *Pekinensis*（Lour.）Olsson] 品种鉴定的试验方法、数据记录格式和判定标准。<br>本标准适用于大白菜 SSR 标记分子数据的采集和品种鉴定。 |
| | NY/T 2912—2016 | 北方旱寒区白菜型冬油菜品种试验记载规范 | 本标准规定了北方旱寒区白菜型冬油菜品种的物候期、生物学特性、形态特征、经济性状、抗逆性、抗病性、品质等性状的记载测定项目及标准。<br>本标准适用于各级农业科研、教学、推广、生产单位和种子部门从事北方旱寒区白菜型冬油菜育种、品种鉴定试验、区域试验、生产试验和原（良）种繁育时对品种的观察、测定记载。 |
| | NY/T 2574—2014 | 植物新品种特异性、一致性和稳定性测试指南　菜薹 | 本标准规定了十字花科芸薹属芸薹种不结球白菜亚种的绿菜薹 [*Brassica rapa* ssp *chinensis*（L.）Makino var. *utilis* Tsen et Lee] 和紫菜薹（*Brassica rapa* L. ssp. *chinensis* var. *pururea* Tsen et Lee）（统称菜薹）新品种特异性、一致性和稳定性测试的技术要求和结果判定的一般原则。<br>本标准适用于菜薹新品种特异性、一致性和稳定性测试和结果判定。 |
| | NY/T 3058—2016 | 油菜抗旱性鉴定技术规程 | 本标准规定了油菜抗旱性鉴定方法及评价标准。<br>本标准适用于油菜品种或种质资源的抗旱性鉴定。 |
| | NY/T 1296—2007 | 农作物品种审定规范　油菜 | 本标准规定了油菜品种审定的定义、内容和应具备的丰产性、适应性、抗逆性、品质等方面的具体量化指标及其他非量化指标，给出了审定油菜品种的评价方法及评判规则。<br>本标准适用于国家级和省级油菜品种审定。 |

| 分类 | 标准号 | 标准名称 | 摘要 |
|---|---|---|---|
| 白菜类 | NY/T 3066—2016 | 油菜抗裂角性鉴定技术规程 | 本标准规定了室内采用随机碰撞法鉴定油菜抗裂角性的术语和定义、仪器设备、鉴定方法及抗性评价。<br>本标准适用于甘蓝型油菜育种材料和种质资源鉴定的抗裂角性检测及评价。 |
| | NY/T 3067—2016 | 油菜耐渍性鉴定技术规程 | 本标准规定了油菜耐渍性鉴定的方法及评价标准。<br>本标准适用于油菜品种、种质资源的耐渍性检测。 |
| | NY/T 2439—2013 | 植物新品种特异性、一致性和稳定性测试指南　芥菜型油菜 | 本标准规定了芥菜型油菜新品种特异性、一致性和稳定性测试的技术要求和结果判定的一般原则。<br>本标准适用于芥菜型油菜［*Brassica juncea*（L.）Czern. & Coss ssp.］新品种特异性、一致性和稳定性测试和结果判定。 |
| 甘蓝类 | NY/T 2473—2013 | 结球甘蓝品种鉴定技术规程　SSR 分子标记法 | 本标准规定了利用简单重复序列（SSR）分子标记进行结球甘蓝（*Brassica olerucea* L. var. *cupituta*）品种鉴定的试验方法、数据记录格式及判定标准。<br>本标准适用于结球甘蓝品种的 DNA 指纹数据的采集和 DNA 指纹鉴定。 |
| | NY/T 2430—2013 | 植物新品种特异性、一致性和稳定性测试指南　花椰菜 | 本标准规定了花椰菜新品种特异性、一致性和稳定性测试的技术要求和结果判定的一般原则。<br>本标准适用于花椰菜［*Brassica aleracea* L. convar botryris（L.）Alef. var. *botryris* L.］新品种特异性、一致性和稳定性测试和结果判定。 |
| | NY/T 2468—2013 | 甘蓝型油菜品种鉴定技术规程　SSR 分子标记法 | 本标准规定了利用 SSR 分子标记进行甘蓝型油菜（*Brassica napus* L.）品种鉴定的试验方法、数据记录格式和判定标准。<br>本标准适用于甘蓝型油菜 DNA 分子数据采集和品种鉴定。 |
| | NY/T 2239—2012 | 植物新品种特异性、一致性和稳定性测试指南　甘蓝型油菜 | 本标准规定了甘蓝型油菜（*Brassica napus* L. *oleifera*）新品种特异性、一致性和稳定性测试的技术要求和结果判定的一般原则。<br>本标准适用于甘蓝型油菜（*Brassica napus* L. *oleifera*）品种特异性、一致性和稳定性测试和结果判定。 |
| 茄果类 | NY/T 2236—2012 | 植物新品种特异性、一致性和稳定性测试指南　番茄 | 本标准规定了番茄（*Lycopersicon esculantum* Mill）新品种特异性、一致性和稳定性测试的技术要求和结果判定的一般原则。<br>本标准适用于番茄新品种特异性、一致性和稳定性测试和结果判定。 |
| | NY/T 2471—2013 | 番茄品种鉴定技术规程　Indel 分子标记法 | 本标准规定了利用插入/缺失序列（Insertion and Deletion Sequence, Indel）分子标记进行普通番茄（*Solanum lycopersicum* L.）品种的鉴定方法、数据记录格式及判定标准。<br>本标准适用于番茄 DNA 分子数据的采集和品种鉴定。 |
| | NY/T 2426—2013 | 植物新品种特异性、一致性和稳定性测试指南　茄子 | 本标准规定了茄子（*Solanum melongena* L.）新品种特异性、一致性和稳定性测试的技术要求和结果判定的一般原则。<br>本标准适用于茄子新品种特异性、一致性和稳定性测试和结果判定。 |
| | NY/T 2475—2013 | 辣椒品种鉴定技术规程　SSR 分子标记法 | 本标准规定了利用 SSR 分子标记进行辣椒（*Capsicum* L.）品种鉴定的试验方法、数据记录格式和判定标准。<br>本标准适用于辣椒 SSR 标记分子数据的采集和品种鉴定。 |
| 豆类 | NY/T 2427—2013 | 植物新品种特异性、一致性和稳定性测试指南　菜豆 | 本标准规定了菜豆新品种特异性、一致性和稳定性测试的技术要求和结果判定的一般原则。<br>本标准适用于菜豆（*Phaseolus vulgaris* L.）新品种特异性、一致性和稳定性测试和结果判定。 |
| | NY/T 2344—2013 | 植物新品种特异性、一致性和稳定性测试指南　长豇豆 | 本标准规定了长豇豆新品种特异性、一致性和稳定性测试的技术要求和结果判定的一般原则。<br>本标准适用于长豇豆（*Vigna unguiculata* ssp. *sesquipedalis* L. Verdc.）新品种特异性、一致性和稳定性测试和结果判定。 |

| 分类 | 标准号 | 标准名称 | 摘要 |
|---|---|---|---|
| 豆类 | NY/T 2345—2013 | 植物新品种特异性、一致性和稳定性测试指南　蚕豆 | 本标准规定了蚕豆新品种特异性、一致性和稳定性（DUS）测试的技术要求和结果判定的一般原则。<br>本标准适用于蚕豆（Vicia faba L.）的所有新品种特异性、一致性和稳定性测试和结果判定。 |
| | NY/T 2436—2013 | 植物新品种特异性、一致性和稳定性测试指南　豌豆 | 本标准规定了豌豆新品种特异性、一致性和稳定性测试的技术要求和结果判定的一般原则。<br>本标准适用于豌豆（Pisum sativum L.）新品种特异性、一致性和稳定性测试和结果判定。 |
| | NY/T 2487—2013 | 植物新品种特异性、一致性和稳定性测试指南　鹰嘴豆 | 本标准规定了鹰嘴豆新品种特异性、一致性和稳定性测试的技术要求和结果判定的一般原则。<br>本标准适用于鹰嘴豆（Cicer arietinum L.）新品种特异性、一致性和稳定性测试和结果判定。 |
| 瓜类 | NY/T 2235—2012 | 植物新品种特异性、一致性和稳定性测试指南　黄瓜 | 本标准规定了黄瓜（Cucurnis sativus L.）新品种特异性、一致性和稳定性测试的技术要求和结果判定的一般原则。<br>本标准适用于黄瓜新品种特异性、一致性和稳定性测试和结果判定。 |
| | NY/T 2474—2013 | 黄瓜品种鉴定技术规程　SSR分子标记法 | 本标准规定了利用SSR分子标记进行黄瓜（Cucumis sativus L.）品种鉴定的试验方法、数据记录格式及判定标准。<br>本标准适用于黄瓜DNA分子数据采集和品种鉴定。 |
| | NY/T 3054—2016 | 植物品种特异性、一致性和稳定性测试指南　冬瓜 | 本标准规定了冬瓜（Benincasa hispida Cogn.）品种特异性、一致性和稳定性测试的技术要求和结果判定的一般原则。<br>本标准适用于冬瓜品种特异性、一致性和稳定性测试和结果判定。 |
| | NY/T 2762—2015 | 植物新品种特异性、一致性和稳定性测试指南　南瓜（中国南瓜） | 本标准规定了南瓜（Cucurbita moschata Duch.）新品种特异性、一致性和稳定性测试的技术要求和结果判定的一般原则。<br>本标准适用于南瓜新品种特异性、一致性和稳定性测试和结果判定。 |
| | NY/T 2343—2013 | 植物新品种特异性、一致性和稳定性测试指南　西葫芦 | 本标准规定了西葫芦新品种特异性、一致性和稳定性测试的技术要求和结果判定的一般原则。<br>本标准适用于西葫芦（Cucurbita pepo L.）所有品种。 |
| | NY/T 2501—2013 | 植物新品种特异性、一致性和稳定性测试指南　丝瓜 | 本标准规定了丝瓜新品种特异性、一致性和稳定性测试的技术要求和结果判定的一般原则。<br>本标准适用于丝瓜属（Luffa spp.）普通丝瓜［Luffa cylindrica (L.) M. J. Rome.］和有棱丝瓜［Luffa acutangula (L.) Roxb.］新品种特异性、一致性和稳定性测试和结果判定。 |
| | NY/T 2354—2013 | 植物新品种特异性、一致性和稳定性测试指南　苦瓜 | 本标准规定了苦瓜新品种特异性、一致性和稳定性测试的技术要求和结果判定的一般原则。<br>本标准适用于苦瓜（Momordica charantia L.）新品种特异性、一致性和稳定性测试和结果判定。 |
| | NY/T 2504—2013 | 植物新品种特异性、一致性和稳定性测试指南　瓠瓜 | 本标准规定了瓠瓜［Lagenaria siceraria (Molina) Standl.］新品种特异性、一致性和稳定性测试的技术要求和结果判定的一般原则。<br>本标准适用于瓠瓜新品种特异性、一致性和稳定性测试和结果判定。 |
| 葱蒜类 | NY/T 2755—2015 | 植物新品种特异性、一致性和稳定性测试指南　韭 | 本标准规定了韭新品种特异性、一致性和稳定性测试的技术要求和结果判定的一般原则。<br>本标准适用于普通韭（Allium tuberosum Rottler ex Spreng.）、宽叶韭（Allium hookeri Thwaites）和野韭（Allium ramosum L.）新品种特异性、一致性和稳定性测试和结果判定。 |

| 分类 | 标准号 | 标准名称 | 摘要 |
|---|---|---|---|
| 葱蒜类 | NY/T 2340—2013 | 植物新品种特异性、一致性和稳定性测试指南　大葱 | 本标准规定了大葱新品种特异性、一致性和稳定性测试的技术要求和结果判定的一般原则。<br>本标准适用于大葱（*Allium fistulosum* L. var. *giganteurn* Makino）新品种特异性、一致性和稳定性测试和结果判定。 |
| | NY/T 2751—2015 | 植物新品种特异性、一致性和稳定性测试指南　普通洋葱 | 本标准规定了普通洋葱（*Allium cepa* L. Cepa Group）新品种特异性、一致性和稳定性测试的技术要求和结果判定的一般原则。<br>本标准适用于普通洋葱新品种特异性、一致性和稳定性测试和结果判定。 |
| | NY/T 2347—2013 | 植物新品种特异性、一致性和稳定性测试指南　大蒜 | 本标准规定了大蒜新品种特异性、一致性和稳定性测试的技术要求和结果判定的一般原则。<br>本标准适用于大蒜（*Allium sativum* L.）。 |
| 叶菜类 | NY/T 2432—2013 | 植物新品种特异性、一致性和稳定性测试指南　芹菜 | 本标准规定了芹菜新品种特异性、一致性和稳定性测试的技术要求和结果判定的一般原则。<br>本标准适用于芹菜（*Apium gravelens* L.）新品种特异性、一致性和稳定性测试和结果判定。 |
| | NY/T 2497—2013 | 植物新品种特异性、一致性和稳定性测试指南　荠菜 | 本标准规定了十字花科荠菜属荠［*Capsella bursa-pastoris*（L.）Medic.］新品种特异性、一致性和稳定性测试的技术要求和结果判定的一般原则。<br>本标准适用于荠菜新品种特异性、一致性和稳定性测试和结果判定。 |
| | NY/T 2507—2013 | 植物新品种特异性、一致性和稳定性测试指南　茼蒿 | 本标准规定了茼蒿新品种特异性、一致性和稳定性测试的技术要求和结果判定的一般原则。<br>本标准适用于茼蒿属蒿子秆（*Chrysanthemum carinatum* Schousb.）和南茼蒿（*Chrysanthemum segetum* L.）新品种特异性、一致性和稳定性测试和结果判定。 |
| | NY/T 2559—2014 | 植物新品种特异性、一致性和稳定性测试指南　莴苣 | 本标准规定了菊科莴苣属莴苣种（*Lactuca saliva* L.）特异性、一致性和稳定性测试的技术要求和结果判定的一般原则。<br>本标准适用于莴苣新品种特异性、一致性和稳定性测试和结果判定。 |
| 薯芋类 | NY/T 1489—2007 | 农作物品种试验技术规程　马铃薯 | 本标准规定了马铃薯品种区域试验和生产试验技术要求与方法。<br>本标准适用于国家级和省级农作物品种审定委员会开展马铃薯品种试验工作。 |
| | NY/T 1490—2007 | 农作物品种审定规范　马铃薯 | 本标准规定了马铃薯品种审定的术语和定义、内容与依据，给出了审定马铃薯品种的评价标准和评判规则。<br>本标准适用于马铃薯品种审定。 |
| | NY/T 1963—2010 | 马铃薯品种鉴定 | 本标准规定了马铃薯品种鉴定 SSR 分子标记方法。<br>本标准适用于马铃薯品种及种质资源鉴定。 |
| | NY/T 2429—2013 | 植物新品种特异性、一致性和稳定性测试指南　甘薯 | 本标准规定了甘薯新品种特异性、一致性和稳定性测试的技术要求和结果判定的一般原则。<br>本标准适用于甘薯［*Ipomoea batatas*（L.）Lam.］新品种特异性、一致性和稳定性测试和结果判定。 |
| | NY/T 2495—2013 | 植物新品种特异性、一致性和稳定性测试指南　山药 | 本标准规定了山药（*Dioscorea alata* L.；*Dioscorea polystachya* Turcz.；*Dioscorea japonica* Thunb.）新品种特异性、一致性和稳定性测试的技术要求和结果判定的一般原则。<br>本标准适用于山药新品种特异性、一致性和稳定性测试和结果判定。 |
| | NY/T 2502—2013 | 植物新品种特异性、一致性和稳定性测试指南　芋 | 本标准规定了芋新品种特异性、一致性和稳定性测试的技术要求和结果判定的一般原则。<br>本标准适用于芋属芋［*Colocasia esculenta*（L.）Schott］、滇南芋（*Colocasia antiquorum* Schott）和大野芋［*Colocasia gigantea*（Blume）Hook. f.］新品种特异性、一致性和稳定性测试和结果判定。 |

| 分类 | 标准号 | 标准名称 | 摘要 |
|---|---|---|---|
| 薯芋类 | NY/T 2505—2013 | 植物新品种特异性、一致性和稳定性测试指南　姜 | 本标准规定了姜（Zingiber officinale Rosc.）新品种特异性、一致性和稳定性测试的技术要求和结果判定的一般原则。<br>本标准适用于姜新品种特异性、一致性和稳定性测试和结果判定。 |
| 水生蔬菜 | NY/T 2506—2013 | 植物新品种特异性、一致性和稳定性测试指南　水芹 | 本标准规定了水芹新品种特异性、一致性和稳定性测试的技术要求和结果判定的一般原则。<br>本标准适用于水芹属（Oenanthe L.）的水芹［Oenanthe javanica（Blume）DC.］和中华水芹（Oenanthe sinensis Dunn）新品种特异性、一致性和稳定性测试和结果判定。 |
| | NY/T 2567—2014 | 植物新品种特异性、一致性和稳定性测试指南　荸荠 | 本标准规定了荸荠［Heleocharis dulcis（Burm. f.）Trin. ex Hensch.］新品种特异性、一致性和稳定性测试的技术要求和测试结果的判定原则。<br>本标准适用于荸荠新品种特异性、一致性和稳定性的测试和结果评价。 |
| | NY/T 2498—2013 | 植物新品种特异性、一致性和稳定性测试指南　茭白 | 本标准规定了禾本科菰属菰（茭白）［Zizania latifolia（Griseb.）Turcz. ex Stapf.］新品种特异性、一致性和稳定性测试的技术要求和结果判定的一般原则。<br>本标准适用于茭白新品种特异性、一致性和稳定性测试和结果判定。 |
| 多年生蔬菜 | NY/T 2496—2013 | 植物新品种特异性、一致性和稳定性测试指南　芦笋 | 本标准规定了芦笋（Asparagus officinalis L.）新品种特异性、一致性和稳定性测试的技术要求和结果判定的一般原则。<br>本标准适用于芦笋新品种特异性、一致性和稳定性测试和结果判定。 |
| | NY/T 3057—2016 | 植物品种特异性、一致性和稳定性测试指南　黄秋葵（咖啡黄葵） | 本标准规定了黄秋葵（咖啡黄葵）［Abelmoschus esculentus（L.）Moench.］品种特异性、一致性和稳定性测试的技术要求和结果判定的一般原则。<br>本标准适用于黄秋葵（咖啡黄葵）品种特异性、一致性和稳定性测试和结果判定。 |
| 食用菌类 | GB/T 21125—2007 | 食用菌品种选育技术规范 | 本标准规定了食用菌品种选育的通用技术、程序、栽培试验示范、营养成分和食用安全性分析。<br>本标准适用于各种方法的食用菌品种选育。 |
| | NY/T 1098—2006 | 食用菌品种描述技术规范 | 本标准规定了人工栽培食用菌品种的基本信息、子实体形态特征、栽培特性、商品特性、生理和培养特点、遗传特征等描述的技术要求。<br>本标准适用于人工栽培的食用菌品种特征特性的描述和说明。药用菌品种描述参照本标准。 |
| | NY/T 1844—2010 | 农作物品种审定规范　食用菌 | 本标准规定了食用菌品种审（认）定的依据和标准。<br>本标准适用于栽培食用菌品种国家级、省级审（认）定。 |
| | NY/T 2524—2013 | 植物新品种特异性、一致性和稳定性测试指南　双孢蘑菇 | 本标准规定了双孢蘑菇［Agaricus bisporus（J. E. Lange）Imbach］新品种特异性、一致性和稳定性测试的技术要求和结果判定的一般原则。<br>本标准适用于双孢蘑菇新品种特异性、一致性和稳定性测试和结果判定。 |
| | NY/T 2525—2013 | 植物新品种特异性、一致性和稳定性测试指南　草菇 | 本标准规定了草菇［Volvariella volvacea（Bull：Fr.）Sing.］新品种特异性、一致性和稳定性测试的技术要求和结果判定的一般原则。<br>本标准适用于草菇新品种特异性、一致性和稳定性测试和结果判定。 |
| | NY/T 2560—2014 | 植物新品种特异性、一致性和稳定性测试指南　香菇 | 本标准规定了香菇［Lentinula edodes（Berk.）Pegler］新品种特异性、一致性和稳定性测试的技术要求和结果判定的一般原则。<br>本标准适用于香菇新品种特异性、一致性和稳定性的测试和评价。 |
| | NY/T 2588—2014 | 植物新品种特异性、一致性和稳定性测试指南　黑木耳 | 本标准规定了黑木耳［Auricularia auricula-judae（Bull.）Quel.］新品种特异性、一致性和稳定性测试的技术要求和结果判定的一般原则。<br>本标准适用于黑木耳新品种特异性、一致性和稳定性测试和结果判定。 |

## 1.3.2　水果类

| 分类 | 标准号 | 标准名称 | 摘要 |
|---|---|---|---|
| 仁果类 | NY/T 2424—2013 | 植物新品种特异性、一致性和稳定性测试指南　苹果 | 本标准规定了苹果新品种特异性、一致性和稳定性测试的技术要求和结果判定的一般原则。<br>本标准适用于苹果（*Malus domestica* Borkh.）新品种特异性、一致性和稳定性测试和结果判定。 |
| | NY/T 2478—2013 | 苹果品种鉴定技术规程　SSR分子标记法 | 本标准规定了利用SSR分子标记进行苹果（*Malus domestica* Borkh.）品种鉴定的试验方法、数据采集及判定方法。<br>本标准适用于基于SSR分子标记的苹果品种DNA分子数据采集和品种鉴定。 |
| | NY/T 2231—2012 | 植物新品种特异性、一致性和稳定性测试指南　梨 | 本标准规定了梨新品种特异性、一致性和稳定性测试的技术要求和结果判定的一般原则。<br>本标准适用于梨属（*Pyrus* L.）秋子梨（*P. ussuriensis* Maxim.）、白梨（*P. bretschcideri* Reld.）、砂梨（*P. pyrifolia* Nakai.）、西洋梨（*P. Communis* L.）新品种特异性、一致性和稳定性测试和结果判定。 |
| | NY/T 2667.9—2018 | 热带作物品种审定规范　第9部分：枇杷 | 本部分规定了枇杷［*Eriobotrya japonica*（Thunb.）Lindl.］品种审定的审定要求、判定规则和审定程序。<br>本部分适用于枇杷品种的审定。 |
| | NY/T 2668.9—2018 | 热带作物品种试验技术规程　第9部分：枇杷 | 本部分规定了枇杷［*Eriobotrya japonica*（Thunb.）Lindl.］的品种比较试验、区域试验和生产试验的方法。<br>本部分适用于枇杷品种试验。 |
| 核果类 | GB/T 30362—2013 | 植物新品种特异性、一致性、稳定性测试指南　杏 | 本标准规定了蔷薇科杏（*Prunus armeniaca* L.）植物新品种特异性、一致性、稳定性测试技术要求。<br>本标准适用于所有杏新品种的测试。 |
| | GB/T 19557.8—2004 | 植物新品种特异性、一致性和稳定性测试指南　李 | 本标准规定了李新品种特异性、一致性和稳定性测试的技术要求、测试结果的判定原则以及技术报告的内容和形式。<br>本标准适用于李（*Prunuss* spp.）新品种的特异性、一致性和稳定性的测试和评价。 |
| | NY/T 2341—2013 | 植物新品种特异性、一致性和稳定性测试指南　桃 | 本标准规定了桃新品种特异性、一致性和稳定性测试的技术要求和结果判定的一般原则。<br>本标准适用于桃［*Prunus persica*（L.）Batsch］新品种特异性、一致性和稳定性测试和结果判定。 |
| | NY/T 3056—2016 | 植物品种特异性、一致性和稳定性测试指南　樱桃 | 本标准规定了樱桃（*Prunus avium* L.）及其种间杂交获得的品种特异性、一致性和稳定性测试的技术要求，测试结果判定原则。<br>本标准适用于樱桃及其种间杂交获得的品种特异性、一致性和稳定性的测试和结果判定。 |
| | NY/T 2761—2015 | 植物新品种特异性、一致性和稳定性测试指南　杨梅 | 本标准规定了杨梅新品种特异性、一致性和稳定性测试的技术要求和结果判定的一般原则。<br>本标准适用于杨梅（*Mvrica* Linn.）新品种特异性、一致性和稳定性测试和结果判定。 |
| | LY/T 2190—2013 | 植物新品种特异性、一致性、稳定性测试指南　枣 | 本标准规定了鼠李科（Rhamnaceae）枣属（*Zizyphus* Mill.）枣（*Zizyphus jujuba* Mill.）植物新品种特异性、一致性、稳定性测试技术要求。<br>本标准适用于所有枣植物新品种的测试。 |
| | LY/T 2426—2015 | 枣品种鉴定技术规程　SSR分子标记法 | 本标准规定了利用SSR分子标记对枣（*Ziziphus jujuba* Mill.）品种DNA指纹鉴定的试验方法。<br>本标准适用于基于SSR分子标记技术构建的DNA指纹图谱对枣品种DNA分子数据采集和品种鉴定。 |

| 分类 | 标准号 | 标准名称 | 摘要 |
|---|---|---|---|
| 核果类 | NY/T 2667.6—2016 | 热带作物品种审定规范　第 6 部分：芒果 | 本部分规定了芒果（*Mangifera indica* L.）品种审定的审定要求、判定规则和审定程序。<br>本部分适用于芒果品种审定。 |
| | NY/T 2668.6—2016 | 热带作物品种试验技术规程　第 6 部分：芒果 | 本部分规定了芒果（*Mangifera indica* L.）的品种比较试验、区域试验和生产试验的技术要求。<br>本部分适用于芒果品种试验。 |
| | NY/T 2440—2013 | 植物新品种特异性、一致性和稳定性测试指南　芒果 | 本标准规定了芒果新品种特异性、一致性和稳定性测试的技术要求和结果判定的一般原则。<br>本标准适用于芒果（*Mangifera indica* L.）新品种特异性、一致性和稳定性测试和结果判定。 |
| 浆果类 | NY/T 2351—2013 | 植物新品种特异性、一致性和稳定性测试指南　猕猴桃属 | 本标准规定了猕猴桃属（*Actinidia* L.）新品种特异性、一致性和稳定性测试的技术要求和结果判定的一般原则。<br>本标准适用于猕猴桃属新品种特异性、一致性和稳定性测试和结果判定。 |
| | NY/T 2563—2014 | 植物新品种特异性、一致性和稳定性测试指南　葡萄 | 本标准规定了葡萄新品种特异性、一致性和稳定性测试的技术要求和结果判定的一般原则。<br>本标准适用于葡萄属（*Vitis* L.）新品种特异性、一致性和稳定性测试和结果判定。 |
| | NY/T 2668.10—2018 | 热带作物品种试验技术规程　第 10 部分：番木瓜 | 本部分规定了番木瓜（*Carica papaya* L.）的品种比较试验、区域试验和生产试验的方法。<br>本部分适用于番木瓜品种试验。 |
| | NY/T 2667.10—2018 | 热带作物品种审定规范　第 10 部分：番木瓜 | 本部分规定了番木瓜（*Carica papaya* L.）品种审定的审定要求、判定规则和审定程序。<br>本部分适用于番木瓜品种的审定。 |
| | NY/T 2521—2013 | 植物新品种特异性、一致性和稳定性测试指南　蓝莓 | 本标准规定了蓝莓新品种特异性、一致性和稳定性测试的技术要求和结果判定的一般原则。<br>本标准适用于越橘属（*Vaccinium*）中的狭叶越橘（*Vaccinium angustifolium* Aiton（*V. brittoni* Porter））、北高丛越橘（*Vaccinium corymbosum* L.）、南高丛越橘 [*Vaccinium formosum* Andrews（*V. australe* Small)]、绒叶越橘（*Vaccinium myritiloides* Miehx）、欧洲越橘（*Vaccinium myrtillus* L.）、兔眼越橘 [*Vaccinium virgatum* Aiton（*V. ashei* Reade)]、高原高丛越橘（*Vaccinium simulatum* Small）和笃斯越橘（*Vaccinium uliginosum* L.）。 |
| | NY/T 2517—2013 | 植物新品种特异性、一致性和稳定性测试指南　西番莲 | 本标准规定了西番莲属（*Passiflora* L.）新品种特异性、一致性和稳定性测试的技术要求和结果判定的一般原则。<br>本标准适用于西番莲属的紫果西番莲（*P. edulis* Sims）、黄果西番莲（*P. edulis* f.*flavicarpa* O. Deg.）、杂交种西番莲（*P. edulis* × *P. edulis* f.*flavicarpa*）、西番莲（*P. caerulea* L.）、大果西番莲（*P. quadrangularis* L.）、橙果西番莲（*P. ligularis* Juss.）、樟叶西番莲（*P. laurifolia* L.）、香蕉西番莲 [*P. mollissima*（Kunth）L. H. Bailey]、翅茎西番莲（*P. alata* Curtis）、蓝翅西番莲（*P. alato-caerulea* Lindl.）、红花西番莲（*P. miniata* Vanderpl.）、洋红西番莲（*P. coccinea* Aubl.）、艳红西番莲（*P. vitifolia* Kunth）、紫花西番莲（*P. ameth ystina* J. C.Mikan）新品种特异性、一致性和稳定性测试和结果判定。 |
| 柑橘类 | NY/T 2435—2013 | 植物新品种特异性、一致性和稳定性测试指南　柑橘 | 本标准规定了柑橘新品种特异性、一致性和稳定性测试的技术要求和结果判定的一般原则。<br>本标准适用于柑橘属（*Citrus* L.）植物新品种的特异性、一致性和稳定性测试和结果判断。 |

| 分类 | 标准号 | 标准名称 | 摘要 |
|---|---|---|---|
| 柑橘类 | NY/T 3436—2019 | 柑橘属品种鉴定 SSR 分子标记法 | 本标准规定了利用 SSR 标记进行芸香科（Rutaceae）柑橘属（*Citrus* L.）品种鉴定的操作程序、结果统计、结果规则。<br>本标准适用于柑橘属品种 SSR 指纹数据采集和品种鉴定。 |
| 聚复果类 | NY/T 2520—2013 | 植物新品种特异性、一致性和稳定性测试指南　树莓 | 本标准规定了树莓新品种特异性、一致性和稳定性测试的技术要求和结果判定的一般原则。<br>本标准适用于悬钩子属（*Rubus* L.）的红树莓（*Rubus idaeus* L.）、黑树莓（*Rubus occidentalis* L.）和茅莓悬钩子（*Rubus parvifolius* L.）的所有品种。 |
| | NY/T 2587—2014 | 植物新品种特异性、一致性和稳定性测试指南　无花果 | 本标准规定了无花果（*Ficus carica* L.）新品种特异性、一致性和稳定性测试的技术要求和结果判定的一般原则。<br>本标准适用于无花果新品种特异性、一致性和稳定性测试和结果判定。 |
| | NY/T 2346—2013 | 植物新品种特异性、一致性和稳定性测试指南　草莓 | 本标准规定了草莓新品种特异性、一致性和稳定性测试的技术要求和结果判定的一般原则。<br>本标准适用于草莓（*Fragaria* L.）新品种特异性、一致性和稳定性测试和结果判定。 |
| | NY/T 2668.8—2018 | 热带作物品种试验技术规程　第 8 部分：菠萝 | 本部分规定了菠萝［*Ananas comosus*（L.）Merr.］的品种比较试验、区域试验和生产试验的方法。<br>本部分适用于菠萝品种试验。 |
| | NY/T 2667.8—2018 | 热带作物品种审定规范　第 8 部分：菠萝 | 本部分规定了菠萝［*Ananas comosus*（L.）Merr.］品种审定的审定要求、判定规则和审定程序。<br>本部分适用于菠萝品种的审定。 |
| | NY/T 2515—2013 | 植物新品种特异性、一致性和稳定性测试指南　木菠萝 | 本标准规定了木菠萝（*Artocarpus heterophyllus* Lam.）新品种特异性、一致性和稳定性测试的技术要求和结果判定的一般原则。<br>本标准适用于木菠萝新品种特异性、一致性和稳定性测试和结果判定。 |
| 荔果类 | NY/T 2668.4—2014 | 热带作物品种试验技术规程　第 4 部分：龙眼 | 本部分规定了龙眼（*Dimocarpus longan* Lour.）的品种比较试验、区域试验和生产试验的方法。<br>本部分适用于龙眼品种试验。 |
| | NY/T 2667.4—2014 | 热带作物品种审定规范　第 4 部分：龙眼 | 本部分规定了龙眼（*Dimocarpus longan* Lour.）品种审定的审定要求、判定规则和审定程序。<br>本部分适用于龙眼品种的审定。 |
| | NY/T 2431—2013 | 植物新品种特异性、一致性和稳定性测试指南　龙眼 | 本标准规定了龙眼新品种特异性、一致性和稳定性测试的技术要求和结果判定的一般原则。<br>本标准适用于龙眼（*Dimocarpus longan* Lour.）新品种特异性、一致性和稳定性测试和结果判定。 |
| | NY/T 2668.3—2014 | 热带作物品种试验技术规程　第 3 部分：荔枝 | 本标准规定了荔枝（*Litchi chinensis* Sonn.）的品种比较试验、区域试验和生产试验的方法。<br>本标准适用于荔枝品种试验。 |
| | NY/T 2667.3—2014 | 热带作物品种审定规范　第 3 部分：荔枝 | 本部分规定了荔枝（*Litchi chinensis* Sonn.）品种审定要求、判定规则和审定程序。<br>本部分适用于荔枝品种的审定。 |
| | NY/T 2564—2014 | 植物新品种特异性、一致性和稳定性测试指南　荔枝 | 本标准规定了荔枝新品种特异性、一致性和稳定性测试的技术要求和结果判定的一般原则。<br>本标准适用于荔枝（*Litchi chinensis* Sonn.）新品种特异性、一致性和稳定性测试和结果判定。 |

| 分类 | 标准号 | 标准名称 | 摘要 |
|---|---|---|---|
| 坚果类 | NY/T 2668.12—2018 | 热带作物品种试验技术规程　第12部分：椰子 | 本部分规定了椰子（*Cocos nucifera* L.）的品种比较试验、区域试验和生产试验的技术要求。<br>本部分适用于椰子品种试验。 |
| | NY/T 2516—2013 | 植物新品种特异性、一致性和稳定性测试指南　椰子 | 本标准规定了椰子（*Cocos nucifera* L.）新品种特异性、一致性和稳定性测试的技术要求和结果判定的一般原则。<br>本标准适用于椰子新品种特异性、一致性和稳定性测试和结果判定。 |
| 果用瓜类 | NY/T 2472—2013 | 西瓜品种鉴定技术规程　SSR分子标记法 | 本标准规定了利用SSR分子标记进行普通西瓜（*Citrullus lanatus* subsp. Vuaris 和 *Citrullus lanatus* subsp. Lanatus）品种鉴定的试验方法、数据记录格式和判定标准。<br>本标准适用于普通西瓜DNA分子数据的采集和品种鉴定。 |
| | NY/T 2342—2013 | 植物新品种特异性、一致性和稳定性测试指南　甜瓜 | 本标准规定了甜瓜新品种特异性、一致性和稳定性测试的技术要求和结果判定的一般原则。<br>本标准适用于甜瓜（*Cucumis melo* L.）新品种特异性、一致性和稳定性测试和结果判定。 |
| 香蕉类 | NY/T 2667.2—2014 | 热带作物品种审定规范　第2部分：香蕉 | 本部分规定了香蕉（*Musa* spp.）品种审定的审定要求、判定规则和审定程序。<br>本部分适用于香蕉品种的审定。 |
| | NY/T 2668.2—2014 | 热带作物品种试验技术规程　第2部分：香蕉 | 本部分规定了香蕉（*Musa* spp.）的品种比较试验、区域试验和生产试验的方法。<br>本部分适用于香蕉品种试验。 |
| | NY/T 2760—2015 | 植物新品种特异性、一致性和稳定性测试指南　香蕉 | 本标准规定了香蕉新品种特异性、一致性和稳定性（DUS）测试的技术要求和结果判定的一般原则。<br>本标准适用于可食用的香蕉（*Musa acuminata* Colla）和杂交种［*Musa×paradisiaca* L.（*M. acuminata* Colla ×*M. balbisiana* Colla）］的栽培品种，主要包括AA、AB、AAA、AAB、ABB、AAAA、AAAB和AABB基因组类型的二倍体、三倍体和四倍体可食用的天然香蕉品种或杂交种新品种特异性、一致性和稳定性测试和结果判定。 |

# 1.4　生产栽培

## 1.4.1　蔬菜类

| 分类 | 标准号 | 标准名称 | 摘要 |
|---|---|---|---|
| 根菜类 | NY/T 5085—2002 | 无公害食品　胡萝卜生产技术规程 | 本标准规定了无公害食品胡萝卜的产地环境和生产管理措施。<br>本标准适用于我国无公害食品胡萝卜的生产。 |
| | NY/T 5235—2004 | 无公害食品　小型萝卜生产技术规程 | 本标准规定了无公害食品小型萝卜的术语和定义、产地环境条件、生产技术、病虫害防治以及采收和生产档案。<br>本标准适用于无公害食品小型萝卜的生产。 |
| 白菜类 | NY/T 5214—2004 | 无公害食品　普通白菜生产技术规程 | 本标准规定了无公害食品普通白菜生产的产地环境要求、生产技术、病虫害防治、采收和生产档案。<br>本标准适用于无公害食品普通白菜的生产。 |
| | NY/T 2546—2014 | 油稻稻三熟制油菜全程机械化生产技术规程 | 本标准规定了油稻稻栽培模式下油菜全程机械化生产品种选择、机械播种和机械移栽、田间管理、机械收获等技术要求。<br>本标准适用于长江流域及华南油稻稻三熟制油菜产区油菜全程机械化生产。 |
| | NY/T 1289—2007 | 长江上游地区低芥酸低硫苷油菜生产技术规程 | 本标准规定了长江上游地区低芥酸低硫苷油菜的生产技术要求。<br>本标准适用于长江上游地区低芥酸低硫苷油菜的生产。 |

| 分类 | 标准号 | 标准名称 | 摘要 |
|---|---|---|---|
| 白菜类 | NY/T 1290—2007 | 长江中游地区低芥酸低硫苷油菜生产技术规程 | 本标准规定了长江中游低芥酸低硫苷油菜的生产技术要求。<br>本标准适用于长江中游地区低芥酸低硫苷油菜生产。 |
| | NY/T 1291—2007 | 长江下游地区低芥酸低硫苷油菜生产技术规程 | 本标准规定了长江下游地区双低油菜的生产技术要求。<br>本标准适用于长江下游地区双低油菜生产。 |
| | NY/T 790—2004 | 双低油菜生产技术规程 | 本标准规定了双低油菜（低芥酸低硫苷油菜）的生产的术语和定义、技术要求、栽培管理和收获。<br>本标准适用于我国油菜主产区双低油菜生产。 |
| | NY/T 2913—2016 | 北方旱寒区冬油菜栽培技术规程 | 本标准给出了北方旱寒区白菜型冬油菜栽培相关术语和定义。<br>本标准规定了北方旱寒区白菜型冬油菜栽培产地环境条件、品种选择、种子质量和种子处理、壮苗指标、产量指标、播种方式、田间管理、病虫害防治、收获与贮藏等方面的技术要求。<br>本标准适用于北方旱寒区白菜型冬油菜栽培。 |
| 甘蓝类 | GB/Z 26582—2011 | 结球甘蓝生产技术规范 | 本指导性技术文件规定了结球甘蓝生产的基本要求，主要包括生产基地的选择和管理、生产投入品管理、栽培管理、有害生物防治、劳动保护、批次管理、档案记录等方面。<br>本指导性技术文件适用于结球甘蓝的生产。 |
| | GB/Z 26586—2011 | 西蓝花生产技术规范 | 本指导性技术文件规定了西蓝花生产的基本要求，主要包括生产基地的选择和管理、投入品管理、栽培管理、有害生物综合防治、劳动保护、档案记录等方面。<br>本指导性技术文件适用于西蓝花的种植生产。 |
| | NY/T 5009—2001 | 无公害食品 结球甘蓝生产技术规程 | 本标准规定了无公害结球甘蓝生产技术管理措施。<br>本标准适用于无公害结球甘蓝的生产。 |
| | NY/T 5216—2004 | 无公害食品 芥蓝生产技术规程 | 本标准规定了无公害食品芥蓝生产的产地环境要求、生产技术、病虫害防治、采收和生产档案。<br>本标准适用于无公害食品芥蓝的生产。 |
| 茄果类 | GB/Z 26583—2011 | 辣椒生产技术规范 | 本指导性技术文件规定了辣椒生产的基本要求，主要包括生产基地的选择和管理、生产投入品管理、栽培管理、有害生物防治、劳动保护、批次管理、档案记录等方面。<br>本指导性技术文件适用于辣椒的生产。 |
| | NY/T 2409—2013 | 有机茄果类蔬菜生产质量控制技术规范 | 本标准提出了有机茄果类蔬菜生产中的质量控制的风险要素、质量控制技术与方法以及质量控制的管理要求。<br>本标准适用于有机茄果类蔬菜生产过程的质量控制与管理。 |
| | NY/T 5006—2001 | 无公害食品 番茄露地生产技术规程 | 本标准规定了无公害番茄露地生产技术管理措施。<br>本标准适用于露地番茄无公害生产。 |
| | NY/T 5007—2001 | 无公害食品 番茄保护地生产技术规程 | 本标准规定了达到无公害番茄产品质量要求的产地环境和生产技术管理措施。<br>本标准适用于全国日光温室、塑料棚、改良阳畦、连栋温室等保护设施的番茄无公害生产。 |
| | NY/T 1383—2007 | 茄子生产技术规程 | 本标准规定了茄子（Solanum melongena L.）产地环境、栽培季节、品种选择、育苗、定植、田间管理、病虫害防治、采收等技术要求。<br>本标准适用于茄子生产。 |
| 豆类 | GB/Z 26574—2011 | 蚕豆生产技术规范 | 本指导性技术文件规定了蚕豆生产的基本要求，包括基地选择和管理、生产投入品管理、生产技术、有害生物防治、劳动保护、批次管理、档案记录等方面。<br>本指导性技术文件适用于蚕豆的种植生产。 |

| 分类 | 标准号 | 标准名称 | 摘要 |
|---|---|---|---|
| 豆类 | GB/Z 26585—2011 | 甜豌豆生产技术规范 | 本指导性技术文件规定了甜豌豆生产的基本要求，主要包括生产基地选择和管理、生产投入品管理、栽培管理、有害生物防治、劳动保护、批次管理、档案记录等方面。<br>本指导性技术文件适用于甜豌豆的生产。 |
| | NY/T 5081—2002 | 无公害食品　菜豆生产技术规程 | 本标准规定了无公害食品菜豆的产地环境要求和生产管理措施。<br>本标准适用于无公害食品菜豆生产。 |
| | NY/T 5079—2002 | 无公害食品　豇豆生产技术规程 | 本标准规定了无公害食品豇豆的产地环境要求和生产管理措施。<br>本标准适用于无公害食品豇豆生产。 |
| | NY/T 5210—2004 | 无公害食品　青蚕豆生产技术规程 | 本标准规定了无公害食品青蚕豆的产地环境、生产技术、病虫害防治、采收和生产档案。<br>本标准适用于无公害食品青蚕豆的生产。 |
| | NY/T 5208—2004 | 无公害食品　豌豆生产技术规程 | 本标准规定了无公害食品豌豆产地环境、生产技术、病虫害防治、采收和建立生产档案。<br>本标准适用于无公害食品豌豆的生产。 |
| | NY/T 5254—2004 | 无公害食品　四棱豆生产技术规程 | 本标准规定了无公害四棱豆（*Psophocarpus tetragonolobus* DC.）生产的产地环境条件要求、种植园地的前处理、种子处理、育苗、田间管理、病虫害综合防治及采收等技术规程。本标准适用于全国无公害四棱豆生产。 |
| 瓜类 | GB/Z 26581—2011 | 黄瓜生产技术规范 | 本指导性技术文件规定了黄瓜生产的基本要求，主要包括生产基地的选择和管理、投入品管理、栽培管理、有害生物防治、劳动保护、档案记录等方面。<br>本指导性技术文件适用于黄瓜（包括保鲜和用作腌制的小黄瓜）的种植生产。 |
| | NY/T 5075—2002 | 无公害食品　黄瓜生产技术规程 | 本标准规定了无公害食品黄瓜的产地环境要求和生产管理措施。<br>本标准适用于无公害食品黄瓜生产。 |
| | NY/T 5220—2004 | 无公害食品　西葫芦生产技术规程 | 本标准规定了无公害食品西葫芦生产的产地环境、生产技术、病虫害防治、采收及生产档案。<br>本标准适用于无公害食品西葫芦的生产。 |
| | NY/T 5077—2002 | 无公害食品　苦瓜生产技术规程 | 本标准规定了无公害食品苦瓜的产地环境要求和生产管理措施。<br>本标准适用于无公害食品苦瓜生产。 |
| 葱蒜类 | GB/Z 26577—2011 | 大葱生产技术规范 | 本指导性技术文件规定了大葱生产的基本要求，主要包括生产基地的选择和管理、生产投入品管理、栽培管理、有害生物防治、劳动保护、批次管理、档案记录等方面。<br>本指导性技术文件适用于大葱的生产。 |
| | GB/Z 26589—2011 | 洋葱生产技术规范 | 本指导性技术文件规定了洋葱生产的基本要求，主要包括生产基地的选择和管理、生产投入品管理、栽培管理、有害生物防治、劳动保护、批次管理、档案记录等方面。<br>本指导性技术文件适用于洋葱的生产。 |
| | GB/Z 26578—2011 | 大蒜生产技术规范 | 本指导性技术文件规定了大蒜生产的基本要求，主要包括生产基地的选择和管理、生产投入品管理、栽培管理、有害生物防治、劳动保护、批次管理、档案记录等方面。<br>本指导性技术文件适用于大蒜的生产。 |
| | NY/T 5002—2001 | 无公害食品　韭菜生产技术规程 | 本标准规定了无公害蔬菜韭菜的生产基地建设、栽培技术、肥水管理技术、有害生物防治技术以及采收要求。<br>本标准适用于全国无公害蔬菜韭菜的生产。 |

| 分类 | 标准号 | 标准名称 | 摘要 |
|---|---|---|---|
| 葱蒜类 | NY/T 5224—2004 | 无公害食品　洋葱生产技术规程 | 本标准规定了无公害食品洋葱的产地环境、生产技术、病虫害防治、采收和生产档案。<br>本标准适用于无公害食品洋葱生产。 |
| | NY 5228—2004 | 无公害食品　大蒜生产技术规程 | 本标准规定了无公害食品大蒜生产的产地环境、生产技术、病虫害防治、采收和生产档案。<br>本标准适用于无公害食品大蒜的生产。 |
| 叶菜类 | GB/Z 26573—2011 | 菠菜生产技术规范 | 本指导性技术文件规定了菠菜生产的基本要求，主要包括生产基地的选择和管理、生产投入品管理、栽培管理、有害生物防治、劳动保护、批次管理、档案记录等方面。<br>本指导性技术文件适用于菠菜的生产。 |
| | GB/Z 26588—2011 | 小菘菜生产技术规范 | 本指导性技术文件规定了小菘菜生产的基本要求，主要包括生产基地的选择和管理、投入品管理、栽培管理、有害生物防治、劳动保护、批次管理、档案记录等方面。<br>本指导性技术文件适用于小菘菜的种植生产。 |
| | NY/T 5092—2002 | 无公害食品　芹菜生产技术规程 | 本标准规定了无公害食品芹菜生产的产地环境要求、生产技术管理措施。<br>本标准适用于无公害食品芹菜的生产。 |
| | NY/T 5090—2002 | 无公害食品　菠菜生产技术规程 | 本标准规定了无公害食品菠菜生产的产地环境要求和生产管理措施。<br>本标准适用于无公害食品菠菜生产。 |
| | NY/T 5218—2004 | 无公害食品　茼蒿生产技术规程 | 本标准规定了无公害食品茼蒿生产的产地环境要求、生产技术、病虫害防治、采收和生产档案。<br>本标准适用于无公害食品茼蒿的生产。 |
| | NY/T 5237—2004 | 无公害食品　叶用莴苣生产技术规程 | 本标准规定了无公害食品叶用莴苣生产的产地环境要求、生产技术、病虫害防治、采收和生产档案。<br>本标准适用于无公害食品叶用莴苣的生产。 |
| 薯芋类 | GB/Z 26584—2011 | 生姜生产技术规范 | 本指导性技术文件规定了生姜生产的基本要求，主要包括生产基地的选择和管理、生产投入品管理、栽培管理、有害生物防治、劳动保护、批次管理、档案记录等方面。<br>本指导性技术文件适用于生姜的生产。 |
| | GB/T 31753—2015 | 马铃薯商品薯生产技术规程 | 本标准规定了马铃薯商品薯种植的地块选择、品种选择、土壤准备、种薯处理、播种、田间管理、病虫草害综合防治、收获前准备、收获、贮藏管理等整个生产环节的技术要求。<br>本标准适用于马铃薯商品薯种植过程的操作和管理。 |
| | NY/T 5226—2004 | 无公害食品　生姜生产技术规程 | 本标准规定了无公害食品生姜的产地环境、生产技术、病虫害防治、采收和生产档案。<br>本标准适用于无公害食品生姜的生产。 |
| | NY/T 5222—2004 | 无公害食品　马铃薯生产技术规程 | 本标准规定了无公害食品马铃薯生产的术语和定义、产地环境、生产技术、病虫害防治、采收和生产档案。<br>本标准适用于无公害食品马铃薯的生产。 |
| | NY/T 3086—2017 | 长江流域薯区甘薯生产技术规程 | 本标准规定了甘薯［Ipomoea batatas（L.）Lam.］生产的育苗、整地起垄、栽插、田间管理、病虫草害防治、采收、分级包装、储藏及生产档案等要求。<br>本标准适用于长江流域范围内的四川、重庆、贵州、湖北、湖南、江西、浙江等省（直辖市），以及云南北部、安徽和江苏南部地区等地甘薯的生产。 |

| 分类 | 标准号 | 标准名称 | 摘要 |
|---|---|---|---|
| 薯芋类 | NY/T 3483—2019 | 马铃薯全程机械化生产技术规范 | 本标准规定了马铃薯机械化生产的前期准备耕整地、播种、田间管理、收获等主要作业环节的技术要求。本标准适用于北方一季作区、中原二季作区的马铃薯机械化生产作业。其他地区的马铃薯机械化生产作业可参照执行。 |
| 水生蔬菜 | NY/T 2723—2015 | 茭白生产技术规程 | 本标准规定了茭白（Zizania latifolia）生产的术语与定义、产地环境、品种选择、栽培技术、病虫害防治、采收、分级包装、贮藏、运输及生产档案等要求。<br>本标准适用于茭白生产。 |
| | NY/T 5239—2004 | 无公害食品　莲藕生产技术规程 | 本标准规定了无公害食品莲藕（浅水藕，Nelumbo nucifera Gaertn.）生产的产地环境、生产技术、病虫害防治、采收和生产档案。<br>本标准适用于我国无公害食品莲藕的生产。 |
| | NY/T 5094—2002 | 无公害食品　蕹菜生产技术规程 | 本标准规定了无公害食品蕹菜的产地环境要求和生产技术措施。<br>本标准适用于无公害食品蕹菜的生产。 |
| | NY/T 837—2004 | 莲藕栽培技术规程 | 本标准规定了浅水莲藕产地环境技术条件和浅水莲藕露地栽培、设施早熟栽培及节水设施栽培的基本方法。<br>本标准适用于我国浅水莲藕主产区，其他地区亦可参考使用。 |
| 多年生蔬菜 | LY/T 1769—2008 | 苦竹笋用林培育技术规程 | 本标准规定了苦竹（Pleioblastus maculatus）笋用林培育的术语、种苗繁殖、栽培技术、经营管理、病虫害防治和竹笋采收。<br>本标准适用于全国苦竹笋用林的栽培和经营管理。其他与苦竹生物学、生态学特性相近似的笋用竹种可参照使用。 |
| | LY/T 2138—2013 | 早竹笋生产技术规程及产品质量等级 | 本标准规定了早竹 [Phyllostachys violascens（Carr.）A. et C. Riv.] 生产技术的术语和定义、建园、幼林管护、成林丰产培育、覆盖早出高产培育、有害生物防治、竹笋采收，及其质量要求、试验方法、检验规则、包装与标志、运输与贮存。<br>本标准适用于早竹笋的生产栽培以及生产和销售。 |
| | LY/T 2337—2014 | 毛竹笋栽培技术规程 | 本标准规定了毛竹（Phyllostachys edulis）笋栽培的产地环境、竹林培育技术、竹笋采收。<br>本标准适用于毛竹笋标准化栽培。 |
| | LY/T 2043—2012 | 寿竹笋用林栽培技术规程 | 本标准规定了寿竹笋用林育苗、造林、抚育管理、竹笋采收等技术要求。<br>本标准适用于西南地区及相似地域条件的寿竹笋用林栽培。 |
| | LY/T 2123—2013 | 香椿培育技术规程 | 本标准规定了香椿 [Toona sinensis（A. Juss）Roem.] 的栽培区域、品种选择、繁殖方法及材林的培育和菜用林栽培管理技术。<br>本标准适用于香椿材用林培育和菜用林栽培管理。 |
| | NY/T 5231—2004 | 无公害食品　芦笋生产技术规程 | 本标准规定了无公害食品芦笋生产的术语和定义、产地环境、生产技术、病虫害防治、采收及生产档案。<br>本标准适用于无公害食品芦笋生产。 |
| 芽苗类 | NY/T 5212—2004 | 无公害食品　绿化型芽苗菜生产技术规程 | 本标准规定了无公害食品绿化型芽苗菜的术语和定义、生产环境与设备、生产技术、病虫害防治及采收和生产档案。<br>本标准适用于无公害食品绿化型芽苗菜生产。 |
| 其他蔬菜及其制品 | NY/T 969—2013 | 胡椒栽培技术规程 | 本标准规定了胡椒（Piper nigrum L.）栽培的术语和定义、园地选择与规划、垦地、定植、幼龄植株管理、结果植株管理、灾害处理、主要病虫害防治和采收等技术要求。<br>本标准适用于热引 1 号胡椒（Piper nigrum L. cv. Reyin No. 1）的生产。 |

| 分类 | 标准号 | 标准名称 | 摘要 |
|---|---|---|---|
| 食用菌及其制品 | GB/Z 26587—2011 | 香菇生产技术规范 | 本指导性技术文件规定了香菇生产的基本要求，主要包括基地选择与管理、投入品管理、生产技术管理、有害生物防治、劳动保护、批次管理、档案记录等方面。<br>本指导性技术文件适用于袋料香菇的生产。 |
| | GB/T 29369—2012 | 银耳生产技术规范 | 本标准规定了银耳生产的术语和定义、生产场所及设施、菌袋制作、菌丝培养、栽培管理和采收。<br>本标准适用于银耳代料袋栽生产。 |
| | NY/T 2375—2013 | 食用菌生产技术规范 | 本标准规定了食用菌生产中对栽培场地和场所环境、生产投入品、培养料制备、接种、发菌期管理、出菇期管理、病虫害防控、采收、修整、包装、保鲜、运输和储存的技术要求。<br>本标准适用于农业设施条件下各类腐生型食用菌的生产。 |
| | NY/T 2018—2011 | 鲍鱼菇生产技术规程 | 本标准规定了鲍鱼菇（*Pleurotus abalonus*）生产的产地环境、栽培基质、栽培管理、病虫害防治、采收处理、质量安全控制和生产档案等技术要求。<br>本标准适用于鲍鱼菇的袋装培养料棚栽生产。 |
| | NY/T 2798.5—2015 | 无公害农产品 生产质量安全控制技术规范 第5部分：食用菌 | 本部分规定了无公害农产品食用菌生产质量安全控制的基本要求，包括产地环境、农业投入品、栽培管理、采后处理等环节关键点的质量安全控制技术及要求。<br>本部分适用于无公害农产品食用菌的生产、管理和认证。 |
| | LY/T 1207—2018 | 黑木耳块生产技术规程 | 本标准规定了黑木耳块生产技术措施、质量要求、抽样方法、检验规则、标志、包装、运输和贮存。<br>本标准适用于以黑木耳干品为原料，压缩制成的黑木耳块。 |
| | LY/T 2841—2017 | 黑木耳菌包生产技术规程 | 本标准规定了黑木耳（*Auricularia auricula-judae*）菌包生产的环境及厂房，厂区布局，工艺流程及管理，病虫害防治，生产记录和留样，包装、储存和标识的技术要求。<br>本标准适用于生产黑木耳菌包的技术管理。 |
| | LY/T 2543—2015 | 双孢蘑菇林下栽培技术规程 | 本标准规定了双孢蘑菇术语和定义，生产所要求的林地选择、培养料配方、菌种选择、建堆发酵、林下栽培、发菌期管理、出菇管理、采收等技术。<br>本标准适用于双孢蘑菇人工林下栽培。 |

## 1.4.2　水果类

| 分类 | 标准号 | 标准名称 | 摘要 |
|---|---|---|---|
| 仁果类 | NY/T 1082—2006 | 黄土高原苹果生产技术规程 | 本标准规定了我国黄土高原苹果产区苹果生产的园址选择、品种和苗木选择、栽植、土壤管理、果园施肥、水分管理、整形修剪、花果管理、病虫害综合防治和果实采收等技术。<br>本标准适用于我国黄土高原地区的陕西、山西、甘肃、河南等省的苹果生产。 |
| | NY/T 1083—2006 | 渤海湾地区苹果生产技术规程 | 本标准规定了渤海湾地区苹果生产园地选择与规划、品种和砧木的选择、苗木定植、土肥水管理、整形修剪、花果管理、病虫害防治、果实采收和包装贮藏等技术。<br>本标准适用于渤海湾地区的苹果生产园。 |
| | NY/T 1084—2006 | 红富士苹果生产技术规程 | 本标准规定了红富士苹果生产的园地选择与规划、品系和砧木选择、栽植、土肥水管理、整形修剪、花果管理、病虫害防治和果实采收等技术。<br>本标准适用于红富士苹果的生产。 |

| 分类 | 标准号 | 标准名称 | 摘要 |
|---|---|---|---|
| 仁果类 | NY/T 2411—2013 | 有机苹果生产质量控制技术规范 | 本标准规定了有机苹果生产中质量控制的风险要素、质量控制技术与方法以及质量控制的管理要求。<br>本标准适用于有机苹果生产过程的质量控制与管理。 |
| | NY/T 441—2013 | 苹果生产技术规程 | 本标准规定了园地选择与规划、栽植、土肥水管理、整形修剪、花果管理、病虫害综合防治、果实采收及采后处理等苹果生产技术。<br>本标准适用于鲜食苹果生产。 |
| | NY/T 5012—2002 | 无公害食品 苹果生产技术规程 | 本标准规定了无公害食品苹果生产园地选择与规划、栽植、土肥水管理、整形修剪、花果管理、病虫害防治和果实采收等技术。<br>本标准适用于无公害食品苹果的生产。 |
| | NY/T 442—2013 | 梨生产技术规程 | 本标准规定了园地选择与规划、栽植、土肥水管理、整形修剪、花果管理、病虫害综合防治、果实采收、采后处理等梨生产技术。<br>本标准适用于梨（Pyrus spp.）生产。 |
| | NY/T 5102—2002 | 无公害食品 梨生产技术规程 | 本标准规定了无公害食品梨生产的园地选择与规划、品种和砧木选择、栽植、土肥水管理、整形修剪、花果管理、病虫害防治和果实采收。<br>本标准适用于无公害食品梨的生产。 |
| | NY/T 881—2004 | 库尔勒香梨生产技术规程 | 本标准规定了库尔勒香梨生产园地选择与规划、砧木选择、栽植、土肥水管理、整形修剪、花果管理、病虫防治和果实采收等技术要求。<br>本标准适用于库尔勒香梨生产。 |
| 核果类 | GB/Z 26579—2011 | 冬枣生产技术规范 | 本指导性技术文件规定了冬枣生产的基本要求，主要包括生产基地的选择和管理、生产投入品管理、栽培管理、有害生物防治、劳动保护、批次管理、档案记录等方面。<br>本指导性技术文件适用于冬枣的生产。 |
| | NY/T 5114—2002 | 无公害食品 桃生产技术规程 | 本标准规定了无公害桃生产园地选择与规划、栽植、土肥水管理时、整理修剪、花果管理、病虫害防治和果实采收等技术。<br>本标准适用于无公害桃的露地生产。 |
| | NY/T 970—2006 | 板枣生产技术规程 | 本标准规定了板枣适宜栽培区域、丰产优质主要指标、建园、枣园栽培管理及采收等综合技术要求。<br>本标准适用于板枣的生产。 |
| | NY/T 5025—2001 | 无公害食品 芒果生产技术规程 | 本标准规定了芒果（Mangifera indica L.）园地选择、园地规划、土壤管理、水分管理、施肥管理、花果管理和病虫草害综合防治等技术。<br>本标准适用于全国无公害芒果的生产。 |
| | LY/T 1558—2017 | 仁用杏优质丰产栽培技术规程 | 本标准规定了仁用杏的建园、栽培管理、采收及处理等技术要求，适用于我国普通杏（Armeniaca vulgaris Lam.）、西伯利亚杏 [A. sibirica (L.) Lam.]、辽杏 [A. mandshurica (Maxim.) Skv.]、藏杏 [A. holosericea (Batal.) Kost.]、紫杏 [A. dasycarPa (Ehrh.) Borkh.]、志丹杏（A. zhidanensis Qiao C. Z.）、政和杏（A. zhengheensis Zhang J. Y. et Lu M. N.）中所有以仁用为目的的种的栽培，不适用于鲜食杏品种。<br>本标准适用于我国以华北、东北、西北为主的所有仁用杏产区仁用杏的生产与经营。 |
| | LY/T 1677—2006 | 杏树保护地丰产栽培技术规程 | 本标准规定了杏树保护地丰产栽培技术的保护地选择、设施建造、建园及管理、微环境调控和病虫害防治等技术内容。<br>本标准适用于我国北纬 28°～45° 区域（较适宜区域为北纬 33°～40°）内的杏树保护地栽培。 |
| | LY/T 2824—2017 | 杏栽培技术规程 | 本标准规定了杏产地环境条件，建园、栽培管理和病虫害防治技术及果实采收。<br>本标准适用于我国鲜食、加工和仁用杏生产。 |

| 分类 | 标准号 | 标准名称 | 摘要 |
|---|---|---|---|
| 核果类 | LY/T 2826—2017 | 李栽培技术规程 | 本标准规定了李栽培的产地环境条件及建园、土肥水管理、花果管理、整形修剪、病虫害防治以及果实采收的技术要求。<br>本标准适用于中国李（*Prunus. salicina* Lindl.）和欧洲李（*Prunus. domestica* L.）适栽地区。 |
| | LY/T 1497—2017 | 枣优质丰产栽培技术规程 | 本标准规定了枣优质丰产栽培的术语和定义、指标体系与检测方法、育苗、枣园营建、栽培管理技术、果实采收、档案管理。<br>本标准适用于枣树栽培。 |
| | LY/T 2535—2015 | 南方鲜食枣栽培技术规程 | 本标准规定了我国南方鲜食枣术语和定义、产地环境条件、品种与苗木选择、栽植技术、土壤管理、肥水管理、整形修剪、木质化枣吊培养、保花保果、避雨栽培、病虫害防治、果实采收、果实贮藏等。<br>本标准适用于我国亚热带地区鲜食枣生产。 |
| | LY/T 2825—2017 | 枣栽培技术规程 | 本标准规定了枣树适宜栽培的产地环境、果园建立、栽培管理、病虫害防治和果实采收等方面的技术要求。<br>本标准适用于我国枣栽培与管理。 |
| | LY/T 2127—2013 | 杨梅栽培技术规程 | 本标准规定了杨梅（*Myrica rubra*）产地选择、品种选择、栽植、整形修剪、花果调控、土壤管理、施肥管理、病虫害控制、采收、档案管理等技术要求。<br>本标准适用于杨梅生产。 |
| | LY/T 2036—2012 | 油橄榄栽培技术规程 | 本标准规定了术语和定义，油橄榄栽培的主要品种、建园技术、土肥水管理、整形修剪、病虫害防治、采收与贮藏。<br>本标准适用于我国适生区油橄榄栽培与管理。 |
| | NY/T 880—2020 | 芒果栽培技术规程 | 本标准规定了芒果（*Mangifera indica* L.）栽培园地的选择、园地规划、备耕与栽植、土肥水管理、产期调节、花果管理、病虫害防治、整形修剪、采收等技术要求。<br>本标准适用于芒果的栽培管理。 |
| 浆果类 | NY/T 5108—2002 | 无公害食品　猕猴桃生产技术规程 | 本标准规定了无公害猕猴桃的生产园地建设、栽培管理技术、病虫害防治技术以及果实采收等技术。<br>本标准适用于无公害美味猕猴桃和中华猕猴桃的生产。 |
| | LY/T 2475—2015 | 越桔栽培技术规程 | 本标准规定了越桔（*Vaccinium vitis-idaea*）的适生环境、育苗、建园、园地管理、采收。<br>本标准适用于我国北方矮丛越桔［美登（Blomidon）、芬蒂（Fundy）］、半高丛越桔［北极星（Polaris）、齐佩瓦（Chippewa）、北陆（Northland）］的栽培生产。 |
| | NY/T 5088—2002 | 无公害食品　鲜食葡萄生产技术规程 | 本标准规定了无公害食品鲜食葡萄生产应采用的生产管理技术。<br>本标准适用于露地鲜食葡萄生产。 |
| | NY/T 5256—2004 | 无公害食品　火龙果生产技术规程 | 本标准规定了无公害食品火龙果生产的园地选择、园地规划、栽植、土壤管理、水分管理、整形修剪、施肥管理、花果管理、病虫害综合防治和采收等技术要求。<br>本标准适用于全国无公害火龙果的生产。 |
| | LY/T 1887—2010 | 柿栽培技术规程 | 本标准规定了柿苗木培育、建园、土肥水管理、整形修剪、花果管理、病虫害防治和采收等技术规程。<br>本标准适用于我国柿适宜栽培区域。 |
| | LY/T 2838—2017 | 刺梨培育技术规程 | 本标准规定了刺梨（*Rosa roxburghii* Tratt）人工培育的栽培环境、育苗、苗木出圃、栽培技术、建立档案等内容。<br>本标准适用于我国刺梨产区药、食两用果实的培育。 |

| 分类 | 标准号 | 标准名称 | 摘要 |
|---|---|---|---|
| 浆果类 | NY/T 5183—2006 | 无公害食品 杨桃生产技术规程 | 本标准规定了杨桃（*Averrhoa carambola* L.）园地选择、园地规划、建园与定植、土壤管理、施肥管理、整形修剪、花果管理、自然灾害的预防和处理、病虫害防治、采收等技术要求。<br>本标准适用于杨桃生产。 |
| 柑橘类 | GB/Z 26580—2011 | 柑橘生产技术规范 | 本指导性技术文件规定了柑橘生产的基本要求，包括基地选择和管理、投入品管理、生产技术管理、有害生物综合防治、劳动保护、档案记录等方面。<br>本指导性技术文件适用于温州蜜柑的种植生产。 |
| | NY/T 5015—2002 | 无公害食品 柑桔生产技术规程 | 本标准规定了生产无公害柑桔园地选择与规划、栽植、土肥水管理、整形修剪、花果管理、植物生长调节剂应用、病虫害防治及果实采收等技术。<br>本标准适用于无公害柑桔的生产。 |
| | NY/T 975—2006 | 柑橘栽培技术规程 | 本标准规定了柑橘栽培的园地选择与规划、品种与砧木选择、栽植、土肥水管理、整形修剪、花果管理、病虫害防治、防灾减灾、果实采收等技术和要求。<br>本标准适用于我国柑橘生产。 |
| | NY/T 976—2006 | 浙南-闽西-粤东宽皮柑橘生产技术规程 | 本标准规定了浙南、闽西、粤东宽皮柑橘园地选择与规划、品种与苗木、果园土壤改良、栽植技术、土吧水管理、整形修剪、花果管理、灾害防御、病虫害防治、果实采收等生产技术。<br>本标准适用于浙南、闽西、粤东宽皮柑橘的生产栽培。 |
| | NY/T 977—2006 | 赣南-湘南-桂北脐橙生产技术规程 | 本标准规定了赣南、湘南、桂北脐橙园地选择与规划、品种与苗木、果园土壤改良、栽植技术、土肥水管理、整形修剪、花果管理、冻害防御、病虫害防治、果实采收等生产技术。<br>本标准适用于赣南-湘南-桂北脐橙生产栽培。 |
| 聚复果类 | GB/Z 26575—2011 | 草莓生产技术规范 | 本指导性技术文件规定了草莓生产的基本要求，主要包括生产基地的选择和管理、生产投入品管理、栽培管理、有害生物防治、劳动保护、批次管理、档案记录等方面。<br>本指导性技术文件适用于草莓的生产。 |
| | NY/T 5105—2002 | 无公害食品 草莓生产技术规程 | 本标准规定了无公害食品草莓的生产技术。<br>本标准适用于无公害食品草莓的生产。 |
| | NY/T 5178—2002 | 无公害食品 菠萝生产技术规程 | 本标准规定了菠萝［*Ananas comosus*（L.）*Meer*］生产的园地选择、园地规划、种植、土壤管理、水分管理、水分管理、施肥管理、花果管理、病虫草害综合防治、采收、生产周期等技术要求。<br>本标准适用于无公害菠萝的生产。 |
| | NY/T 3008—2016 | 木菠萝栽培技术规程 | 本标准规定了木菠萝（*Artocarpus heterophyllus* Lam.）栽培的地选择、园地规划、园地开垦、定植、田间管理、树体管理、主要病虫害防治和果实采收等技术要求。<br>本标准适用于木菠萝的栽培管理。 |
| | NY/T 1442—2007 | 菠萝栽培技术规程 | 本标准规定了菠萝［*Ananas comosus*（L.）Merr.］园地选择、园地规划、种植、田间管理、病虫鼠害防治、防寒、采收的技术要求。<br>本标准适用于菠萝的栽培。 |
| | LY/T 2450—2015 | 无花果栽培技术规程 | 本标准规定了无花果（*Ficus carica* L.）栽培的园地选择、栽植技术、土肥水管理、整形修剪、病虫害防治及果实的采收等技术要求。<br>本标准适用于我国无花果适宜栽培区的露地栽培。 |
| 荔果类 | NY/T 5176—2002 | 无公害食品 龙眼生产技术规程 | 本标准规定了无公害食品龙眼［*Euphoria longan*（Lour.）Steud］的生产园地选择和规划、栽种品种与栽植方法、土肥水管理、修枝整形与花果管理、病虫害防治及采收等技术管理要求。<br>本标准适用于无公害龙眼的生产。 |

| 分类 | 标准号 | 标准名称 | 摘要 |
|---|---|---|---|
| 荔果类 | NY/T 5258—2004 | 无公害食品　红毛丹生产技术规程 | 本标准规定了红毛丹（*Nephelium lappaceum* L.）生产的园地选择与规划、品种选择、种植、土壤管理、水肥管理、树体管理、花果管理、病虫害防治以及采收等管理技术要求。<br>本标准适用于全国范围内的无公害红毛丹的生产。 |
| 荔果类 | NY/T 5174—2002 | 无公害食品　荔枝生产技术规程 | 本标准规定了无公害食品荔枝（*Litchi chinensis* Sonn.）生产园地选择和规划、品种选择和定植、土壤管理、施肥管理、水分管理、整形修剪、花果管理、病虫害防治和采收等生产技术。<br>本标准适用于全国各荔枝产区无公害食品荔枝的生产。 |
| 坚果类 | LY/T 1750—2008 | 巴旦木（扁桃）生产技术规程 | 本标准规定了巴旦木苗木繁育、丰产栽培、病虫害防治、果实采收等技术要求。<br>本标准适用于新疆南疆地区适于栽培巴旦木的地区，也适用于春季温暖晴朗，夏、秋季大气干燥，冬季低温不低于−20℃，土壤条件类似于巴旦木适生区的其他温带区域巴旦木的栽种。 |
| 果用瓜类 | NY/T 5111—2002 | 无公害食品　西瓜生产技术规程 | 本规程规定了无公害食品西瓜的生产基地建设、栽培技术、有害生物防治技术以及采收要求。<br>本规程适用于全国无公害食品西瓜的生产。 |
| 果用瓜类 | NY/T 5180—2002 | 无公害食品　哈密瓜生产技术规程 | 本标准规定了无公害食品哈密瓜生产技术管理措施。<br>本标准适用于露地和苗期小拱棚覆盖的无公害哈密瓜的生产。 |
| 香蕉类 | NY/T 5022—2006 | 无公害食品　香蕉生产技术规程 | 本标准规定了香蕉（*Musa* spp.）园地选择、园地规划、园地准备与定植、土壤管理、施肥管理、水分管理、树体管理、病虫害防治、生产周期及轮作制度、灾害的预防与补救措施和采收等技术要求。<br>本标准适用于香蕉生产。 |

## 1.4.3　生产栽培机械

| 标准号 | 标准名称 | 摘要 |
|---|---|---|
| GB 10395.10—2006 | 农林拖拉机和机械安全技术要求　第10部分：手扶微型耕耘机 | 本部分规定了手扶耕耘机的机械要求和试验方法。 |
| GB 10395.6—2006 | 农林拖拉机和机械安全技术要求　第6部分：植物保护机械 | GB 10395的本部分规定了机动和手动植物保护机械和液体肥料施播机的安全技术专项要求。<br>GB 10395的本部分规定的要求是对GB 10395.1的补充。 |
| GB 10395.12—2005 | 农林拖拉机和机械安全技术要求　第12部分：便携式动力绿篱修剪机 | 本部分规定了由一个或多个线性往复式割刀修剪绿篱和灌木的便携手持式动力绿篱修剪机的术语定义、安全技术要求和试验规程。本部分不适用于带旋转式割刀的绿篱修剪机，也不适用于背负式或其他外置动力源驱动的绿篱修剪机。 |
| GB 10395.16—2010 | 农林机械　安全　第16部分：马铃薯收获机 | GB 10395的本部分规定了设计和制造牵引式、悬挂式和自走式马铃薯收获机的安全要求和判定方法。还规定了制造厂应提供的安全操作信息的类型。 |
| GB 10395.17—2010 | 农林机械　安全　第17部分：甜菜收获机 | GB 10395的本部分规定了设计和制造牵引式、悬挂式和自走式甜菜收获机的安全要求和判定方法，还规定了制造厂应提供的安全操作信息的类型。 |
| GB 10395.24—2010 | 农林机械　安全　第24部分：液体肥料施肥车 | GB 10395的本部分规定了设计和制造各类半悬挂式、牵引式和自走式液体肥料施肥车，包括气动或机动液体肥料洒施或注射装置的安全要求和判定方法。本部分还规定了制造厂应提供的安全操作信息的类型。 |

| 标准号 | 标准名称 | 摘要 |
|---|---|---|
| GB/T 18025—2000 | 农业灌溉设备　电动或电控　灌溉机械的电气设备和布线 | 本标准给出了电动或电控农业灌溉机械用电气设备的详细资料，包括从电源接点到灌溉机械的所有必需电气设备、仪器、件和布线装置。 |
| GB/T 20346.1—2006 | 施肥机械　试验方法　第1部分：全幅宽施肥机 | 本部分规定了施撒固体肥料的全幅宽施肥机的试验方法。 |
| GB/T 20346.2—2006 | 施肥机械　试验方法　第2部分：行间施肥机 | 本部分规定了行间施肥机试验方法，包括联接在主机上的行间施肥机。 |
| GB/T 20865—2017 | 免（少）耕施肥播种机 | 本标准规定了免耕或少耕施肥播种机的技术要求、性能指标、安全技术要求、主要零部件技术要求和试验方法与检验规则、标志、包装与贮存。 |
| GB/T 25417—2010 | 马铃薯种植机　技术条件 | 本标准规定了马铃薯种植机的产品型号、要求、检验规则、标志、包装、运输与贮存。<br>本标准适用于种薯为块薯的马铃薯种植机（以下简称种植机），也适用于带施肥机构的种植机。 |
| GB/T 25419—2010 | 气动果树剪枝机 | 本标准规定了气动果树剪枝机的要求、试验方法、检验规则、标志、包装、运输与贮存。<br>本标准适用于介质为空气，由拖拉机气泵或由柴油机、电机带动气泵作为气源的气动果树剪枝机。<br>电动剪枝机、手动剪枝机及其他类型的剪枝机可参照执行。 |
| GB/T 29007—2012 | 甘蔗地深耕、深松机械作业技术规范 | 本标准规定了甘蔗地深耕、深松机械作业的作业条件、作业路线、作业要求和安全要求。<br>本标准适用于拖拉机配套机具进行的甘蔗地深耕、深松作业。 |
| GB/T 5668—2017 | 旋耕机 | 本标准规定了旋耕机的型式、基本参数、技术要求、安全要求、试验方法、检验规则、使用说明书、标志、包装、运输和贮存。 |
| GB/T 6242—2006 | 种植机械　马铃薯种植机　试验方法 | 本标准规定了获得马铃薯种植机的种植均匀性、机具其他性能可比性和重复性测定结果的试验方法。 |
| NY/T 1130—2006 | 马铃薯收获机械 | 本标准规定了马铃薯收获机械的要求、试验方法、检验规则、标志、包装与贮存。 |
| NY/T 990—2018 | 马铃薯种植机械作业质量 | 本标准规定了马铃薯种植机械的术语和定义、作业质量要求、检测方法和检验规则。本标准适用于马铃薯种植机械的作业质量评定。 |
| NY/T 2904—2016 | 葡萄埋藤机　质量评价技术规范 | 本标准规定了圆盘取土式和旋耕取土式葡萄埋藤机的质量要求、检测方法和检验规则。<br>本标准适用于与拖拉机配套的圆盘取土式和旋耕取土式葡萄埋藤机（以下简称葡萄埋藤机）产品质量评定。 |
| NY/T 3486—2019 | 蔬菜移栽机作业质量 | 本标准规定了蔬菜机械化移栽的术语和定义、作业质量要求．检测方法和检验规则。本标准适用于蔬菜移栽机的作业质量评定。 |
| NY/T 1415—2007 | 马铃薯种植机质量评价技术规范 | 本标准规定了马铃薯种植机的质量要求、检测方法和检验规则。本标准适用于具有施肥机构的马铃薯种植机的质量评定。具有施药机构的马铃薯种植机参照执行。 |
| NY/T 1824—2009 | 番茄收获机作业质量 | 本标准规定了番茄收获机作业的质量要求、检测方法和检验规则。本标准适用于加工用番茄收获机作业质量的评定。 |

# 1.5　病虫害防治

## 1.5.1　通用类

| 标准号 | 标准名称 | 摘要 |
|---|---|---|
| GB/T 23416.1—2009 | 蔬菜病虫害安全防治技术规范　第1部分：总则 | GB/T 23416 的本部分规定了蔬菜病虫害防治技术规范中的术语和定义、防治原则、农药使用原则和综合防治技术措施。<br>本部分适用于蔬菜病虫害的安全防治。 |
| GB/T 23392.1—2009 | 十字花科蔬菜病虫害测报技术规范　第1部分：霜霉病 | GB/T 23392 的本部分规定了十字花科蔬菜霜霉病发生程度分级指标、调查内容和方法、测报资料收集和预测方法。<br>本部分适用于实施十字花科蔬菜霜霉病的测报、防治以及生态研究、试验工作的调查和发生趋势预报。 |
| GB/T 23392.2—2009 | 十字花科蔬菜病虫害测报技术规范　第2部分：软腐病 | GB/T 23392 的本部分规定了十字花科蔬菜软腐病发生程度分级指标、系统调查、大田普查、测报资料收集和预报方法。<br>本部分适用于实施十字花科蔬菜软腐病的测报、防治以及生态研究、试验工作的调查和发生趋势预报。 |
| GB/T 23392.3—2009 | 十字花科蔬菜病虫害测报技术规范　第3部分：小菜蛾 | GB/T 23392 的本部分规定了小菜蛾发生程度分级指标、系统调查、大田普查、测报资料收集和预测预报。<br>本部分适用于实施小菜蛾测报、防治以及生态研究、试验工作的调查和发生趋势预报。 |
| GB/T 23392.4—2009 | 十字花科蔬菜病虫害测报技术规范　第4部分：甜菜夜蛾 | GB/T 23392 的本部分规定了甜菜夜蛾发生程度分级指标、调查内容及方法、测报资料收集和预测预报方法。<br>本部分适用于实施甜菜夜蛾的测报、防治以及生态研究、试验工作的调查和发生趋势预报。 |
| NY/T 2361—2013 | 蔬菜夜蛾类害虫抗药性监测技术规程 | 本标准规定了蔬菜夜蛾类害虫抗药性监测的基本方法。<br>本标准适用于危害蔬菜的甜菜夜蛾（*Spodoptera exigua* Hubner）、斜纹夜蛾（*Prodenia litura* Fabricius）等夜蛾类害虫对具有触杀、胃毒作用杀虫剂抗药性监测。 |
| NY/T 2727—2015 | 蔬菜烟粉虱抗药性监测技术规程 | 本标准规定了琼脂保湿浸叶法对烟粉虱 [ *Bemisia tabaci*（Gennadius）] 成虫、浸茎系统测定法和叶片浸渍法对烟粉虱若虫和卵抗药性的监测方法。<br>本标准适用于烟粉虱成虫、若虫和卵对常用杀虫剂的抗药性监测。 |
| NY/T 1480—2007 | 热带水果橘小实蝇防治技术规范 | 本标准规定了热带水果橘小实蝇 [ *Bactrocera dorsalis*（Hendel）] 防治的有关术语与定义及防治要求等技术。<br>本标准适用于我国热带水果种植区域热带水果的橘小实蝇防治。 |
| NY/T 2049—2011 | 香蕉、番石榴、胡椒、菠萝线虫防治技术规范 | 本标准规定了香蕉（*Musa paradisiaca* Linn.）、番石榴（*Psidium guajava* L.）、胡椒（*Piper nigrum* Linn.）与菠萝 [ *Ananas Comosus*（L.）Merr.] 线虫的防治原则、措施和方法。 |
| SN/T 2960—2011 | 水果蔬菜和繁殖材料处理技术要求 | 本标准规定了水果蔬菜和繁殖材料冷处理、热处理、溴甲烷熏蒸处理和辐照处理等除害处理技术指标。<br>本标准适用于进出口水果蔬菜和繁殖材料冷处理、热处理、溴甲烷熏蒸处理和辐照处理等检疫除害处理。 |

## 1.5.2　蔬菜类

| 分类 | 标准号 | 标准名称 | 摘要 |
|---|---|---|---|
| 根菜类 | GB/T 23416.8—2009 | 蔬菜病虫害安全防治技术规范　第8部分：根菜类 | GB/T 23416 的本部分规定了根菜类蔬菜常见病虫害的种类、防治原则、农业防治、物理防治、生物防治和化学防治。<br>本部分适用于萝卜、胡萝卜、芜菁、芜菁甘蓝、根芹菜、美洲防风、根甜菜等根菜类蔬菜的病虫害防治。 |

| 分类 | 标准号 | 标准名称 | 摘要 |
|---|---|---|---|
| 根菜类 | NY/T 1750—2009 | 甜菜丛根病的检验酶联免疫法 | 本标准规定了甜菜丛根病的检验方法。<br>本标准适用于甜菜植株丛根病的检验。 |
| | SN/T 1140—2002 | 甜菜胞囊线虫检疫鉴定方法 | 本标准规定了对甜菜胞囊线虫检疫和鉴定方法。<br>本标准适用于甜菜及其他藜科和十字花科等植物及植物繁殖材料的根和病土中甜菜胞囊线虫的检疫和鉴定。 |
| | SN/T 2035—2007 | 甜菜霜霉病菌检疫鉴定方法 | 本标准规定了植物检疫中甜菜霜霉病菌的检疫和鉴定方法。<br>本标准适用于甜菜、甜菜种子、甜菜种苗中甜菜霜霉病菌的检疫和鉴定。 |
| 白菜类 | GB/T 23416.5—2009 | 蔬菜病虫害安全防治技术规范　第5部分：白菜类 | GB/T 23416 的本部分规定了白菜类蔬菜常见病虫害的种类、防治原则、农业防治、物理防治、生物防治和化学防治。<br>本部分适用于大白菜、白菜、乌塌菜、紫菜薹、菜薹、薹菜等白菜类蔬菜的病虫害防治。 |
| | NY/T 3080—2017 | 大白菜抗黑腐病鉴定技术规程 | 本标准规定了大白菜抗黑腐病（*Xanthomonas campestris* pv. *Campestris*）鉴定方法和评价方法。<br>本标准适用于大白菜（*Brassica rapa* L. ssp. *pekinensis*）抗黑腐病的室内鉴定及抗性评价。 |
| | NY/T 2038—2011 | 油菜菌核病测报技术规范 | 本标准规定了油菜菌核病的定义和术语、春季子囊盘萌发时期及其消长动态调查、病情系统调查、病情普查和预测方法及测报资料收集、汇总和汇报等内容。<br>本标准适用于秋播油菜菌核病调查和预测预报。 |
| | NY/T 794—2004 | 油菜菌核病防治技术规程 | 本标准规定了我国油菜菌核病［*Sczerotinia sclerotiorum*（Lib.）de Bary］的防治术语和定义、防治原则、指标、措施和方法。<br>本标准适用于长江流域及其他冬油菜区油菜菌核病的防治，东北、西北春油菜区和西南夏播油菜区可参照使用。 |
| 甘蓝类 | GB/T 23416.4—2009 | 蔬菜病虫害安全防治技术规范　第4部分：甘蓝类 | GB/T 23416 的本部分规定了甘蓝类蔬菜常见病虫害的种类、防治原则、农业防治、物理防治、生物防治和化学防治。<br>本部分适用于结球甘蓝、花椰菜、青花菜、球茎甘蓝、芥蓝、抱子甘蓝等甘蓝类蔬菜的病虫害防治。 |
| | NY/T 2313—2013 | 甘蓝抗枯萎病鉴定技术规程 | 本标准规定了甘蓝抗枯萎病鉴定方法和评价方法。<br>本标准适用于甘蓝（*Brassica oleracea* L.）抗枯萎病的室内鉴定及抗性评价。 |
| 芥菜类 | GB/T 28073—2011 | 南芥菜花叶病毒检疫鉴定方法 | 本标准规定了南芥菜花叶病毒血清学和分子生物学的检测鉴定方法。<br>本标准适用于植物种子、鳞球茎、苗木和组培苗等植物及其产品中南芥菜花叶病毒的检测与鉴定。 |
| 茄果类 | GB/T 23416.2—2009 | 蔬菜病虫害安全防治技术规范　第2部分：茄果类 | GB/T 23416 的本部分规定了茄果类蔬菜常见病虫害的种类、防治原则、农业防治、物理防治、生物防治和化学防治。<br>本部分适用于番茄、茄子、辣椒、甜辣椒、酸浆等茄果类蔬菜的病虫害防治。 |
| | GB/T 28973—2012 | 番茄环斑病毒检疫鉴定方法　纳米颗粒增敏胶体金免疫层析法 | 本标准规定了用纳米颗粒增敏胶体金免疫层析法检测番茄环斑病毒的原理、实验步骤及结果判定等。<br>本标准适用于植物及其产品组织中番茄环斑病毒的快速筛查。 |
| | GB/T 36771—2018 | 番茄花叶病毒检疫鉴定方法 | 本标准规定了番茄花叶病毒（*Tomato mosaic virus*）的检疫鉴定方法。<br>本标准适用于寄主植株和未处理种子中番茄花叶病毒的检测鉴定。为降低种子的感染率，采用物理（如热处理）或化学方法处理（如酸处理、次氯酸钠、磷酸三钠等）的种子，或采用农用化学品、生物制剂处理的种子，使用本标准时需通过分析、抽样或比较实验，来证明残留的抑制物不会影响到实验。 |

| 分类 | 标准号 | 标准名称 | 摘要 |
|---|---|---|---|
| 茄果类 | GB/T 28982—2012 | 番茄斑萎病毒 PCR 检测方法 | 本标准规定了番茄斑萎病毒的 RT-PCR、免疫磁珠 RT-PCR 和实时荧光 RT-PCR 检测方法。<br>本标准适用于包括种子、苗木和无性繁殖材料的活体植物材料及传毒介体中携带的番茄斑萎病毒的检测。 |
| | GB/T 29431—2012 | 番茄溃疡病菌检疫鉴定方法 | 本标准规定了番茄溃疡病菌的检疫鉴定方法。<br>本标准适用于番茄种子、苗木等相关茄科植物材料中番茄溃疡病菌的检疫和鉴定。 |
| | GB/T 35331—2017 | 番茄亚隔孢壳茎腐病菌检疫鉴定方法 | 本标准规定了番茄亚隔孢壳茎腐病菌的检疫鉴定方法。本标准适用于番茄及其他番茄亚隔孢壳茎腐病菌寄主种子、植株、果实中番茄亚隔孢壳茎腐病菌的检疫鉴定。 |
| | GB/T 36850—2018 | 番茄严重曲叶病毒检疫鉴定方法 | 本标准规定了番茄严重曲叶病毒的免疫学及分子生物学的检疫鉴定方法。<br>本标准适用于可能携带番茄严重曲叶病毒的寄主植物及其产品的检疫鉴定。 |
| | GB/T 36780—2018 | 辣椒轻斑驳病毒检疫鉴定方法 | 本标准规定了（Pepper mild mottled virus）的检疫鉴定方法。<br>本标准适用于寄主植株和未处理种子上辣椒轻斑驳病毒的检测。 |
| | NY/T 1858.1—2010 | 番茄主要病害抗病性鉴定技术规程　第1部分：番茄抗晚疫病鉴定技术规程 | 本部分规定了番茄抗晚疫病鉴定的术语和定义、接种体制备、鉴定条件和试验设计、接种、病情调查、抗病性评价以及鉴定记载表格。<br>本部分适用于栽培番茄（Solanum lycopersicum L.）自交系、杂交种、群体、开放授粉品种以及野生番茄和番茄近缘种对番茄晚疫病抗性的室内苗期鉴定和评价。 |
| | NY/T 1858.2—2010 | 番茄主要病害抗病性鉴定技术规程　第2部分：番茄抗叶霉病鉴定技术规程 | 本部分规定了番茄抗叶霉病鉴定的术语和定义、接种体制备、鉴定条件和试验设计、接种、病情调查、抗病性评价以及鉴定记载表格。<br>本部分适用于栽培番茄（Solanum lycopersicum L.）自交系、杂交种、群体、开放授粉品种以及野生番茄和番茄近缘种对番茄叶霉病抗性的室内苗期人工接种鉴定和评价。 |
| | NY/T 1858.3—2010 | 番茄主要病害抗病性鉴定技术规程　第3部分：番茄抗枯萎病鉴定技术规程 | 本部分规定了番茄抗枯萎病鉴定的术语和定义、接种体制备、鉴定条件和试验设计、接种、病情调查、抗病性评价以及鉴定记载表格。<br>本部分适用于栽培番茄（Solanum lycopersicum L.）自交系、杂交种、群体、开放授粉品种以及野生番茄和番茄近缘种对番茄枯萎病抗性的室内苗期人工接种鉴定和评价。 |
| | NY/T 1858.4—2010 | 番茄主要病害抗病性鉴定技术规程　第4部分：番茄抗青枯病鉴定技术规程 | 本部分规定了番茄抗青枯病鉴定的术语和定义、接种体制备、鉴定条件和试验设计、接种、病情调查、抗病性评价以及鉴定记载表格。<br>本部分适用于栽培番茄（Solanum lycopersicum L.）自交系、杂交种、群体、开放授粉品种以及野生番茄和番茄近缘种对番茄青枯病抗性的室内苗期鉴定和评价。 |
| | NY/T 1858.5—2010 | 番茄主要病害抗病性鉴定技术规程　第5部分：番茄抗疮痂病鉴定技术规程 | 本部分规定了番茄抗疮痂病鉴定的术语和定义、接种体制备、鉴定条件和试验设计、接种、病情调查、抗病性评价以及鉴定记载表格。<br>本部分适用于栽培番茄（Solanum lycopersicum L.）自交系、杂交种、群体、开放授粉品种以及野生番茄和番茄近缘种对番茄疮痂病抗性的室内苗期鉴定和评价。 |
| | NY/T 1858.6—2010 | 番茄主要病害抗病性鉴定技术规程　第6部分：番茄抗番茄花叶病毒病鉴定技术规程 | 本部分规定了番茄抗番茄花叶病毒病鉴定的术语和定义、接种体制备、鉴定条件和试验设计、接种、病情调查、抗病性评价以及鉴定记载表格。<br>本部分适用于栽培番茄（Solanum lycopersicum L.）自交系、杂交种、群体、开放授粉品种以及野生番茄和番茄近缘种对番茄花叶病毒病抗性的室内苗期鉴定和评价。 |

| 分类 | 标准号 | 标准名称 | 摘要 |
|---|---|---|---|
| 茄果类 | NY/T 3081—2017 | 番茄抗番茄黄化曲叶病毒鉴定技术规程 | 本标准规定了番茄抗番茄黄化曲叶病毒（*Tomato yellow leaf curl virus*）鉴定方法和评价方法。<br>本标准适用于所有番茄（*Solanum lycopersicum* L.）品种及材料抗番茄黄化曲叶病毒的室内鉴定及抗性评价。 |
| | NY/T 1858.7—2010 | 番茄主要病害抗病性鉴定技术规程　第7部分：番茄抗黄瓜花叶病毒病鉴定技术规程 | 本部分规定了番茄抗黄瓜花叶病毒病鉴定的术语和定义、接种体制备、鉴定条件和试验设计、接种、病情调查、抗病性评价以及鉴定记载表格。<br>本部分适用于栽培番茄（*Solanum lycopersicum* L.）自交系、杂交种、群体、开放授粉品种以及野生番茄和番茄近缘种对黄瓜花叶病毒病抗性的室内苗期鉴定和评价。 |
| | NY/T 2286—2012 | 番茄溃疡病菌检疫检测与鉴定方法 | 本标准规定了农业植物检疫中番茄溃疡病菌检疫检测及鉴定的技术方法。<br>本标准适用于番茄溃疡病菌的检疫检测及鉴定。 |
| | NY/T 1858.8—2010 | 番茄主要病害抗病性鉴定技术规程　第8部分：番茄抗南方根结线虫病鉴定技术规程 | 本部分规定了番茄抗南方根结线虫病鉴定的术语和定义、接种体制备、鉴定条件和试验设计、接种、病情调查、抗病性评价以及鉴定记载表格。<br>本部分适用于栽培番茄（*Solanum lycopersicum* L.）自交系、杂交种、群体、开放授粉品种以及野生番茄和番茄近缘种对南方根结线虫病抗性的室内苗期鉴定和评价。 |
| | NY/T 2060.1—2011 | 辣椒抗病性鉴定技术规程　第1部分：辣椒抗疫病鉴定技术规程 | 本部分规定了辣椒抗疫病鉴定的术语和定义、接种体制备、室内抗性鉴定、病情调查、抗病性评价以及鉴定记载表格。<br>本部分适用于各种辣椒（*Capsicum annuum* L.）资源对疫病抗性的室内鉴定及评价。 |
| | NY/T 2060.2—2011 | 辣椒抗病性鉴定技术规程　第2部分：辣椒抗青枯病鉴定技术规程 | 本部分规定了辣椒抗青枯病鉴定的术语和定义、接种体制备、室内抗性鉴定、病情调查、抗病性评价以及鉴定记载表格。<br>本部分适用于各种辣椒（*Capsicum annuum* L.）资源对疫病抗性的室内鉴定及评价。 |
| | NY/T 2060.3—2011 | 辣椒抗病性鉴定技术规程　第3部分：辣椒抗烟草花叶病毒病鉴定技术规程 | 本部分规定了辣椒抗烟草花叶病毒病鉴定的术语和定义、接种体制备、室内抗性鉴定、病情调查、抗病性评价以及鉴定记载表格。<br>本部分适用于各种辣椒（*Capsicum annuum* L.）资源对疫病抗性的室内鉴定及评价。 |
| | NY/T 2060.4—2011 | 辣椒抗病性鉴定技术规程　第4部分：辣椒抗黄瓜花叶病毒病鉴定技术规程 | 本部分规定了辣椒抗黄瓜花叶病毒病鉴定的术语和定义、接种体制备、室内抗性鉴定、病情调查、抗病性评价以及鉴定记载表格。<br>本部分适用于各种辣椒（*Capsicum annuum* L.）资源对疫病抗性的室内鉴定及评价。 |
| | NY/T 2060.5—2011 | 辣椒抗病性鉴定技术规程　第5部分：辣椒抗南方根结线虫病鉴定技术规程 | 本部分规定了辣椒抗南方根结线虫病鉴定的术语和定义、接种体制备、室内抗性鉴定、病情调查、抗病性评价以及鉴定记载表格。<br>本部分适用于各种辣椒（*Capsicum annuum* L.）资源对疫病抗性的室内鉴定及评价。 |
| | SN/T 2670—2010 | 番茄环斑病毒检疫鉴定方法 | 本标准规定了番茄环斑病毒检疫鉴定方法。<br>本标准适用于可能携带番茄环斑病毒的进境种子、苗木、组培苗等繁殖材料的检疫与鉴定。 |
| | SN/T 2596—2010 | 番茄细菌性叶斑病菌检疫鉴定方法 | 本标准规定了进出境植物检疫中番茄细菌性叶斑病菌的检疫鉴定方法。<br>本标准适用于进出境番茄及辣椒等植物种子及其产品中番茄细菌性叶斑病菌的检疫和鉴定。 |
| 豆类 | GB/T 23416.7—2009 | 蔬菜病虫害安全防治技术规范　第7部分：豆类 | GB/T 23416 的本部分规定了豆类蔬菜常见病虫害的种类、防治原则、农业防治、物理防治、生物防治和化学防治。<br>本部分适用于菜豆、长豇豆、扁豆、蚕豆、刀豆、豌豆、四棱豆、菜用大豆、黎豆、红花菜豆等豆类蔬菜的病虫害防治。 |

| 分类 | 标准号 | 标准名称 | 摘要 |
|---|---|---|---|
| 豆类 | GB/T 28075—2011 | 萨氏假单胞杆菌菜豆生致病型检疫鉴定方法 | 本标准规定了萨氏假单胞杆菌菜豆生致病型的生物学、血清学和分子生物学的检测鉴定方法。<br>本标准适用于植物种子、苗木等繁殖材料及其产品中萨氏假单胞杆菌菜豆生致病型的检测与鉴定。 |
| | GB/T 28063—2011 | 菜豆荚斑驳病毒检疫鉴定方法 | 本标准规定了菜豆荚斑驳病毒血清学和分子生物学的检测鉴定方法。<br>本标准适用于可能携带该病毒的豆科作物的种子、苗木等植物繁殖材料的检测鉴定，也适用于传播该病毒介体昆虫的检测鉴定。 |
| | GB/T 28064—2011 | 蚕豆染色病毒检疫鉴定方法 | 本标准规定了蚕豆染色病毒的血清学和分子检测方法。<br>本标准适用于蚕豆（*Vicia faba*）、小扁豆（*Lens culinaris*）、豌豆（*Pisum sativum*）和菜豆（*Phaseolus vulgaris*）种子携带蚕豆染色病毒的检疫鉴定。 |
| | GB/T 28066—2011 | 丁香假单胞杆菌豌豆致病型检疫鉴定方法 | 本标准规定了丁香假单胞杆菌豌豆致病型生物学、血清学及分子生物学的检测鉴定方法。<br>本标准适用于植物种子、苗木等植物及其产品中丁香假单胞杆菌豌豆致病型的检测和鉴定。 |
| | NY/T 2052—2011 | 菜豆象检疫检测与鉴定方法 | 本标准规定了菜豆象［*Acanthoscelides obtectus*（Say）］的检疫检测与鉴定方法。<br>本标准适用于豆类生产及贮存、调运过程中对菜豆象的检疫检测与鉴定。 |
| | SN/T 1274—2003 | 菜豆象的检疫和鉴定方法 | 本标准规定了菜豆象的检疫和鉴定方法。<br>本标准适用于进境豆类时对菜豆象的检疫和鉴定。 |
| | SN/T 1586.1—2005 | 菜豆细菌性萎蔫病菌检测方法 | 本标准规定了进境植物检疫中菜豆细菌性萎蔫病菌检测方法。<br>本标准适用于来自菜豆细菌性萎蔫病发生国家和地区的菜豆、绿豆、豇豆、大豆和丁癸草等植物种子的进境检疫。 |
| | SN/T 3755—2013 | 豌豆脚腐病菌检疫鉴定方法 | 本标准规定了植物检疫中豌豆脚腐病菌［*Phoma pinodella* (L. K. Jones) Morgan-Jones & K. B. Burch］的检疫鉴定方法。<br>本标准适用于对来自疫区的豌豆脚腐病菌所有寄主植物的根、茎、叶及种子中的豌豆脚腐病菌的检疫鉴定。 |
| | SN/T 3269—2012 | 埃及豌豆象检疫鉴定方法 | 本标准规定了植物检疫中埃及豌豆象 *Bruchidius incarnatus*（Boheman）的检疫和鉴定方法。<br>本标准适用于埃及豌豆象的检疫和鉴定。 |
| 瓜类 | GB/T 23416.3—2009 | 蔬菜病虫害安全防治技术规范　第3部分：瓜类 | GB/T 23416的本部分规定了瓜类蔬菜常见病虫害的种类、防治原则、农业防治、物理防治、生物防治和化学防治。<br>本部分适用于黄瓜、冬瓜、南瓜、笋瓜、西葫芦、黑子南瓜、灰子南瓜、西瓜、甜瓜、越瓜、菜瓜、丝瓜、苦瓜、瓠瓜、节瓜、蛇瓜、佛手瓜等瓜类蔬菜的病虫害防治。 |
| | GB/T 28071—2011 | 黄瓜绿斑驳花叶病毒检疫鉴定方法 | 本标准规定了黄瓜绿斑驳花叶病毒检疫鉴定方法。<br>本标准适用于可能携带黄瓜绿斑驳花叶病毒的种子、苗木及其产品的检疫鉴定。 |
| | GB/T 29584—2013 | 黄瓜黑星病菌检疫鉴定方法 | 本标准规定了黄瓜黑星病菌（*Cladosporium cucumerinum* Ell. et Arthur）以植株症状、病原菌形态特征为依据的检疫鉴定方法。<br>本标准适用于黄瓜及其他葫芦科植物的种子、秧苗上黄瓜黑星病菌的检疫和鉴定。 |

| 分类 | 标准号 | 标准名称 | 摘要 |
|---|---|---|---|
| 瓜类 | GB/T 36781—2018 | 瓜类种传病毒检疫鉴定方法 | 本标准规定了瓜类作物上 5 种常见种传病毒——黄瓜绿斑驳花叶病毒（*Cucumber green mottle mosaic virus*，CGMMV）、黄瓜花叶病毒（*Cucumber mosaic virus*，CMV）、甜瓜坏死斑病毒（*Melon necrotic spot virus*，MNSV）、南瓜花叶病毒（*Squash mosaic virus*，SqMV）和小西葫芦黄花叶病毒（*Zucchini yellow mosaic virus*，ZYMV）的检测方法，规定了马铃薯 Y 病毒科（*Potyviridae*）、烟草花叶病毒属（*Tobamovirus*）和南方菜豆花叶病毒属（*Sobemovirus*）的分子鉴定方法。<br>本标准适用于西瓜（*Citrullus vulgaris*）、甜瓜（*Cucumis melo*）、黄瓜（*Cucumis sativus*）、南瓜（*Cucurbita moschata*）、瓠瓜（*Lagenaria siceraria*）、西葫芦（*Cucurbita pepo*）、笋瓜（*Cucurbita maxima*）、苦瓜（*Momordica charantia*）和丝瓜（*Luffa cylindrica*）等瓜类作物种子的检疫鉴定。 |
| | GB/T 34331—2017 | 黄瓜绿斑驳花叶病毒透射电子显微镜检测方法 | 本标准规定了应用透射电子显微镜对黄瓜绿斑驳花叶病毒进行形态学检测的技术要求和规范。<br>本标准适用于黄瓜绿斑驳花叶病毒的检验检疫与鉴定。 |
| | GB/T 35335—2017 | 黄瓜绿斑驳花叶病毒病监测规范 | 本标准规定了由黄瓜绿斑驳花叶病毒引起的黄瓜绿斑驳花叶病毒病的调查监测程序和方法。<br>本标准适用于黄瓜绿斑驳花叶病毒病的疫情监测。 |
| | NY/T 2919—2016 | 瓜类果斑病防控技术规程 | 本标准规定了瓜类果斑病（Bacterial fruit blotch of cucurbits）的防控要求概要、疫情诊断、防控措施、防控记录及存档等。<br>本标准适用于瓜类果斑病的防控。 |
| | NY/T 1857.1—2010 | 黄瓜主要病害抗病性鉴定技术规程 第 1 部分：黄瓜抗霜霉病鉴定技术规程 | 本部分规定了黄瓜抗霜霉病鉴定的术语和定义、接种体制备、鉴定条件及试验设计、接种、病情调查、抗病性评价和鉴定记载表格。<br>本部分适用于各种黄瓜资源对黄瓜霜霉病抗性的室内鉴定及评价。 |
| | NY/T 1857.2—2010 | 黄瓜主要病害抗病性鉴定技术规程 第 2 部分：黄瓜抗白粉病鉴定技术规程 | 本部分规定了黄瓜抗白粉病鉴定的术语和定义、接种体制备、鉴定条件及试验设计、接种、病情调查、抗病性评价和鉴定记载表格。<br>本部分适用于各种黄瓜资源对黄瓜白粉病抗性的室内鉴定及评价。 |
| | NY/T 1857.3—2010 | 黄瓜主要病害抗病性鉴定技术规程 第 3 部分：黄瓜抗枯萎病鉴定技术规程 | 本部分规定了黄瓜抗枯萎病鉴定的术语和定义、接种体制备、鉴定条件及试验设计、接种、病情调查、抗病性评价和鉴定记载表格。<br>本部分适用于各种黄瓜资源对黄瓜枯萎病抗性的室内鉴定及评价。 |
| | NY/T 1857.4—2010 | 黄瓜主要病害抗病性鉴定技术规程 第 4 部分：黄瓜抗疫病鉴定技术规程 | 本部分规定了黄瓜抗疫病鉴定的术语和定义、接种体制备、鉴定条件及试验设计、接种、病情调查、抗病性评价和鉴定记载表格。<br>本部分适用于各种黄瓜资源对黄瓜疫病抗性的室内鉴定及评价。 |
| | NY/T 1857.5—2010 | 黄瓜主要病害抗病性鉴定技术规程 第 5 部分：黄瓜抗黑星病鉴定技术规程 | 本部分规定了黄瓜抗黑星病鉴定的术语和定义、接种体制备、鉴定条件及试验设计、接种、病情调查、抗病性评价和鉴定记载表格。<br>本部分适用于各种黄瓜资源对黄瓜黑星病抗性的室内鉴定及评价。 |
| | NY/T 1857.6—2010 | 黄瓜主要病害抗病性鉴定技术规程 第 6 部分：黄瓜抗细菌性角斑病鉴定技术规程 | 本部分规定了黄瓜抗细菌性角斑病鉴定的术语和定义、接种体制备、鉴定条件及试验设计、接种、病情调查、抗病性评价和鉴定记载表格。<br>本部分适用于各种黄瓜资源对黄瓜细菌性角斑病抗性的室内鉴定及评价。 |
| | NY/T 1857.7—2010 | 黄瓜主要病害抗病性鉴定技术规程 第 7 部分：黄瓜抗黄瓜花叶病毒病鉴定技术规程 | 本部分规定了黄瓜抗黄瓜花叶病毒病鉴定的术语和定义、接种体制备、鉴定条件及试验设计、接种、病情调查、抗病性评价和鉴定记载表格。<br>本部分适用于各种黄瓜资源对黄瓜花叶病毒病抗性的室内鉴定及评价。 |

| 分类 | 标准号 | 标准名称 | 摘要 |
|---|---|---|---|
| 瓜类 | NY/T 1857.8—2010 | 黄瓜主要病害抗病性鉴定技术规程 第8部分：黄瓜抗南方根结线虫病鉴定技术规程 | 本部分规定了黄瓜抗南方根结线虫病鉴定的术语和定义、接种体制备、鉴定条件及试验设计、接种、病情调查、抗病性评价和鉴定记载表格。<br>本部分适用于各种黄瓜资源对南方根结线虫病抗性的室内鉴定及评价。 |
|  | NY/T 2288—2012 | 黄瓜绿斑驳花叶病毒检疫检测与鉴定方法 | 本标准规定了农业植物检疫中黄瓜绿斑驳花叶病毒检疫检测及鉴定方法。<br>本标准适用于黄瓜绿斑驳花叶病毒的检疫检验与鉴定。 |
|  | NY/T 2630—2014 | 黄瓜绿斑驳花叶病毒病防控技术规程 | 本标准规定了农业植物检疫中黄瓜绿斑驳花叶病毒病（Cucumber green mottle mosaic virus，CGMMV）的防控技术规程。<br>本标准适用于由黄瓜绿斑驳花叶病毒引起的葫芦科作物病毒病的防控。 |
|  | SN/T 3423—2012 | 黄瓜黑色根腐病菌检疫鉴定方法 | 本标准规定了黄瓜黑色根腐病菌（Phomopsis sclerotioides van Kesteren）的检疫鉴定方法。<br>本标准适用于黄瓜黑色根腐病菌寄主植物的植株、种子上黄瓜黑色根腐病菌的检疫鉴定。 |
|  | SN/T 3424—2012 | 黄瓜细菌性角斑病菌检疫鉴定方法 | 本标准规定了黄瓜细菌性角斑病菌的样品制备、检测方法、结果判定及菌株保藏等。<br>本标准适用于可能携带黄瓜细菌性角斑病菌的黄瓜种子、苗木及其产品的检疫鉴定。 |
|  | SN/T 4405—2015 | 黄瓜花叶病毒检疫鉴定方法 | 本标准规定了黄瓜花叶病毒的生物学测定、血清学检测、免疫电镜、RT-PCR检疫鉴定方法。 |
|  | SN/T 3439—2012 | 小西葫芦绿斑驳花叶病毒检疫鉴定方法 | 本标准规定了小西葫芦绿斑驳花叶病毒检疫鉴定的血清学和分子生物学检测方法。<br>本标准适用于可能携带小西葫芦绿斑驳花叶病毒的葫芦科作物种子和种苗的检疫。 |
|  | SN/T 4632—2016 | 小西葫芦黄花叶病毒检疫鉴定方法 | 本标准规定了小西葫芦黄花叶病毒的检疫鉴定方法。<br>本标准适用于进出境种子、苗木、组培苗等植物性繁殖材料及新鲜或保鲜瓜果中小西葫芦黄花叶病毒的检疫鉴定。 |
| 葱蒜类 | GB/T 23416.9—2009 | 蔬菜病虫害安全防治技术规范 第9部分：葱蒜类 | GB/T 23416的本部分规定了葱蒜类蔬菜常见病虫害的种类、防治原则、农业防治、物理防治、生物防治和化学防治。<br>本部分适用于韭、大葱、洋葱、大蒜、薤、韭葱、细香葱、分葱、胡葱、楼葱等葱蒜类蔬菜的病虫害防治。 |
|  | GB/T 28089—2011 | 葱类黑粉病菌检疫鉴定方法 | 本标准规定了葱类黑粉病菌检疫鉴定方法。<br>本标准适用于洋葱等葱属中葱类黑粉病菌的检疫和鉴定。 |
|  | SN/T 2852—2011 | 大蒜黑腐病菌检疫鉴定方法 | 本标准规定了进出境植物检疫中大蒜黑腐病菌检疫鉴定方法。<br>本标准适用于进出口大蒜、洋葱以及其他葱属中大蒜黑腐病菌的检疫和鉴定。 |
| 叶菜类 | GB/T 36751—2018 | 野莴苣检疫鉴定方法 | 本标准规定了植物检疫中野莴苣［Lactuca pulchella（Pursh）DC.］的检疫鉴定方法。<br>本标准适用于野莴苣的检疫鉴定。 |
|  | SN/T 2339—2009 | 毒莴苣检疫鉴定方法 | 本标准规定了植物检疫中毒莴苣（Lactuca serriola L.）的检疫鉴定方法。<br>本标准适用于所有植物原粮和植物种子中混杂的毒莴苣的检疫鉴定。 |
| 薯芋类 | GB/T 23620—2009 | 马铃薯甲虫疫情监测规程 | 本标准规定了马铃薯甲虫［Leptinotarsa decemlineata（Say）］的监测方法、疫情鉴定等内容。<br>本标准适用于马铃薯甲虫的疫情监测。 |

| 分类 | 标准号 | 标准名称 | 摘要 |
|---|---|---|---|
| 薯芋类 | GB/T 31790—2015 | 马铃薯纺锤块茎类病毒检疫鉴定方法 | 本标准规定了基于寄主植物症状及基因组特征的马铃薯纺锤块茎类病毒检疫鉴定方法。<br>本标准适用于可能携带有马铃薯纺锤块茎类病毒的马铃薯组织材料的检疫鉴定。 |
| | GB/T 31806—2015 | 马铃薯 V 病毒检疫鉴定方法 | 本标准规定了植物检疫中马铃薯 V 病毒的检疫鉴定方法。<br>本标准适用于马铃薯块茎、组培苗等繁殖材料中马铃薯 V 病毒的检疫鉴定。 |
| | GB/T 28093—2011 | 马铃薯银屑病菌检疫鉴定方法 | 本标准规定了马铃薯银屑病菌的检疫和鉴定方法。<br>本标准适用于马铃薯块茎上马铃薯银屑病菌的检疫和鉴定。 |
| | NY/T 1962—2010 | 马铃薯纺锤块茎类病毒检测 | 本标准规定了马铃薯纺锤块茎类病毒（PSTVd）的检测方法。<br>本标准适用于马铃薯种薯、商品薯、试管苗及其根、茎、叶不同部位组织中的马铃薯纺锤块茎类病毒的检测。 |
| | NY/T 1783—2009 | 马铃薯晚疫病防治技术规范 | 本标准规定了马铃薯晚疫病的防治策略、主要防治技术。<br>本标准适用于全国马铃薯生产区马铃薯晚疫病的防治。 |
| | NY/T 1854—2010 | 马铃薯晚疫病测报技术规范 | 本标准规定了马铃薯晚疫病发生程度分级、系统调查、大田普查、气象要素观测、预报方法、数据汇总和汇报等内容。<br>本标准适用于马铃薯晚疫病病情调查和预报。 |
| | SN/T 1135.1—2002 | 马铃薯癌肿病检疫鉴定方法 | 本标准规定了马铃薯癌肿病菌的检疫鉴定方法。<br>本标准适用于马铃薯种薯、食用薯以及夹带土壤中马铃薯癌肿病菌的检疫和鉴定。 |
| | SN/T 1135.2—2016 | 马铃薯黄化矮缩病毒检疫鉴定方法 | SN/T 1135 的本部分规定了马铃薯黄化矮缩病毒检疫鉴定的基本原则和方法。<br>本部分适用于所有进境种薯、商品用薯、组培苗和脱毒苗等马铃薯种质中马铃薯黄化矮缩病毒的检疫鉴定以及马铃薯黄化矮缩病毒引起病害的田间调查。 |
| | SN/T 1135.3—2016 | 马铃薯帚顶病毒检疫鉴定方法 | 本部分规定了马铃薯帚顶病毒检疫鉴定的基本原则和方法。<br>本部分适用于所有进境种薯、商品用薯、组培苗和脱毒苗等马铃薯种质中马铃薯帚顶病毒的检疫鉴定以及马铃薯帚顶病毒引起病害的田间调查。 |
| | SN/T 1135.4—2006 | 马铃薯黑粉病菌检疫鉴定方法 | SN/T 1135 的本部分规定了进境植物检疫中马铃薯黑粉病菌［*Thecaphora solani*（Thirumulachar & O'Brien）Mordue］的检疫和鉴定方法。<br>本部分适用于来自马铃薯黑粉病发生国家和地区的种用、食用和加工用等用途的马铃薯（*Solanum tuberosum* L.）的马铃薯黑粉病菌的检疫和鉴定。 |
| | SN/T 1135.6—2008 | 马铃薯绯腐病菌检疫鉴定方法 | SN/T 1135 的本部分规定了马铃薯绯腐病菌检疫鉴定方法。<br>本部分适用于马铃薯中绯腐病菌的检疫和鉴定。 |
| | SN/T 1135.7—2009 | 马铃薯 A 病毒检疫鉴定方法 | 本标准规定了进境植物检疫中对马铃薯 A 病毒的检疫鉴定方法。<br>本标准适用于所有进境种薯、商品用薯、组培苗和脱毒苗等马铃薯种质中马铃薯 A 病毒的检疫鉴定。 |
| | SN/T 1135.8—2017 | 马铃薯坏疽病菌检疫鉴定方法 | SN/T 1135 的本部分规定了马铃薯坏疽病菌的检疫鉴定方法。<br>本部分适用于所有进境马铃薯薯块携带的马铃薯坏疽病菌的检疫鉴定。 |
| | SN/T 1135.9—2010 | 马铃薯青枯病菌检疫鉴定方法 | SN/T 1135 的本部分规定了进出境植物检疫中马铃薯青枯病菌 *Ralstonia solanacearum* race 3 biovar 2 的检测和鉴定方法。<br>本部分适用于进出境马铃薯块茎及其产品、番茄种苗及其产品和天竺葵种苗及其产品中马铃薯青枯病菌的检测和鉴定。 |

| 分类 | 标准号 | 标准名称 | 摘要 |
|---|---|---|---|
| 薯芋类 | SN/T 1723.1—2006 | 马铃薯白线虫检疫鉴定方法 | SN/T 1723 的本部分规定了进境植物检疫中马铃薯白线虫检疫的基本原则，以及对马铃薯白线虫的检疫鉴定方法。<br>本部分适用于输华的马铃薯种薯、食用马铃薯、带根、土的茄属植物及其他带根、土的植物繁殖材料中马铃薯白线虫的检疫鉴定。 |
| | SN/T 1723.2—2006 | 马铃薯金线虫检疫鉴定方法 | SN/T 1723 的本部分规定了进境植物检疫中马铃薯金线虫检疫的基本原则，以及检疫鉴定方法。<br>本部分适用于输华的马铃薯种薯、食用马铃薯、带根、土的茄属植物及其他带根、土的植物繁殖材料中马铃薯金线虫的检疫鉴定。 |
| | SN/T 2627—2010 | 马铃薯卷叶病毒检疫鉴定方法 | 本标准规定了进境植物检疫中马铃薯卷叶病毒检测鉴定的程序。<br>本标准适用于马铃薯块茎、种苗等茄科植物感染马铃薯卷叶病毒的检验和鉴定。 |
| | SN/T 2729—2010 | 马铃薯炭疽病菌检疫鉴定方法 | 本标准规定了进境马铃薯块茎以及携带土壤中马铃薯炭疽病菌的检疫和鉴定方法。<br>本标准适用于马铃薯块茎以及携带土壤中马铃薯炭疽病菌的检疫和鉴定。 |
| | SN/T 2482—2010 | 马铃薯丛枝植原体检疫鉴定方法 | 本标准规定了马铃薯丛枝植原体的检疫鉴定方法。<br>本标准适用于所有进境种薯、商品薯、组培苗和脱毒苗等马铃薯种质中马铃薯丛枝植原体的检疫鉴定。 |
| | SN/T 1178—2003 | 植物检疫 马铃薯甲虫检疫鉴定方法 | 本标准规定了马铃薯甲虫［*Leptinotarsa decemlineata*（Say）］的检疫和鉴定方法。<br>本标准适用于马铃薯甲虫的检疫和鉴定。 |
| 多年生蔬菜 | SN/T 2473—2010 | 芦笋枯萎病菌检疫鉴定方法 | 本标准规定了芦笋（*Asparagus officinalis* Linn.）种子及新鲜芦笋组织上的芦笋枯萎病菌（*Fusarium oxysporum* Schlecht. f. sp. *asparagi* Cohen & Heald）的检疫和鉴定方法。<br>本标准适用于对来自芦笋枯萎病疫区的芦笋种子和新鲜芦笋组织的检疫。 |
| 食用菌及其制品 | NY/T 2064—2011 | 秸秆栽培食用菌霉菌污染综合防控技术规范 | 本标准规定了秸秆栽培食用菌生产中霉菌污染的防治原则和综合防控技术要求。<br>本标准适用于利用作物秸秆为主料栽培食用菌霉菌污染的安全防控。 |
| | NY/T 1284—2007 | 食用菌菌种中杂菌及害虫的检验 | 本标准规定了食用菌菌种中杂菌及害虫的检验方法。<br>本标准适用于食用菌母种、原种和栽培种中杂菌及害虫的检验。 |

## 1.5.3　水果类

| 分类 | 标准号 | 标准名称 | 摘要 |
|---|---|---|---|
| 仁果类 | GB/T 28074—2011 | 苹果蠹蛾检疫鉴定方法 | 本标准明确了苹果蠹蛾［*Cydia pomonella*（L.）］的取样、饲养、成虫生殖器解剖和鉴定等方法。<br>本标准适用于进出境植物检疫、国内植物检疫和大田防治工作中的苹果蠹蛾的取样、饲养和鉴定。 |
| | GB/T 29586—2013 | 苹果绵蚜检疫鉴定方法 | 本标准规定了苹果绵蚜［*Eriosoma lanigerum*（Hausmann）］的检疫鉴定，以有翅孤雌蚜和无翅孤雌蚜的形态学特征作为依据，明确了样品采集、标本制作、检疫鉴定、标本保存的方法。<br>本标准适用于苹果、苹果属苗木及其他植物材料携带苹果绵蚜的检疫鉴定。 |
| | GB/T 35336—2017 | 苹果皱果类病毒检疫鉴定方法 | 本标准规定了苹果皱果类病毒的检疫鉴定方法。<br>本标准适用于可能带有苹果皱果类病毒的植物材料的检测鉴定。 |

| 分类 | 标准号 | 标准名称 | 摘要 |
|---|---|---|---|
| 仁果类 | GB/T 28097—2011 | 苹果黑星病菌检疫鉴定方法 | 本标准规定了苹果黑星病菌的检疫鉴定方法。<br>本标准适用于苹果属果树、果实、种苗及其他材料的检疫和鉴定。 |
| | GB/T 28072—2011 | 梨黑斑病菌检疫鉴定方法 | 本标准确立了梨黑斑病菌检疫检测和鉴定方法。<br>本标准适用于对来自梨黑斑病发生国家和地区的梨果实和梨属繁殖材料的检疫，以及国内疑似梨黑斑病的果实、叶片和枝条的检疫鉴定。 |
| | GB/T 36852—2018 | 亚洲梨火疫病菌检疫鉴定方法 | 本标准规定了亚洲梨火疫病菌的分离培养、免疫学及分子生物学等检测方法。<br>本标准适用于梨凿木、砧木、接穗和幼果传带的亚洲梨火疫病菌的检疫鉴定以及病害的田间调查与监测。 |
| | NY/T 1483—2007 | 苹果蠹蛾检疫检测与鉴定技术规范 | 本标准规定了苹果蠹蛾［Cydia pomonella（L.）］的检测鉴定。<br>本标准适用于本行业对可能携带苹果蠹蛾的植物及产品的检测鉴定。 |
| | NY/T 2281—2012 | 苹果病毒检测技术规范 | 本标准规定了苹果病毒检测的抽样与取样要求、检测方法、判定原则。<br>本标准适用于苹果无病毒母本树、无病毒苗木及苹果植株的苹果花叶病毒（Apple mosaic virus，ApMV）、苹果褪绿叶斑病毒（Apple chlorotic leafspot virus，ACLSV）、苹果茎痘病毒（Apple stem pitting virus ASPV）、苹果茎沟病毒（Apple stem grooving virus，ASGV）、苹果锈果类病毒（Apple scar skin viroid，ASSVd）的检测。 |
| | NY/T 2384—2013 | 苹果主要病虫害防治技术规程 | 本标准规定了苹果病虫害的防治原则和防治方法。<br>本标准适用于我国苹果生产中主要病虫害的防治。 |
| | NY/T 2414—2013 | 苹果蠹蛾监测技术规范 | 本标准规定了农业植物检疫中苹果蠹蛾［Cydia pomonella（L.）］的监测区域、监测时期、监测用品、监测方法等内容。<br>本标准适用于苹果蠹蛾的疫情监测。 |
| | NY/T 3344—2019 | 苹果腐烂病抗性鉴定技术规程 | 本标准规定了苹果树抗腐烂病鉴定的术语和定义、接种体制备、室内鉴定技术和病情调查。<br>本标准适用于苹果不同栽培品种资源及野生资源、杂交群体的室内人工接种鉴定和评价。 |
| | NY/T 2157—2012 | 梨主要病虫害防治技术规程 | 本标准规定了梨主要病虫害防治的术语和定义、主要防治对象、防治原则、防治方法。<br>本标准适用于我国梨树种植区内主要病虫害的防治。 |
| | NY/T 2292—2012 | 亚洲梨火疫病监测技术规范 | 本标准规定了农业植物检疫中亚洲梨火疫病的监测区域、监测时期、监测方法等。<br>本标准适用于全国范围内亚洲梨火疫病的监测。 |
| | NY/T 3417—2019 | 苹果树主要害虫调查方法 | 本标准规定了我国苹果树主要害虫桃小食心虫（Carposina sasakii Matsumura）、苹果全爪螨（Panonychus ulmi Koch）、山楂叶螨（Tetranychus viennensis Zachcr）、二斑叶螨（Tetranychus urticae Koch）、苹果绣线菊蚜（Aphis citricola Van der Goot）、苹果绵蚜（Eriosoma lanigerum Hausmann）、苹果小卷叶蛾（Adoxophyes orana Fischer von Roslerstamm）、金纹细蛾（Phyllonorycter ringoniella Matsumura）的调查方法。<br>本标准适用于我国各苹果主产区主要害虫的调查。 |
| | NY/T 2282—2012 | 梨无病毒母本树和苗木 | 本标准规定了梨无病毒母本树和苗木的术语和定义、要求、检验规则、检测方法、包装和标识。<br>本标准适用于梨无苹果褪绿叶斑病毒（Apple chlorotic leafspot virus，ACLSV）、苹果茎痘病毒（Apple stem pitting virus，ASPV）和苹果茎沟病毒（Apple stem grooving virus，ASGV）三种病毒的母本树和苗木的鉴定。 |
| | NY/T 2039—2011 | 梨小食心虫测报技术规范 | 本标准规定了梨小食心虫田间越冬基数调查、成虫消长调查、桃园折梢率调查、梨园卵量消长调查、虫果率调查、预报方法、发生程度划分、数据传输、调查资料表册等方面内容。<br>本标准适用于梨园、桃园梨小食心虫田间调查和预报，其他果园发生的梨小食心虫调查和预报参照执行。 |

| 分类 | 标准号 | 标准名称 | 摘要 |
|---|---|---|---|
| 仁果类 | NY/T 2733—2015 | 梨小食心虫监测性诱芯应用技术规范 | 本标准规定了梨小食心虫监测专用性诱芯的制作方法及其田间应用技术。<br>本标准适用于果树梨小食心虫成虫种群动态的监测与防治适期的预报。 |
| | LY/T 2112—2013 | 苹果蠹蛾防治技术规程 | 本标准规定了苹果蠹蛾的监测、预测、防治的技术和方法。<br>本标准适用于林业有害生物防治检疫机构、防治公司、果业协会或个人防治苹果蠹蛾，其他机构可参考使用。 |
| | LY/T 2424—2015 | 苹果蠹蛾检疫技术规程 | 本标准规定了苹果蠹蛾的检疫范围、产地检疫、调运检疫、检验鉴定、除害处理及检疫监管的程序和方法。<br>本标准适用于林业植物检疫机构对苹果蠹蛾寄主植物及其产品，以及运载工具、包装物、贮存场所等的检疫检验和除害处理。 |
| | SN/T 1383—2004 | 苹果实蝇检疫鉴定方法 | 本标准规定了苹果实蝇的检疫和鉴定方法。<br>本标准适用于进口苹果实蝇寄主植物及其果实时对苹果实蝇的检疫和鉴定。 |
| | SN/T 2342—2009 | 苹果茎沟病毒检疫鉴定方法 | 本标准规定了植物检疫中苹果茎沟病毒（Apple stem grooving virus）的检疫鉴定方法。<br>本标准适用于苹果、梨等的苗木、其他繁殖材料中苹果茎沟病毒的检疫鉴定。 |
| | SN/T 2398—2010 | 苹果丛生植原体检疫鉴定方法 | 本标准规定了苹果丛生植原体的检疫和鉴定方法。<br>本标准适用于进出境苹果苗木及接穗中苹果丛生植原体的检疫和鉴定。 |
| | SN/T 2615—2010 | 苹果边腐病菌检疫鉴定方法 | 本标准规定了植物检疫中苹果边腐病菌的检疫鉴定方法。<br>本标准适用于进出境苹果和梨果实中苹果边腐病菌的检疫和鉴定。 |
| | SN/T 2758—2011 | 美国圆柏苹果锈病菌检疫鉴定方法 | 本标准规定了植物检疫中美国圆柏苹果锈病菌检疫鉴定方法。<br>本标准适用于栗黑水疫霉病菌寄主苗木、插枝等植物材料及其土壤和介质中的栗黑水疫霉病菌的鉴定。 |
| | SN/T 3069—2011 | 苹果和梨果实球壳孢腐烂病菌检疫鉴定方法 | 本标准规定了植物检疫中苹果和梨果实球壳孢腐烂病菌的检疫鉴定方法。<br>本标准适用于来自苹果和梨果实球壳孢腐烂病菌发生国家或地区相关寄主新鲜果实中的苹果和梨果实球壳孢腐烂病菌的检疫鉴定。 |
| | SN/T 3279—2012 | 富士苹果磷化氢低温检疫熏蒸处理方法 | 本标准规定了磷化氢低温检疫熏蒸处理富士苹果的方法。<br>本标准适用于使用纯磷化氢气体对可能携带桃蛀果蛾或苹果蠹蛾的进出境富士苹果的检疫熏蒸处理。 |
| | SN/T 3289—2012 | 苹果果腐病菌检疫鉴定方法 | 本标准规定了苹果果腐病菌（Diaporthe perniciosa Marchal & E. J. Marchal）的检疫鉴定方法。<br>本标准适用于相关寄主苗木和新鲜果实的苹果果腐病菌的检疫鉴定。 |
| | SN/T 3290—2012 | 苹果异形小卷蛾检疫鉴定方法 | 本标准规定了苹果异形小卷蛾的检疫和鉴定方法。<br>本标准适用于进出境植物检疫、国内植物检疫中的苹果异形小卷蛾的检测与鉴定。 |
| | SN/T 3750—2013 | 苹果壳色单隔孢溃疡病菌检疫鉴定方法 | 本标准规定了植物检疫中苹果壳色单隔孢溃疡病菌的检疫鉴定方法。<br>本标准适用于苹果壳色单隔孢溃疡病菌所有寄主植物的原木、枝条、苗木和果实的检疫鉴定。 |
| | SN/T 3752—2013 | 苹果星裂壳孢果腐病菌检疫鉴定方法 | 本标准规定了植物检疫中苹果星裂壳孢果腐病菌的检疫鉴定方法。<br>本标准适用于进境苹果和梨植株及其果实中苹果星裂壳孢果腐病菌的检疫鉴定。 |
| | SN/T 4409—2015 | 苹果蠹蛾辐照处理技术指南 | 本标准规定了进出境水果中苹果蠹蛾（Cydia pomonella）检疫辐照处理的技术要求。本标准适用于进出境水果中苹果蠹蛾的辐照处理。 |

| 分类 | 标准号 | 标准名称 | 摘要 |
|---|---|---|---|
| 仁果类 | SN/T 4872—2017 | 苹果花象检疫鉴定方法 | 本标准规定了植物检疫中苹果花象（*Anthonomus quadrigibbus* Say, 1831）的检疫鉴定方法。<br>本标准适用于植物检疫中苹果花象（*Anthonomus quadrigibbus* Say, 1831）的检疫和鉴定。 |
| | SN/T 1425—2004 | 二硫化碳熏蒸香梨中苹果蠹蛾的操作规程 | 本标准规定了二硫化碳熏蒸香梨中苹果蠹蛾的基本要求、处理前准备、除害处理、监督管理和结果评定的基本程序和方法。<br>本标准适用于使用二硫化碳药剂对出口香梨中的苹果蠹蛾的熏蒸处理。 |
| | SN/T 3286—2012 | 梨蓟马检疫鉴定方法 | 本标准规定了梨蓟马〔*Taeniothrips inconsequens*（Uzel）〕的检测、玻片标本制作和室内鉴定等方法。<br>本标准适用于进出境植物检疫、国内植物检疫和大田防治工作中的梨蓟马检测和鉴定。 |
| | SN/T 3408—2012 | 梨小卷蛾检疫鉴定方法 | 本标准规定了梨小卷蛾〔*Cydia pyrivora*（Danilevsky）〕的检疫和鉴定方法。<br>本标准适用于梨小卷蛾寄主植物和寄主包装材料、运载工具物携带的梨小卷蛾的检疫和鉴定。 |
| | SN/T 4072—2014 | 梨衰退植原体检疫鉴定方法 | 本标准规定了梨衰退植原体的检疫鉴定方法。<br>本标准适用于进出境梨树的果苗、组织繁殖材料及媒介昆虫中可能携带梨衰退植原体的检疫鉴定。 |
| | SN/T 4410—2015 | 梨小食心虫辐照处理技术指南 | 本标准规定了进境货物中发现梨小食心虫（*Graphotitha molesta* Busck）实施检疫辐照处理的技术要求，处理目的是阻止梨小食心虫成虫羽化。本标准适用于对梨小食心虫的检疫辐照处理 |
| 核果类 | GB/T 36841—2018 | 桃丛簇花叶病毒检疫鉴定方法 | 本标准规定了桃丛簇花叶病毒检疫鉴定的血清学和分子生物学检测方法。<br>本标准适用于桃树、葡萄、李、洋李等植物材料及传播介体如线虫中桃丛簇花叶病毒的检疫和鉴定。 |
| | GB/T 28094—2011 | 芒果细菌性黑斑病菌检疫鉴定方法 | 本标准规定了芒果细菌性黑斑病菌的检疫鉴定方法。<br>本标准适用于芒果果实、苗木等植物材料中芒果细菌性黑斑病菌的检疫和鉴定。 |
| | GB/T 29395—2012 | 鳄梨象检疫鉴定方法 | 本标准明确了鳄梨象的检测、饲养和室内鉴定等方法。<br>本标准适用于进出境植物检疫中鳄梨象的检测、饲养和鉴定。 |
| | GB/T 28107—2011 | 枣大球蚧检疫鉴定方法 | 本标准规定了枣大球蚧〔*Eulecanium gigantea*（Shinji）〕的检疫鉴定以雌成虫的形态学特征作为依据，明确了现场检查、标本制备、镜检鉴定、样品保存的方法。<br>本标准适用于枣大球蚧的检疫鉴定。 |
| | NY/T 1610—2008 | 桃小食心虫测报技术规范 | 本标准规定了桃小食心虫越冬幼虫出土调查、田间成虫消长调查、田间卵量消长调查、虫果率调查、预报方法、发生程度划分、数据传输、调查资料表册等方面内容。<br>本标准适用于苹果、梨园桃小食心虫田间调查和预报，其他果树可参照此标准执行。 |
| | LY/T 2023—2012 | 枣实蝇检疫技术规程 | 本标准规定了枣实蝇的检疫程序及检疫检验和除害处理方法。<br>本标准适用于枣实蝇寄主植物的植株、繁殖材料、果实，以及上述物品的包装物、运载工具、贮存场所等的检疫检验和除害处理。 |
| | LY/T 2353—2014 | 枣大球蚧检疫技术规程 | 本标准规定了枣大球蚧的检疫范围、产地检疫、调运检疫、检验鉴定、除害处理等。<br>本标准适用于对枣大球蚧寄主植物及其产品的检疫。 |
| | LY/T 2606—2016 | 枣实蝇防治技术规程 | 本标准规定了枣实蝇的调查监测、防治方法及防治效果检查。<br>本标准适用于对枣实蝇的监测和防治。 |

| 分类 | 标准号 | 标准名称 | 摘要 |
|---|---|---|---|
| 核果类 | SN/T 1817—2006 | 桃实蝇检疫鉴定方法 | 本标准规定了桃实蝇［Bactrocera（Bactrocera）zonata（Saunders）］的检疫鉴定方法。<br>本标准适用于进境桃实蝇寄主植物及其果实中桃实蝇的检疫鉴定。 |
| | SN/T 3173—2012 | 桃白圆盾蚧检疫鉴定方法 | 本标准规定了进出境植物检疫中桃白圆盾蚧的检疫和鉴定方法。<br>本标准适用于进出境植物检疫中桃白圆盾蚧的检疫和鉴定。 |
| | SN/T 1618—2017 | 李属坏列环斑病毒检疫鉴定方法 | 本标准规定了植物检疫中李属坏死环斑病毒检疫鉴定方法。<br>本标准适用于植物材料中李属坏死环斑病毒的检疫鉴定。 |
| | SN/T 3765—2013 | 欧非枣实蝇检疫鉴定方法 | 本标准规定了欧非枣实蝇［Carpomya incompleta（Becker）］的检疫鉴定方法。<br>本标准适用于进出境枣类及其他携带欧非枣实蝇的检疫鉴定。 |
| | SN/T 4871—2017 | 芒果白轮蚧检疫鉴定方法 | 本标准规定了芒果白轮蚧［Aulacaspis tubercularis（Newstead）］的检测和室内鉴定等方法。<br>本标准适用于进出境植物检疫工作中芒果白轮蚧的检疫和鉴定。 |
| | SN/T 4070—2014 | 芒果、荔枝中桔小实蝇检疫辐照处理最低剂量 | 本标准规定了携带桔小实蝇（Bactrocera dorsalis）的芒果、荔枝等新鲜水果运用辐照技术进行检疫处理的最低吸收剂量。<br>本标准适用于芒果、荔枝检疫辐照处理。 |
| | SN/T 1401—2011 | 芒果象检疫鉴定方法 | 本标准规定了危害芒果果实的芒果象属（Sternochetus Pierce）的 3 个重要害虫种类：果肉芒果象［Sternochetus frigidus（Fabricius）］、果核芒果象［Sternochetus olivieri（Faust）］、印度果核芒果象［Sternochetus mangiferae（Fabricius）］的检疫鉴定方法。<br>本标准适用于芒果果实和种苗中芒果象 Sternochetus Pierce 的 3 个重要害虫种类：果肉芒果象［Sternochetus frigidus（Fabricius）］、果核芒果象［Sternochetus olivieri（Faust）］、印度果核芒果象［Sternochetus mangiferae（Fabricius）］的检疫鉴定。 |
| | NY/T 1694—2009 | 芒果象甲检疫技术规范 | 本标准规定了为害芒果果实的芒果象属（Sternochetus）3 个重要种类［Sternochetus mangiferae（Fabricius）］、［Sternochetus frigidus（Fabricius）］和［Sternochetus olivieri（Faust）］的与检疫有关的术语、定义和检疫依据及现场检疫、实验室检疫、检疫监管和检疫处理等技术规范。<br>本标准适用于调运芒果植物种苗、种子和芒果鲜果时对 3 种芒果象甲的检疫监管及检疫处理。 |
| | SN/T 3277—2012 | 鳄梨日斑类病毒检疫鉴定方法 | 本标准规定了进境植物检疫中对鳄梨日斑类病毒的 RT-PCR、往返聚丙烯酰胺凝胶电泳和生物学测定 3 种检疫鉴定方法。<br>本标准适用于进出境鳄梨种苗中鳄梨日斑类病毒的检疫鉴定。 |
| | SN/T 1871—2007 | 美澳型核果褐腐病菌检疫鉴定方法 | 本标准规定了植物检疫中美澳型核果褐腐病菌［Monilinia fructicola（Winter）Honey］的检疫鉴定方法。<br>本标准适用于针对美澳型核果褐腐病菌的核果类等蔷薇科果实和苗木的检疫。 |
| | SN/T 4080—2014 | 鳄梨蓟马检疫鉴定方法 | 本标准规定了鳄梨蓟马（Scirtothrips perseae Nakahara）的检疫鉴定方法。<br>本标准适用于鳄梨蓟马的检疫和鉴定。 |
| 浆果类 | GB/T 35332—2017 | 葡萄 A 病毒检疫鉴定方法 | 本标准规定了葡萄 A 病毒（Grapevine virus A）的检疫鉴定方法。<br>本标准适用于可能携带葡萄 A 病毒的葡萄苗木、接穗、砧木、插条等繁殖材料的检疫鉴定。 |
| | GB/T 35337—2017 | 葡萄黄点类病毒检疫鉴定方法 | 本标准规定了葡萄黄点类病毒的检疫鉴定方法。<br>本标准适用于可能带有葡萄黄点类病毒的葡萄繁殖材料的检疫鉴定。 |
| | GB/T 32717—2016 | 番木瓜长尾实蝇检疫鉴定方法 | 本标准规定了番木瓜长尾实蝇（Toxotrypana curvicauda Gerstaecker）的检疫鉴定方法。<br>本标准适用于进境植物检疫工作中的番木瓜长尾实蝇的检疫鉴定。 |

| 分类 | 标准号 | 标准名称 | 摘要 |
|---|---|---|---|
| 浆果类 | GB/T 20496—2006 | 进口葡萄苗木疫情监测规程 | 本标准适用于所有国（境）外进口葡萄苗木进境检疫放行后种植期间的疫情监测。 |
| | NY/T 1697—2009 | 番木瓜病虫害防治技术规范 | 本标准规定了番木瓜（*Carica papaya* Linn.）病虫害防治技术规范的术语和定义、防治对象及防治要求等技术。<br>本标准适用于我国番木瓜主要病虫害的防治。 |
| | NY/T 2045—2011 | 番石榴病虫害防治技术规范 | 本标准规定了番石榴（*Pasidium guajava* Linn.）主要病虫害防治原则、措施和方法。<br>本标准适用于番石榴产区的番石榴主要病虫害防治。 |
| | SN/T 1366—2004 | 葡萄根瘤蚜的检疫鉴定方法 | 本标准规定了葡萄根瘤蚜的检疫和鉴定方法。<br>本标准适用于葡萄苗木、插条传带的葡萄根瘤蚜的检疫鉴定。 |
| | SN/T 2614—2010 | 葡萄苦腐病菌检疫鉴定方法 | 本标准规定了进出境植物检疫中葡萄苦腐病菌的检疫鉴定方法。<br>本标准适用于进出境葡萄果实和插条中葡萄苦腐病菌的检疫和鉴定。 |
| | SN/T 3170—2012 | 葡萄皮尔斯病菌检疫鉴定方法 | 本标准规定了进境植物检疫中葡萄皮尔斯病菌的检疫鉴定方法。<br>本标准适用于进境植物苗木、繁殖材料和植物产品的葡萄皮尔斯病菌的检疫鉴定。 |
| 柑橘类 | GB/T 23619—2009 | 柑桔小实蝇疫情监测规程 | 本标准规定了柑桔小实蝇［*Bactrocera dorsalis*（Hendel）］的监测区域、监测植物、监测时期、监测用品、监测方法、样本鉴定、疫情判定等内容。<br>本标准适用于柑桔小实蝇的疫情监测。 |
| | GB/T 28062—2011 | 柑桔黄龙病菌实时荧光 PCR 检测方法 | 本标准规定了柑桔黄龙病亚洲韧皮杆菌（*Candidatus* Liberibacter asiaticus）实时荧光 PCR 检测的样品制备、检测操作方法及结果判定标准。<br>本标准适用于对芸香科和非芸香科植物罹病植株和传播媒介柑桔木虱中黄龙病亚洲韧皮杆菌的检测和病害鉴定。 |
| | GB/T 28068—2011 | 柑桔溃疡病菌实时荧光 PCR 检测方法 | 本标准规定了柑桔溃疡病菌（*Xanthomonas citri* subsp. *citri*，Xcc）的实时荧光 PCR 检测的样品制备、检测技术、操作方法及结果判定标准。<br>本标准适用于柑桔植物材料中柑桔溃疡病菌的实时荧光 PCR 检测和病害鉴定。 |
| | GB/T 35272—2017 | 柑橘溃疡病监测规范 | 本标准规定了由柑橘黄单胞菌柑橘亚种引起的柑橘溃疡病的调查监测程序和方法。本标准适用于柑橘溃疡病的疫情监测。 |
| | GB/T 35333—2017 | 柑橘黄龙病监测规范 | 本标准规定了由柑橘黄龙病菌（亚洲种）引起的柑橘黄龙病的调查监测程序和方法。<br>本标准适用于柑橘黄龙病的疫情监测。 |
| | GB/T 35334—2017 | 柑橘木虱（亚洲种）监测规范 | 本标准规定了柑橘木虱（亚洲种）的调查监测程序和方法。<br>本标准适用于柑橘黄龙病的疫情监测。 |
| | NY/T 1282—2007 | 柑橘全爪螨防治技术规范 | 本标准规定了对柑橘全爪螨（*Panonychus cirri* Mcgregor），又名柑橘红蜘蛛的术语和定义、防治要求，防治效果的调查方法和评价指标等技术。<br>本标准适用于柑橘产区柑橘全爪螨的防治。 |
| | NY/T 1484—2007 | 柑橘大实蝇检疫检验与鉴定技术规范 | 本标准规定了柑橘大实蝇［英文名：Chinese Citrus Fly，拉丁名：*Bactrocera*（*Tetradacus*）*minax*（Enderlein）］检疫鉴定方法。<br>本标准适用于本行业柑橘产区柑橘大实蝇的检疫鉴定。 |
| | NY/T 1806—2009 | 红江橙主要病虫害防治技术规程 | 本标准规定了红江橙生产上的主要病虫害防治技术。<br>本标准适用于红江橙产区的红江橙生产。 |
| | NY/T 2044—2011 | 柑橘主要病虫害防治技术规范 | 本标准规定了柑橘主要病虫害防治的原则、措施及推荐使用药剂的技术要求。<br>本标准适用于我国柑橘产区主要病虫害防治。 |

| 分类 | 标准号 | 标准名称 | 摘要 |
|---|---|---|---|
| 柑橘类 | NY/T 2051—2011 | 橘小实蝇检疫检测与鉴定方法 | 本标准规定了橘小实蝇［Bactrocera dorsalis（Hendel）］的检疫检测与鉴定方法。<br>本标准适用于对橘小实蝇寄主实施检疫过程中的检测和鉴定。 |
| | NY/T 2053—2011 | 蜜柑大实蝇检疫检测与鉴定方法 | 本标准规定了蜜柑大实蝇（Bactrocera tsuneonis）的检疫检测与鉴定方法。<br>本标准适用于对蜜柑大实蝇的寄主实施检疫过程中的检测与鉴定。 |
| | NY/T 2920—2016 | 柑橘黄龙病防控技术规程 | 本标准规定了我国柑橘黄龙病及传病介体柑橘木虱的防控技术措施。<br>本标准适用于我国柑橘黄龙病及其传病介体柑橘木虱的综合防控。 |
| | SN/T 1384—2004 | 蜜柑大实蝇鉴定方法 | 本标准规定了蜜柑大实蝇的鉴定方法。<br>本标准适用于进口蜜柑大实蝇寄主植物及其果实时对蜜柑大实蝇的鉴定。 |
| | SN/T 2071—2008 | 亚洲柑桔黄龙病菌检疫鉴定方法 | 本标准规定了进出境植物检疫中亚洲柑桔黄龙病菌的检疫和鉴定方法。<br>本标准适用于进出境柑桔种子、苗木等寄主繁殖材料和柑桔水果类等植物产品中亚洲柑桔黄龙病菌的检疫和鉴定。 |
| | SN/T 2622—2019 | 柑桔溃疡病菌检疫鉴定方法 | 本标准规定了进出境植物检疫中柑桔溃疡病菌的检疫鉴定方法。<br>本标准适用于进出境芸香科（Rutaceae）植物及其果实中柑桔溃疡病菌的检疫鉴定。 |
| | SN/T 2634—2010 | 出口柑橘果园检疫管理规范 | 本标准规定了出口柑橘果园的检疫监督管理要求。<br>本标准适用于出口柑橘果园的选择与监督管理。 |
| | SN/T 3088—2012 | 非洲柑桔黄龙病菌检疫鉴定方法 | 本标准规定了进出境植物检疫中非洲柑桔黄龙病菌的 PCR 检测和鉴定方法。<br>本标准适用于进出境柑桔接穗等寄主繁殖材料中非洲柑桔黄龙病菌的检疫和鉴定。 |
| | SN/T 3748—2013 | 柑橘枝瘤病菌检疫鉴定方法 | 本标准规定了植物检疫中柑橘枝瘤病菌的检疫鉴定方法。<br>本标准适用于进出境柑橘及其他相关寄主中柑橘枝瘤病菌的检疫鉴定。 |
| | SN/T 4870—2017 | 橘硬蓟马检疫鉴定方法 | 本标准规定了橘硬蓟马［Scirtothrips cirri（Moulton）］的检疫和鉴定方法。<br>本标准适用于进出境植物及其产品传带的橘硬蓟马的检疫和鉴定。 |
| 聚复果类 | NY/T 1477—2007 | 菠萝病虫害防治技术规范 | 本标准规定了菠萝主要病虫害的防治措施及推荐使用药剂等技术。<br>本标准适用于我国菠萝种植区主要病虫害的防治。 |
| | SN/T 2338—2009 | 草莓滑刃线虫检疫鉴定方法 | 本标准规定了草莓滑刃线虫检疫和鉴定方法。<br>本标准适用于进出境花卉、苗木、盆景及草莓、柑橘、番茄等经济作物中草莓滑刃线虫的检疫鉴定。 |
| 荔果类 | NY/T 1479—2007 | 龙眼病虫害防治技术规范 | 本标准规定了龙眼主要病虫害防治的原则、措施及推荐使用药剂等技术。<br>本标准适用于我国龙眼产区龙眼主要病虫害的防治。 |
| | NY/T 1478—2013 | 热带作物主要病虫害防治技术规程 荔枝 | 本标准规定了荔枝主要病虫害的防治原则及防治技术措施。<br>本标准适用于我国荔枝主要病虫害的防治。 |
| | NY/T 3332—2018 | 热带作物种质资源抗病性鉴定技术规程 荔枝霜疫霉病 | 本标准规定了荔枝（Litchi chinensis Sonn.）种质资源抗荔枝霜疫霉病（Phytophthora litchi）鉴定的术语和定义、抗性鉴定、抗性鉴定有效性判别、重复鉴定、抗性终评的技术要求。<br>本标准适用于荔枝种质资源霜疫病抗性的鉴定与评价。 |

| 分类 | 标准号 | 标准名称 | 摘要 |
|---|---|---|---|
| 荔果类 | NY/T 2062.2—2012 | 天敌防治靶标生物田间药效试验准则 第2部分：平腹小蜂防治荔枝、龙眼树荔枝蝽 | 本部分规定了平腹小蜂（*Anastatus japonicus*）防治荔枝、龙眼树荔枝蝽（*Tessaratoma popillosa*）的田间药效试验的方法和基本要求。<br>本部分适用于平腹小蜂防治荔枝、龙眼树荔枝蝽登记用田间药效试验及效果评价。 |
| | NY/T 2054—2011 | 番荔枝抗病性鉴定技术规程 | 本标准规定了番荔枝（*Annona*）品种对根腐病、炭疽病和焦腐病的抗病性鉴定技术方法和评价标准。<br>本标准适用于番荔枝（*Annona*）品种对根腐病、炭疽病和焦腐病抗病性的田间鉴定与室内鉴定。 |
| 坚果类 | NY/T 2161—2012 | 椰子主要病虫害防治技术规程 | 本标准规定了椰子主要病虫害的防治原则、措施及推荐使用药剂。<br>本标准适用于我国椰子主要病虫害的防治。 |
| | NY/T 1695—2009 | 椰心叶甲检疫技术规范 | 本标准规定了棕榈科植物重要害虫椰心叶甲的与检疫有关的术语和定义、检疫依据、现场检疫、实验室检疫、检疫监管和检疫处理等技术规范。<br>本标准适用于棕榈科植物苗木、植株、鲜切叶调运时对椰心叶甲的检疫监管和检疫处理。 |
| | SN/T 1159—2010 | 椰子红环腐线虫检疫鉴定方法 | 本标准规定了椰子红环腐线虫的检疫鉴定方法。<br>本标准适用于进境棕榈科植物（包括种果、苗木等繁殖材料）、土壤、栽培介质等传带的椰子红环腐线虫的检疫鉴定。 |
| | SN/T 1579—2005 | 椰子致死黄化植原体检测方法 | 本标准规定了植物检疫中椰子致死黄化植原体的检疫检测方法。<br>本标准适用于植物检疫中棕榈科植物（包括种果、苗木等繁殖材料）椰子致死黄化植原体的检疫检测。 |
| 果用瓜类 | SN/T 1465—2004 | 西瓜细菌性果斑病菌检疫鉴定方法 | 本标准规定了植物检疫中西瓜细菌性果斑病菌（*Acidovorax avenae* subsp. *citrulli*）的鉴定方法。<br>本标准适用于对瓜类植物种子中的西瓜细菌性果斑病菌的鉴定。 |
| 香蕉类 | GB/T 24831—2009 | 香蕉穿孔线虫检疫鉴定方法 | 本标准规定了香蕉穿孔线虫检疫鉴定方法。<br>本标准适用于观赏植物、蔬菜、果树等多种植物根部和土壤及栽培介质中的香蕉穿孔线虫检疫鉴定。 |
| | GB/T 35339—2017 | 香蕉枯萎病监测规范 | 本标准规定了南香蕉镰刀菌枯萎病菌4号小种引起的香蕉枯萎病的调查监测程序和方法。本标准适用于对香蕉枯萎病的疫情监测。 |
| | NY/T 1475—2007 | 香蕉病虫害防治技术规范 | 本标准规定了香蕉主要病虫害防治的原则、要求及推荐使用药剂等技术。<br>本标准适用于我国香蕉种植区香蕉主要病虫害的防治。 |
| | NY/T 1485—2007 | 香蕉穿孔线虫检疫检测与鉴定技术规范 | 本标准规定了香蕉穿孔线虫（*Radopholus similis*）的检疫检测和鉴定方法。<br>本标准适用于本行业对植物、植物产品、土壤和其他植物生长介质中的香蕉穿孔线虫的检测和鉴定。 |
| | NY/T 1807—2009 | 香蕉镰刀菌枯萎病诊断及疫情处理规范 | 本标准规定了香蕉镰刀菌枯萎病的术语和定义、田间诊断、取样、实验室检验、结果判定及疫情处理。<br>本标准适用于尖孢镰刀菌古巴专化型（*Fusarium oxysporum* f. sp. *cubense*）4号生理小种侵染而引起的香蕉镰刀菌枯萎病的诊断和疫情应急处理。 |
| | NY/T 2160—2012 | 香蕉象甲监测技术规程 | 本标准规定了香蕉根颈象甲（*Cosmopolites sordidus* Germar）监测相关的术语和定义、主要的监测方法等。<br>本标准适用于香蕉种植地香蕉根颈象甲的发生和种群动态的监测。 |
| | NY/T 2255—2012 | 香蕉穿孔线虫香蕉小种和柑橘小种检测技术规程 | 本标准规定了香蕉穿孔线虫［*Radopholus similis*（Cobb，1893）Thorne，1949］香蕉小种和柑橘小种的检测方法。<br>本标准适用于植物及其繁殖材料、土壤和栽培介质中的香蕉穿孔线虫香蕉小种和柑橘小种的检测。 |

| 分类 | 标准号 | 标准名称 | 摘要 |
|---|---|---|---|
| 香蕉类 | SN/T 1390—2004 | 香蕉细菌性枯萎病菌检疫鉴定方法 | 本标准规定了进出境植物检疫中香蕉细菌性枯萎病菌检疫鉴定方法。本标准适用于香蕉、大蕉、蝎尾蕉等寄主植物之果实、吸芽、试管苗和其他繁殖材料的香蕉细菌性枯萎病菌检疫鉴定。 |
| | SN/T 1822—2006 | 香蕉黑条叶斑病菌检疫鉴定方法 | 本标准规定了进境植物检疫中香蕉黑条叶斑病菌的检疫鉴定方法。本标准适用于进境芭蕉属植物的芽苗、球茎等繁殖材料，香蕉叶片、苞片等包装、填充材料，以及香蕉果实等携带的香蕉黑条叶斑病菌的检疫鉴定。 |
| | SN/T 2034—2007 | 香蕉灰粉蚧和新菠萝灰粉蚧检疫鉴定方法 | 本标准规定了进境植物检疫中香蕉灰粉蚧和新菠萝灰粉蚧的检疫鉴定方法。本标准适用于进境水果、种苗、花卉等检疫物中香蕉灰粉蚧和新菠萝灰粉蚧的检疫和鉴定。 |
| | SN/T 2665—2010 | 香蕉枯萎病菌检疫鉴定方法 | 本标准规定了对进出境香蕉种苗、组培苗及其他香蕉种质资源、商品用香蕉等中香蕉枯萎病菌（*Fusarium oxysporum f. sp. cubense*）的检疫和鉴定方法。本标准适用于所有进出境香蕉种苗、组培苗及其他香蕉种质资源、商品用香蕉等中的香蕉枯萎病菌的检疫。 |
| | SN/T 3075—2012 | 香蕉肾盾蚧检疫鉴定方法 | 本标准规定了植物检疫中香蕉肾盾蚧（*Aonidiella comperei* McKenzie）的检疫鉴定方法。本标准适用于香蕉肾盾蚧的寄主苗木、接穗及果实等植物及其产品检疫中香蕉肾盾蚧的检疫鉴定。 |
| | SN/T 3707—2013 | 香蕉中新菠萝灰粉蚧检疫辐照处理技术要求 | 本标准规定了进境香蕉中发现新菠萝灰粉蚧（*Dysmicoccus neobrevipes* Beardsley）实施检疫辐照处理的技术要求，处理目的是阻止新菠萝灰粉蚧正常发育或导致其 F1 代不育。本标准适用于进境香蕉中发现新菠萝灰粉蚧的检疫辐照处理。 |

# 第2章 鲜食果蔬

## 2.1 通用类

| 标准号 | 标准名称 | 摘要 |
|---|---|---|
| GB/T 23351—2009 | 新鲜水果和蔬菜 词汇 | （ISO 7563：1998，IDT）<br>本标准界定了有关新鲜水果和蔬菜最常用的术语和定义。 |
| GB/T 26430—2010 | 水果和蔬菜 形态学和结构学术语 | 本标准界定了凤梨、芹菜、辣根、芜菁甘蓝、青花菜、花椰菜、抱子甘蓝、球茎甘蓝、辣椒、菊苣、西瓜、榛子、甜瓜、西葫芦、朝鲜蓟、胡桃、结球生菜、香蕉、菜豆、豌豆、萝卜（原变种）、菊牛蒡、茄子、菠菜、婆罗门参、蚕豆、玉米的形态学和结构学术语。 |
| NY/T 2714—2015 | 农产品等级规格评定技术规范 通则 | 本标准规定了农产品等级规格评定原则、分级员要求、环境与设施、分级工具、评定方法、结果判定与标识标注。本标准适用于农产品等级规格评定的实施。 |
| NY/T 3177—2018 | 农产品分类与代码 | 本标准规定了我国主要农产品的分类方法、代码结构与编码方法、产品命名方法、编制原则和说明农产品分类与代码。 |

## 2.2 蔬菜类

| 分类 | 标准号 | 标准名称 | 摘要 |
|---|---|---|---|
| 根菜类 | NY/T 745—2020 | 绿色食品 根菜类蔬菜 | 本标准规定了绿色食品根菜类蔬菜的技术要求、检验规则、标志和标签、包装、运输和贮存等。<br>本标准适用于绿色食品根菜类蔬菜，包括萝卜、四季萝卜、胡萝卜、芜菁、芜菁甘蓝、美洲防风、根恭菜、婆罗门参、黑婆罗门参、牛蒡、桔梗、山葵、根芹菜等。 |
| | NY/T 1267—2007 | 萝卜 | 本标准规定了萝卜的产品要求、试验方法、检验规则、标志、包装、运输和贮存。<br>本标准适用于白萝卜、青皮萝卜、红萝卜和小型萝卜。 |
| | NY/T 1983—2011 | 胡萝卜等级规格 | 本标准规定了胡萝卜的等级和规格要求、抽样方法、包装和标识。<br>本标准适用于鲜食胡萝卜，不适用于加工用胡萝卜。 |
| | NY/T 493—2002 | 胡萝卜 | 本标准规定了胡萝卜的术语和定义、质量要求、试验方法、检验规则、标志、包装、运输及贮存的要求。<br>本标准适用于鲜食及加工用胡萝卜的质量评定和商品贸易。 |
| 白菜类 | NY/T 654—2020 | 绿色食品 白菜类蔬菜 | 本标准规定了绿色食品白菜类蔬菜的要求、检验规则、标签、包装、运输和储存。<br>本标准适用于绿色食品白菜类蔬菜，包括大白菜、普通白菜、乌塌菜、紫菜薹、菜薹、薹菜等。 |
| | NY/T 943—2006 | 大白菜等级规格 | 本标准规定了大白菜的等级、规格、包装和标识。<br>本标准适用于鲜食结球大白菜。 |
| | NY/T 778—2004 | 紫菜薹 | 本标准规定了商品紫菜薹的术语和定义、要求、检验规则与方法、包装与标志及运输与贮藏。<br>本标准适用于收购、贮藏、运输、销售及出口的鲜食紫菜薹。 |
| | NY/T 1647—2008 | 菜心等级规格 | 本标准规定了菜心等级规格的要求、包装和标识。<br>本标准适用于菜心等级规格的划分。 |

| 分类 | 标准号 | 标准名称 | 摘要 |
|------|--------|----------|------|
| 白菜类 | SB/T 10332—2000 | 大白菜 | 本标准规定了新鲜大白菜（结球白菜）的质量要求、试验方法与检验规则，包装与标志及运输与贮藏等方面的要求。<br>本标准适用于收购、贮藏、运输、销售及出口的大白菜。 |
| 甘蓝类 | NY/T 746—2020 | 绿色食品　甘蓝类蔬菜 | 本标准规定了绿色食品甘蓝类蔬菜的要求、检验规则、标签、包装、运输和储存。<br>本标准适用于绿色食品甘蓝类蔬菜，包括结球甘蓝、赤球甘蓝、抱子甘蓝、皱叶甘蓝、羽衣甘蓝、花椰菜、青花菜、球茎甘蓝、芥蓝等。 |
| | NY/T 1586—2008 | 结球甘蓝等级规格 | 本标准规定了结球甘蓝的等级和规格的要求、抽样方法、包装、标识和图片。<br>本标准适用于鲜食结球甘蓝。 |
| | NY/T 583—2002 | 结球甘蓝 | 本标准规定了结球甘蓝的质量要求、试验方法、检验规则、标志、包装、运输和贮存。<br>本标准适用于普通结球甘蓝。 |
| | NY/T 941—2006 | 青花菜等级规格 | 本标准规定了青花菜的等级、规格、包装和标识。<br>本标准适用于鲜食青花菜。 |
| | NY/T 962—2006 | 花椰菜 | 本标准规定了白色花椰菜的要求、试验方法、检验规则、标志、包装、运输和贮存。<br>本标准适用于鲜食白色花椰菜。 |
| | NY/T 1064—2006 | 芥蓝等级规格 | 本标准规定了芥蓝等级规格的要求、包装和标识。<br>本标准适用于芥蓝的分等分级。 |
| 芥菜类 | NY/T 1324—2015 | 绿色食品　芥菜类蔬菜 | 本标准规定了绿色食品芥菜类蔬菜的要求、检验规则、标签、包装、运输和贮存。<br>本标准适用于绿色食品芥菜类蔬菜，包括鲜食和加工用根芥、茎芥、叶芥和薹芥。 |
| 茄果类 | GB/T 30382—2013 | 辣椒（整的或粉状） | 本标准规定了辣椒（整的或粉状）的技术要求、试验方法、包装、标志。 |
| | GB/T 26431—2010 | 甜椒 | 本标准规定了甜椒（Capsicum annum L.）的要求、试验方法、检验规则、标识以及包装、运输和贮存。<br>本标准适用于鲜销的甜椒［包括羊（牛）角形、圆锥形和灯笼形甜椒］。本标准不适用于加工用甜椒。 |
| | NY/T 655—2020 | 绿色食品　茄果类蔬菜 | 本标准规定了绿色食品茄果类蔬菜的要求、检验规则、标签、包装、运输和储存。<br>本标准适用于绿色食品茄果类蔬菜，包括番茄、茄子、辣椒、甜椒、酸浆、香瓜茄等。 |
| | NY/T 940—2006 | 番茄等级规格 | 本标准规定了番茄等级、规格、包装和标识。<br>本标准适用于鲜食番茄，不适用于加工用番茄。 |
| | NY/T 581—2002 | 茄子 | 本标准规定了茄子的要求、试验方法、检验规则、标志、包装、运输和贮存。<br>本标准适用于收购、贮藏、运输、销售的鲜食茄子。 |
| | NY/T 1894—2010 | 茄子等级规格 | 本标准规定了茄子的等级、规格、包装、标识和图片的要求。<br>本标准适用于鲜食茄子。 |
| | NY/T 944—2006 | 辣椒等级规格 | 本标准规定了辣椒的等级、规格、包装和标识。<br>本标准适用于鲜食羊（牛）角形、圆锥形、灯笼形辣椒，不适用于加工用辣椒。 |

| 分类 | 标准号 | 标准名称 | 摘要 |
|---|---|---|---|
| 茄果类 | GH/T 1193—2017 | 番茄 | 本标准规定了新鲜番茄的质量要求、试验方法与检验规则，包装与标志及运输与贮藏等方面的要求。<br>本标准适用于新鲜番茄的收购、贮藏、运输、销售。 |
| 豆类 | GB/T 10459—2008 | 蚕豆 | 本标准规定了蚕豆的术语和定义、分类、质量要求和卫生要求、检验方法、检验规则、标签标识以及包装、储存和运输要求。<br>本标准适用于收购、储存、运输、加工、销售的商品蚕豆（胡豆、佛豆、罗汉豆）。 |
| | GB/T 10460—2008 | 豌豆 | 本标准规定了豌豆的术语和定义、分类、质量要求和卫生要求、检验方法、检验规则、标签标识以及包装、储存和运输要求。<br>本标准适用于收购、储存、运输、加工、销售的商品豌豆。 |
| | NY/T 285—2012 | 绿色食品 豆类 | 本标准规定了绿色食品豆类的分类、技术要求、检验规则、标志和标签、包装、运输和贮存。<br>本标准适用于绿色食品大豆类（包括普通大豆、高油大豆、高蛋白大豆）和其他粮用豆类 [包括蚕豆、豌豆、小豆、绿豆、菜豆（芸豆）、豇豆、黑豆、饭豆、鹰嘴豆、木豆、扁豆、羽扇豆等]；不适用于豆类蔬菜。 |
| | NY/T 748—2020 | 绿色食品 豆类蔬菜 | 本标准规定了绿色食品豆类蔬菜的要求、检验规则、标签、包装、运输和储存。<br>本标准适用于绿色食品豆类蔬菜，包括菜豆、多花菜豆、长豇豆、扁豆、莱豆、蚕豆、刀豆、豌豆、食荚豌豆、四棱豆、菜用大豆、黎豆等。 |
| | NY/T 1062—2006 | 菜豆等级规格 | 本标准规定了菜豆的等级、规格、包装和标识。<br>本标准适用于鲜食菜豆。 |
| | NY/T 272—1995 | 绿色食品 豇豆 | 本标准规定了绿色食品豇豆的术语、技术要求、试验方法、检验规则和标志、包装、运输、贮藏。<br>本标准适用于获得绿色食品标志的豇豆。 |
| | NY/T 965—2006 | 豇豆 | 本标准规定了豇豆的要求、试验方法、检验规则、标志、包装、运输和贮存。<br>本标准适用于鲜食豇豆。 |
| | NY/T 1269—2007 | 木豆 | 本标准规定了木豆 [*Cajanus cajan* (L.) Mill. sp.] 干籽粒的术语和定义、等级、规格、试验方法、检验规则、标志、包装、运输和贮存的要求。<br>本标准适用于木豆干籽粒。 |
| | LS/T 3103—1985 | 菜豆（芸豆）、豇豆、精米豆（竹豆、揽豆）、扁豆 | 本标准适用于省、自治区、直辖市之间调拨的商品菜豆、豇豆、精米豆、扁豆。 |
| 瓜类 | NY/T 747—2020 | 绿色食品 瓜类蔬菜 | 本标准规定了绿色食品瓜类蔬菜的要求、检验规则、标签、包装、运输和储存。<br>本标准适用于绿色食品瓜类蔬菜，包括黄瓜、冬瓜、节瓜、南瓜、笋瓜、西葫芦、越瓜、菜瓜、丝瓜、苦瓜、抓瓜、蛇瓜、佛手瓜等。 |
| | NY/T 1587—2008 | 黄瓜等级规格 | 本标准规定了黄瓜的等级和规格的要求、包装、标识和图片。<br>本标准适用于鲜食黄瓜，不适用于加工型黄瓜。 |
| | NY/T 777—2004 | 冬瓜 | 本标准规定了冬瓜的术语和定义、要求、试验方法、检验规则、标志、包装、运输和贮存。<br>本标准适用于冬瓜产品。 |

| 分类 | 标准号 | 标准名称 | 摘要 |
|---|---|---|---|
| 瓜类 | NY/T 1837—2010 | 西葫芦等级规格 | 本标准规定了西葫芦的等级规格的要求、抽样方法、包装、标识和参考图片。<br>本标准适用于鲜食西葫芦。 |
| | NY/T 578—2002 | 黄瓜 | 本标准规定了黄瓜的要求、试验方法、检验规则、标志、包装、运输和贮存。<br>本标准适用于鲜食黄瓜，不适用于加工用黄瓜。 |
| | NY/T 1982—2011 | 丝瓜等级规格 | 本标准规定了丝瓜等级规格的要求、抽样方法、包装和标识。<br>本标准适用于丝瓜等级规格的划分。 |
| | NY/T 776—2004 | 丝瓜 | 本标准规定了丝瓜的要求、试验方法、检验规则、标志、包装、运输和贮存。<br>本标准适用于丝瓜的生产、收购和流通。 |
| | NY/T 1588—2008 | 苦瓜等级规格 | 本标准规定了苦瓜的等级和规格要求、包装、标识和图片。<br>本标准适用于鲜食白皮苦瓜和青皮苦瓜。 |
| | NY/T 963—2006 | 苦瓜 | 本标准规定了苦瓜的要求、试验方法、检验规则、标志、包装、运输和贮存。<br>本标准适用于鲜食苦瓜。 |
| 葱蒜类 | GB/T 30723—2014 | 地理标志产品　梅里斯洋葱 | 本标准规定了梅里斯洋葱的术语和定义、地理标志产品保护范围、要求、试验方法、检验规则、包装、标签、运输和贮存。<br>本标准适用于国家质量监督检验检疫总局根据《地理标志产品保护规定》批准保护的地理标志产品梅里斯洋葱。 |
| | GB/T 21002—2007 | 地理标志产品　中牟大白蒜 | 本标准规定了中牟大白蒜地理标志产品保护范围、术语和定义、种植环境和生产、质量要求、试验方法、检验规则、包装、标志、运输、贮藏。<br>本标准适用于国家质量监督行政主管部门根据《地理标志产品保护规定》批准保护的中牟大白蒜。 |
| | GB/T 22212—2008 | 地理标志产品　金乡大蒜 | 本标准规定了金乡大蒜的术语和定义、地理标志产品保护范围、要求、试验方法、检验规则、包装、标志、运输和贮存。<br>本标准适用于国家质量监督检验检疫总局根据《地理标志产品保护规定》批准保护的金乡大蒜。 |
| | NY/T 744—2020 | 绿色食品　葱蒜类蔬菜 | 本标准规定了绿色食品葱蒜类蔬菜的要求、检验规则、标签、包装、运输和储存等。<br>本标准适用于绿色食品葱蒜类蔬菜，包括韭菜、韭黄、韭薹、韭花、大葱、洋葱、大蒜、蒜苗、蒜薹、茄、韭葱、细香葱、分葱、胡葱、楼葱等。 |
| | NY/T 579—2002 | 韭菜 | 本标准规定了韭菜的要求、试验方法、检验规则、标志、包装、运输和贮存。<br>本标准适用于叶用韭菜。 |
| | NY/T 1835—2010 | 大葱等级规格 | 本标准规定了大葱等级规格的要求、抽样方法、包装、标识和参考图片。<br>本标准适用于大葱，不适用于分葱和楼葱。 |
| | NY/T 1584—2008 | 洋葱等级规格 | 本标准规定了洋葱等级和规格的要求、抽样方法、包装、标识和图片。<br>本标准适用鲜食洋葱，不适用分蘖洋葱和顶球洋葱。 |

| 分类 | 标准号 | 标准名称 | 摘要 |
|---|---|---|---|
| 葱蒜类 | NY/T 1071—2006 | 洋葱 | 本标准规定了洋葱的质量要求、检验方法、检验规则及标识、包装、运输、贮存。<br>本标准适用于新鲜普通洋葱的收购、销售,不适用于分洋葱和顶球洋葱。 |
| | NY/T 1791—2009 | 大蒜等级规格 | 本标准规定了大蒜的术语和定义、要求、抽样、包装、标志与标识及参考图片。<br>本标准适用于干燥大蒜的分等分级。 |
| | NY/T 3115—2017 | 富硒大蒜 | 本标准规定了富硒大蒜的质量要求、检验方法、检验规则、标签标识、包装、储存和运输要求。<br>本标准适用于富硒大蒜的购销。 |
| | NY/T 945—2006 | 蒜薹等级规格 | 本标准规定了蒜薹等级、规格、包装和标识。<br>本标准适用于鲜食蒜薹。 |
| | GH/T 1139—2017 | 洋葱 | 本标准规定了洋葱商品分等分级质量要求、检验规则、检验方法、包装及标志、贮藏和运输。<br>本标准适用于洋葱的收购、贮藏、运输及销售。 |
| | GH/T 1194—2017 | 大蒜 | 本标准规定了大蒜的质量要求、试验方法、检验规则、包装与标志、运输与贮藏等要求。<br>本标准不适用于独头蒜。 |
| | GH/T 1192—2017 | 蒜薹 | 本标准规定了新鲜蒜薹的质量要求、试验方法与检验规则、包装与标志及运输与贮藏等方面的要求。<br>本标准适用于新鲜蒜薹的收购、运输、贮藏、销售。 |
| 叶菜类 | NY/T 743—2020 | 绿色食品 绿叶类蔬菜 | 本标准规定了绿色食品绿叶类蔬菜的要求、检验规则、标签、包装、运输和储存。<br>本标准适用于绿色食品绿叶类蔬菜,包括菠菜、芹菜、落葵、莴苣(包括结球莴苣、莴笋、油麦菜、皱叶莴苣等)、蕹菜、茴香(包括小茴香、球茎茴香)、苋菜、青葙、芫荽、叶恭菜、茼蒿(包括大叶茼蒿、小叶茼蒿、蒿子秆)、芥菜、冬寒菜、番杏、菜苜荠、紫背天葵、榆钱菠菜、菊苣、鸭儿芹、苦苣、苦荬菜、菊花脑、酸模、珍珠菜、芝麻菜、白花菜、香芹菜、罗勒、薄荷、紫苏、莳萝、马齿苋、蕺菜、蒲公英、马兰、蒌蒿等。 |
| | NY/T 1985—2011 | 菠菜等级规格 | 本标准规定了菠菜等级和规格的要求、抽样方法、包装、标识。<br>本标准适用于鲜食菠菜。 |
| | NY/T 964—2006 | 菠菜 | 本标准规定了菠菜的要求、试验方法、检验规则、标志、包装、运输和贮存。<br>本标准适用于鲜食菠菜。 |
| | NY/T 1729—2009 | 芹菜等级规格 | 本标准规定了芹菜等级规格的要求、抽样、包装、标识和图片。<br>本标准适用于鲜食的叶用芹菜,不适用于根用芹菜。 |
| | NY/T 580—2002 | 芹菜 | 本标准规定了芹菜的要求、试验方法、检验规则、标志、包装、运输和贮存。<br>本标准适用于本芹、西芹。 |
| | NY/T 1984—2011 | 叶用莴苣等级规格 | 本标准规定了叶用莴苣(结球类、散叶类)等级规格的要求、抽样方法、包装及标识。<br>本标准适用于鲜食叶用莴苣(结球类、散叶类)的等级规格划分。 |
| | NY/T 942—2006 | 茎用莴苣等级规格 | 本标准规定了茎用莴苣的等级、规格及其允许误差、包装、标识。<br>本标准适用于鲜食茎用莴苣。 |

| 分类 | 标准号 | 标准名称 | 摘要 |
|---|---|---|---|
| 叶菜类 | NY/T 582—2002 | 莴苣 | 本标准规定了莴苣的要求、试验方法、检验规则、标志、包装、运输和贮存。<br>本标准适用于脆叶型结球莴苣。 |
| 薯芋类 | GB/T 30383—2013 | 生姜 | 本标准规定了生姜的技术要求、试验方法、包装、标志。<br>本标准适用于生姜的质量评定及其贸易。 |
| | GB/T 5501—2008 | 粮油检验　鲜薯检验 | 本标准规定了鲜薯检验的术语和定义、扦样以及色泽气味、杂质、不完整块根和完整块根的检验方法。<br>本标准适用于商品鲜薯的检验。 |
| | GB 18133—2012 | 马铃薯种薯 | 本标准规定了马铃薯种薯分级的质量指标、检验方法和标签的最低要求。<br>本标准适用于中华人民共和国境内马铃薯种薯的生产、检验、销售以及产品认证和质量监督。 |
| | GB/T 31784—2015 | 马铃薯商品薯分级与检验规程 | 本标准规定了不同用途（鲜食、薯片加工、薯条加工、全粉加工、淀粉加工）的马铃薯商品薯各等级的质量要求、检验方法、级别判定、包装、标识等技术要求。<br>本标准适用于马铃薯商品薯的等级判定。 |
| | GB/T 20351—2006 | 地理标志产品　怀山药 | 本标准规定了怀山药的地理标志产品保护范围、术语和定义、种植环境、栽培和加工、质量要求、试验方法、检验规则及标志、标签、包装、运输和贮存。<br>本标准适用于国家质量监督检验检疫行政主管部门根据《地理标志产品保护规定》批准保护的怀山药。 |
| | NY/T 1193—2006 | 姜 | 本标准规定了姜的产品等级要求、检验规则、包装与标志及运输与贮藏。<br>本标准适用于姜的生产、收购、运输、贮藏、销售。 |
| | NY/T 2376—2013 | 农产品等级规格　姜 | 本标准规定了姜等级和规格的要求、抽样方法、包装和标识。<br>本标准适用于鲜食姜，不适用于加工用姜。 |
| | NY/T 1049—2015 | 绿色食品　薯芋类蔬菜 | 本标准规定了绿色食品薯芋类蔬菜的要求、检验规则、标签、包装、运输和贮存。<br>本标准适用于绿色食品马铃薯、生姜、魔芋、山药、豆薯、菊芋、甘露（草食蚕）、蕉芋、香芋、葛、甘薯、木薯、菊薯等薯芋类蔬菜。 |
| | NY/T 1066—2006 | 马铃薯等级规格 | 本标准规定了鲜食马铃薯的等级、规格、包装和标识。<br>本标准适用于鲜食不厌精马铃薯的分等分级。 |
| | NY/T 3100—2017 | 马铃薯主食产品　分类和术语 | 本标准规定了马铃薯主食产品的分类和术语。<br>本标准适用于马铃薯主食产品的加工、贸易。 |
| | NY/T 3116—2017 | 富硒马铃薯 | 本标准规定了富硒马铃薯的质量要求、检验方法、检验规则、标签标识、包装、储存和运输要求。<br>本标准适用于富硒马铃薯的购销。 |
| | NY/T 2642—2014 | 甘薯等级规格 | 本标准规定了甘薯等级规格的要求、抽样、评定方法、包装、标识和贮运规定。<br>本标准适用于鲜食甘薯（*Ipomoea batatas* Lam）的分等分级。 |

| 分类 | 标准号 | 标准名称 | 摘要 |
|------|--------|----------|------|
| 薯芋类 | NY/T 1079—2006 | 荔浦芋 | 本标准规定了荔浦芋的术语和定义、要求、分级指标、试验方法、检验规则、标识、包装、运输和贮存。<br>本标准适用于鲜食荔浦芋。 |
| | NY/T 1065—2006 | 山药等级规格 | 本标准规定了山药的等级、规格、包装和标识。<br>本标准适用于鲜食的长柱形山药，不包括圆筒形、扁块形等其他形状的山药。 |
| | LS/T 3106—1985 | 马铃薯（土豆、洋芋） | 本标准适用于省、自治区、直辖市之间调拨的商品马铃薯。 |
| | LS/T 3104—1985 | 甘薯（地瓜、红薯、白薯、红苕、番薯） | 本标准适用于省、自治区、直辖市之间调拨的商品甘薯。 |
| | GH/T 1172—2017 | 姜 | 本标准规定了姜的商品质量要求、检验方法与规则、包装、标志、运输、贮藏。<br>本标准适用于鲜食生姜的收购、贮藏、运输、销售。 |
| 水生蔬菜 | GB/T 20356—2006 | 地理标志产品  广昌白莲 | 本标准规定了广昌白莲（即广昌通芯白莲，下同）地理标志产品保护范围、术语和定义、种植和加工、质量要求、试验方法、检验规则以及标志、标签、包装、贮运和保质期。<br>本标准适用于国家质量监督检验检疫行政主管部门根据《地理标志产品保护规定》批准保护的广昌白莲。 |
| | GB/T 19906—2005 | 地理标志产品  宝应荷（莲）藕 | 本标准规定了宝应荷（莲）藕的地理标志产品保护范围、术语和定义、自然环境、生产要求、质量要求、试验方法、检验规则、标志、包装、运输和贮存。<br>本标准适用于国家质量监督检验检疫总局根据《地理标志产品保护规定》批准保护的宝应荷（莲）藕及宝应荷（莲）藕制品。 |
| | NY/T 1405—2015 | 绿色食品  水生蔬菜 | 本标准规定了绿色食品水生蔬菜的要求、检验规则、标签、包装、运输和贮存。<br>本标准适用于绿色食品茭白、水芋、慈姑、菱、荸荠、芡实、水蕹菜、豆瓣菜、水芹、莼菜、蒲菜、莲子米等水生蔬菜。不包括藕及其制品。 |
| | NY/T 1834—2010 | 茭白等级规格 | 本标准规定了茭白等级规格、包装、标识的要求及参考图片。<br>本标准适用于鲜食茭白。 |
| | NY/T 835—2004 | 茭白 | 本标准规定了茭白初级产品的术语和定义、指标要求、检验方法、检验规则和包装、运输与贮存的方法。<br>本标准适用于茭白的生产和流通。 |
| | NY/T 1044—2020 | 绿色食品  藕及其制品 | 本标准规定了绿色食品藕及藕粉的术语和定义、要求、检验规则、标签、包装、运输和储存。<br>本标准适用于绿色食品藕及藕粉，不适用于泡藕带、卤藕和藕罐头。 |
| | NY/T 1583—2008 | 莲藕 | 本标准规定了莲藕的术语和定义、要求、试验方法、检验规则、标志、包装、运输和贮存。<br>本标准适用于鲜食莲藕。 |
| | NY/T 1080—2006 | 荸荠 | 本标准规定了荸荠的术语和定义、要求、分级指标、试验方法、检验规则、包装与标识、贮藏和运输。<br>本标准适用于鲜食荸荠。 |
| | NY/T 701—2018 | 莼菜 | 本标准规定了莼菜的术语和定义、要求、检测方法、检验规则、标志、标签、包装、储藏和运输。<br>本标准适用于新鲜莼菜（*Brasenia schreberi* J. F. Gmel.）。 |

| 分类 | 标准号 | 标准名称 | 摘要 |
|---|---|---|---|
| 多年生蔬菜 | GB/T 30762—2014 | 主要竹笋质量分级 | 本标准规定了竹笋的术语和定义、质量指标、试验方法、检验规则、标志、标签、包装与贮存。<br>本标准适用于生产和销售的毛竹春笋、毛竹冬笋、麻竹笋、早竹笋、绿竹笋、苦竹笋。 |
| | NY/T 1585—2008 | 芦笋等级规格 | 本标准规定了芦笋等级和规格的要求、包装、标识和图片。<br>本标准适用于鲜销的芦笋。 |
| | NY/T 760—2004 | 芦笋 | 本标准规定了芦笋的术语和定义、产品分类、要求、试验方法、检验规则、包装与标志、运输与贮存。<br>本标准适用于鲜芦笋。 |
| | NY/T 1326—2015 | 绿色食品 多年生蔬菜 | 本标准规定了绿色食品多年生蔬菜的要求、检验规则、标签、包装、运输和贮存。<br>本标准适用于绿色食品多年生蔬菜，包括芦笋、百合、菜用枸杞、黄秋葵、襄荷、菜蓟、辣根、食用大黄等的新鲜产品。 |
| | NY/T 1048—2012 | 绿色食品 笋及笋制品 | 本标准规定了绿色食品笋及笋制品的术语和定义、要求、试验方法、检验规则、标志、标签、包装、运输和贮存。<br>本标准适用于绿色食品笋及笋制品（包括鲜竹笋、保鲜竹笋、方便竹笋及竹笋干等）。 |
| | LY/T 2342—2014 | 苦竹鲜笋 | 本标准规定了苦竹鲜笋产品的术语、要求、试验方法、检验规则及包装、标签标志、运输、贮存。<br>本标准适用于全国范围苦竹（*Pleioblastus maculatus*）鲜笋产品。 |
| | NY/T 3270—2018 | 黄秋葵等级规格 | 本标准规定了黄秋葵（*Abelmoschus esculentus*）等级规格的术语和定义、要求、检验规则、包装、标识。<br>本标准适用于鲜食黄秋葵等级规格的划分。 |
| 芽苗类 | GB 22556—2008 | 豆芽卫生标准 | 本标准规定了豆芽的指标要求、食品添加剂、生产加工过程的卫生要求、包装、标识、贮存及运输和检验方法。<br>本标准适用于以大豆或绿豆为原料，经生产加工而成的豆芽。 |
| | NY/T 1325—2015 | 绿色食品 芽苗类蔬菜 | 本标准规定了绿色食品芽苗类蔬菜的要求、检验规则、标签、包装、运输和贮存。<br>本标准适用于绿色食品种芽类芽苗菜，包括绿豆芽、黄豆芽、黑豆芽、青豆芽、红豆芽、蚕豆芽、红小豆芽、豌豆苗、花生芽、苜蓿芽、小扁豆芽、萝卜芽、菘蓝芽、沙芥芽、芥菜芽、芥蓝芽、白菜芽、独行菜芽、种芽香椿、向日葵芽、荞麦芽、胡椒芽、紫苏芽、水芹芽、小麦苗、胡麻芽、蕹菜芽、芝麻芽、黄秋葵芽等。 |
| | NY/T 872—2004 | 芽菜 | 本标准规定了芽菜产品的术语和定义、要求、试验方法、检验规则、标志、标签、包装、运输和贮存。<br>本标准适用于白芽菜和芽菜成品。 |
| 野生蔬类 | NY/T 1507—2016 | 绿色食品 山野菜 | 本标准规定了绿色食品山野菜的要求、检验规则、标签、包装、运输和储存。<br>本标准适用于各类野生或人工种植的、可供食用的绿色食品山野菜。 |
| | LY/T 1673—2006 | 山野菜 | 本标准规定了山野菜的术语和定义、质量要求、试验方法、检测规则、标志、包装、运输和贮存等。<br>本标准适用于山野菜为原料加工制成的净菜、盐渍菜、脱水菜。<br>本标准列举了常见山野菜的名称和食用部位。 |

| 分类 | 标准号 | 标准名称 | 摘要 |
|---|---|---|---|
| 食用菌及其制品 | GB/T 12728—2006 | 食用菌术语 | 本标准规定了食用菌形态结构、生理生态、遗传育种、菌种生产、栽培、病虫害和保藏加工等方面有关的中英文术语。<br>本标准适用于食用菌的科研、教学、生产和加工。 |
| | GB/T 37109—2018 | 农产品基本信息描述 食用菌类 | 本标准规定了食用菌及食用菌制品基本信息描述要求。本标准适用于食用菌及食用菌制品的信息采集、发布、交换、存储和管理等。 |
| | GB/T 23395—2009 | 地理标志产品 卢氏黑木耳 | 本标准规定了卢氏黑木耳的术语和定义、地理标志产品保护范围、要求、试验方法、检验规则及标志、包装、运输、贮存。<br>本标准适用于国家质量监督检验检疫行政部门根据《地理标志产品保护规定》批准保护的卢氏黑木耳。 |
| | GB/T 6192—2019 | 黑木耳 | 本标准规定了黑木耳的相关术语和定义、技术要求、取样、试验方法、检验规则及标志、标签、包装、运输和贮存。<br>本标准适用于栽培黑木耳，包括 *A. heimuer*、*A. villosula*、*A. americana* 的干制品。 |
| | GB/T 19087—2008 | 地理标志产品 庆元香菇 | 本标准规定了庆元香菇的术语和定义、地理标志产品保护范围、产品分类、要求、试验方法、检验规则及标志、标签、包装、运输、贮存。<br>本标准适用于国家质量监督检验检疫行政主管部门根据《地理标志产品保护规定》批准保护的庆元香菇。 |
| | GB/T 22746—2008 | 地理标志产品 泌阳花菇 | 本标准规定了泌阳花菇的术语和定义、地理标志产品保护范围、产品分类、生产环境和生产技术、质量要求、试验方法、检验规则、标志、标签、包装、运输、贮存。<br>本标准适用于国家质量监督检验检疫行政主管部门根据《地理标志产品保护规定》批准保护的泌阳花菇。 |
| | GB/T 23190—2008 | 双孢蘑菇 | 本标准规定了双孢蘑菇（*Agaricus bisporus*）的相关术语和定义、产品分类、要求、试验方法、检验规则及标志、标签、包装、运输和贮存。<br>本标准适用于人工栽培的双孢蘑菇鲜品、干品和盐渍品。 |
| | GB/T 23189—2008 | 平菇 | 本标准规定了平菇的相关术语和定义、产品分类、要求、试验方法、检验规则及标志、标签、包装、运输和贮存。<br>本标准适用于糙皮侧耳（*Pleurotus ostreatus*）、美味侧耳（*Pleurotus sapidus*）、白黄侧耳（*Pleurotus cornucopiae*）、风尾菇（*Pleurotus pulmonarius*）、佛罗里达侧耳（*Pleurotus florida*）子实体鲜品和干品。 |
| | GB/T 23188—2008 | 松茸 | 本标准规定了松茸［*Tricholoma matsutake*（S. Ito & Imai）Sing.］的相关术语和定义、产品分类、要求、试验方法、检验规则及标志、标签、包装、运输和贮存。<br>本标准适用于松茸鲜品、速冻品和干品。 |
| | GB/T 37671—2019 | 金针菇菌种 | 本标准规定了金针菇菌种的术语和定义、技术要求、试验方法、检验规则及标签、标志、包装、运输和贮存等。<br>本标准适用于金针菇（*Flammulina velutipes*）菌种的生产、流通和使用。 |
| | GB/T 37749—2019 | 茶树菇 | 本标准规定了茶树菇的术语和定义、技术要求、试验方法、检验规则及标志、标签、包装、运输和贮存。<br>本标准适用于茶树菇［*Agrocybe cylindracea*（DC.）Maire］鲜品和干品。 |
| | NY/T 1838—2010 | 黑木耳等级规格 | 本标准规定了黑木耳等级规格的术语和定义、要求、包装和标识。<br>本标准适用于黑木耳干品。 |

| 分类 | 标准号 | 标准名称 | 摘要 |
|---|---|---|---|
| 食用菌及其制品 | NY/T 749—2018 | 绿色食品　食用菌 | 本标准规定了绿色食品食用菌的术语和定义、要求、检验规则、标签、包装、运输和储存。<br>本标准适用于人工培养的绿色食品食用菌鲜品、食用菌干品（包括压缩食用菌、食用菌干片、食用菌颗粒）和食用菌粉，包括香菇、金针菇、平菇、草菇、双孢蘑菇、茶树菇、猴头菇、大球盖菇、滑子菇、长根菇、白灵菇、真姬菇、鸡腿菇、杏鲍菇、竹荪、灰树花、黑木耳、银耳、毛木耳、金耳、羊肚菌、绣球菌、榛蘑、榆黄蘑、口蘑、元蘑、姬松茸、黑皮鸡枞、暗褐网柄牛肝菌、裂褶菌等食用菌以及国家批准可食用的其他食用菌。不适用于食用菌罐头、腌渍食用菌、水煮食用菌和食用菌熟食制品。 |
|  | NY/T 695—2003 | 毛木耳 | 本标准规定了毛木耳的术语和定义、产品分类、要求、试验方法、检验规则及标志、标签、包装、运输和贮存。<br>本标准适用于代料栽培的毛木耳［Auricularia Polytricha (Mont.) Sacc］干品，其中包括白背木耳和黄背木耳。 |
|  | NY/T 1061—2006 | 香菇等级规格 | 本标准规定了香菇的等级规格要求、包装和标识。<br>本标准适用于干花菇、干厚菇、干薄菇、鲜香菇。 |
|  | NY/T 1790—2009 | 双孢蘑菇等级规格 | 本标准规定了新鲜双孢蘑菇的等级规格要求、包装和标识。<br>本标准适用于新鲜双孢蘑菇的等级规格划分。 |
|  | NY/T 224—2006 | 双孢蘑菇 | 本标准规定了双孢蘑菇产品的质量要求、试验方法、检验规则、标志、包装、运输和贮存。<br>本标准适用于人工栽培的双孢蘑菇鲜菇、罐头双孢蘑菇、盐水双孢蘑菇和脱水双孢蘑菇片。 |
|  | NY/T 2715—2015 | 平菇等级规格 | 本标准规定了平菇的相关术语和定义、等级规格要求、检验方法、包装、标识和贮运。<br>本标准适用于糙皮侧耳（Pleurotus ostreatus）、白黄侧耳（Pleurotus cornucopiae）和肺形侧耳（Pleurotus pulmonarius）等子实体鲜品的等级规格划分。 |
|  | NY/T 833—2004 | 草菇 | 本标准规定了草菇的要求、试验方法、检验规则、标志、标签、包装、运输和贮存。<br>本标准适用于人工栽培的鲜草菇和干草菇。 |
|  | NY/T 834—2004 | 银耳 | 本标准规定了银耳的产品分类分级、要求、试验方法、检验规则、标志、标签、包装、运输和贮存。<br>本标准适用于代料栽培的银耳干品。 |
|  | NY/T 1836—2010 | 白灵菇等级规格 | 本标准规定了白灵菇的等级规格要求、包装和标识。<br>本标准适用于白灵菇鲜品。 |
|  | NY/T 3418—2019 | 杏鲍菇等级规格 | 本标准规定了杏鲍菇的术语和定义、要求、检验方法、包装、标识和储运。<br>本标准适用于杏鲍菇鲜品的等级规格划分。 |
|  | NY/T 445—2001 | 口蘑 | 本标准规定了口蘑干品的质量要求、试验方法、检验规则，以及包装、运输、贮存要求。<br>本标准适用于蒙士口蘑、香杏口蘑、大白桩口蘑、褐靡菇干品。 |
|  | NY/T 445—2001（XG1—2012） | 《口蘑》第1号修改单 | 本标准规定了口蘑干品的质量要求、试验方法、检验规则，以及包装、运输、贮存要求。<br>本标准适用于蒙士口蘑、香杏口蘑、大白桩口蘑、褐靡菇干品。 |

| 分类 | 标准号 | 标准名称 | 摘要 |
|---|---|---|---|
| 食用菌及其制品 | NY/T 836—2004 | 竹荪 | 本标准规定了竹荪的要求、产品分类分级、试验方法、检验规则、标志、标签、包装、运输和贮存。<br>本标准适用于人工栽培的长裙竹荪（*Dictyophora indusiata*）、短裙竹荪（*Dictyophora duplicata*）、棘托竹荪（*Dictyophora echinovolvata*）和红托竹荪（*Dictyophora rubrovalvata*）等竹荪干品。 |
| | LY/T 2465—2015 | 榛蘑 | 本标准规定了榛蘑［*Armillariella mellea*（Vahl）P. Kumm.］的要求、试验方法、检验规则及标志、标签、包装、运输和贮存。<br>本标准适用于森林环境下生长的榛蘑，经人工采集、去杂处理后的鲜品或自然晾晒的干品。 |
| | GH/T 1013—2015 | 香菇 | 本标准规定了各等级干香菇、鲜香菇的术语和定义、技术要求、试验方法、检验规则，以及对标志、标签、包装、运输和贮存的要求。<br>本标准适用于段木香菇和代料香菇。 |
| | SB/T 10038—1992 | 草菇 | 本标准规定了各等级草菇的技术要求，试验方法，检验规则，标志，包装，运输，贮存。<br>本标准适用于草菇鲜、干品的检验。 |

## 2.3 水果类

| 分类 | 标准号 | 标准名称 | 摘要 |
|---|---|---|---|
| 通用类标准 | NY/T 2636—2014 | 温带水果分类和编码 | 本标准规定了温带水果的分类和编码。<br>本标准适用于温带水果生产、贸易、物流、管理和统计，不适于温带水果的植物学或农艺学分类。 |
| | NY/T 750—2020 | 绿色食品 热带、亚热带水果 | 本标准规定了绿色食品热带、亚热带水果的术语和定义、要求、检验规则、标签、包装、运输和储存。<br>本标准适用于绿色食品热带和亚热带水果，包括荔枝龙眼、香蕉、菠萝、芒果、枇杷、黄皮、番木瓜、番石榴、杨梅、杨桃、橄榄、红毛丹、毛叶枣、莲雾、人心果、西番莲、山竹、火龙果、菠萝蜜、番荔枝和青梅。 |
| | NY/T 921—2004 | 热带水果形态和结构学术语 | 本标准规定了热带水果的形态和结构学术语。<br>本标准适用于热带水果的生产、流通及有关的科学研究工作，不适用于植物解剖学的研究。 |
| | SB/T 11024—2013 | 新鲜水果分类与代码 | 本标准规定了新鲜水果的分类原则与方法、代码结构及编码原则与方法和分类代码表。<br>本标准适用于市场上流通的各类新鲜水果的信息处理与信息交换。 |
| 仁果类 | GB/T 18965—2008 | 地理标志产品 烟台苹果 | 本标准规定了烟台苹果的地理标志产品保护范围、术语和定义、要求、试验方法、检验规则及标志、包装、运输、贮存。<br>本标准适用于国家质量监督检验检疫总局根据《地理标志产品保护规定》批准保护的地理标志产品烟台苹果。 |
| | GB/T 22444—2008 | 地理标志产品 昌平苹果 | 本标准规定了昌平苹果的术语和定义、地理标志产品保护范围、要求、试验方法、检验规则、标志、包装、运输和贮存等技术要求。<br>本标准适用于地理标志产品昌平苹果。 |
| | GB/T 22740—2008 | 地理标志产品 灵宝苹果 | 本标准规定了灵宝苹果的术语和定义、地理标志产品保护范围、要求、试验方法、检验规则及标志、包装、运输和贮藏。<br>本标准适用于国家质量监督检验检疫行政主管部门根据《地理标志产品保护规定》批准保护的灵宝苹果。 |

| 分类 | 标准号 | 标准名称 | 摘要 |
|---|---|---|---|
| 仁果类 | GB/T 10650—2008 | 鲜梨 | 本标准规定了收购鲜梨的质量要求、检验方法、检验规则、容许度、包装、标志和标签等内容。<br>本标准适用于鸭梨、雪花梨、酥梨、长把梨、大香水梨、茌梨、苹果梨、早酥梨、大冬果梨、巴梨、晚三吉梨、秋白梨、南果梨、库尔勒香梨、新世纪梨、黄金梨、丰水梨、爱宕梨、新高梨等主要鲜梨品种的商品收购。其他未列入的品种可参照执行。 |
| | GB/T 19859—2005 | 地理标志产品　库尔勒香梨 | 本标准规定了库尔勒香梨产地范围、术语和定义、地域环境特点、栽培技术、要求、试验方法、检验规则及标志、包装、运输、贮存。<br>本标准适用于国家质量监督检验检疫行政主管部门根据《地理标志产品保护规定》批准保护的库尔勒香梨。 |
| | GB/T 19958—2005 | 地理标志产品　鞍山南果梨 | 本标准规定了鞍山南果梨的地理标志产品保护范围、术语和定义、种植环境和生产、要求、试验方法、检验规则和标志、标签、包装、运输、贮存。<br>本标准适用于国家质量监督检验检疫行政主管部门根据《地理标志产品保护规定》批准保护的鞍山南果梨。 |
| | GB/T 13867—1992 | 鲜枇杷果 | 本标准规定了枇杷鲜果的质量规格和检验方法。<br>本标准适用于全国范围的枇杷收购和销售。 |
| | GB/T 19908—2005 | 地理标志产品　塘栖枇杷 | 本标准规定了塘栖枇杷的地理标志产品保护范围、术语和定义、要求、试验方法、检验规则及标志、标签、包装、运输和贮存。<br>本标准适用于国家质量监督检验检疫行政主管部门根据《地理标志产品保护规定》批准保护的塘栖枇杷。 |
| | NY/T 1075—2006 | 红富士苹果 | 本标准规定了红富士苹果的术语和定义、要求、检验规则和方法、标志、包装、运输和贮存。<br>本标准适用于红富士苹果的生产、流通、收购和销售。 |
| | NY/T 1793—2009 | 苹果等级规格 | 本标准规定了苹果的等级、规格要求、试验方法、检验规则、包装和标签。<br>本标准适用于鲜苹果的分等分级。 |
| | NY/T 2316—2013 | 苹果品质指标评价规范 | 本标准规定了苹果外观品质指标评价规范、苹果内在品质指标评价规范、苹果理化品质指标评价规范和苹果耐贮性评价规范。<br>本标准适用于苹果品质指标的评价。 |
| | NY/T 268—1995 | 绿色食品　苹果 | 本标准规定了绿色食品苹果的术语、生态条件、生产中安全使用农药和果实的品质、试验方法、检验规则、包装、运输和贮藏。<br>本标准适用于获得绿色食品标志的元帅系（包括红星、红冠、新红星等）、富士系（包括富士、红富士）、津轻、乔纳金、秦冠、国光、金冠、印度、王林等苹果。 |
| | NY/T 423—2000 | 绿色食品　鲜梨 | 本标准规定了绿色食品鲜梨的定义、要求、试验方法、检验规则、标志、标签、包装、运输和贮存。<br>本标准适用于A级绿色食品鲜梨的生产和流通。 |
| | NY/T 585—2002 | 库尔勒香梨 | 本标准规定了库尔勒香梨的质量要求、抽样、检验规则、判定准则、标志、包装、储运的要求。<br>本标准适用于库尔勒香梨的质量判定和商品贸易。 |
| | NY/T 1076—2006 | 南果梨 | 本标准规定了南果梨的要求、检验规则及包装、贮藏、运输与保管、标志。<br>本标准适用于南果梨的收购、贮存、运输与销售。 |
| | NY/T 1077—2006 | 黄花梨 | 本标准规定了黄花梨术语和定义、要求、试验方法、检验规则、标志、标签、包装、运输和储藏。<br>本标准适用于黄花梨鲜果。 |

| 分类 | 标准号 | 标准名称 | 摘要 |
|---|---|---|---|
| 仁果类 | NY/T 1078—2006 | 鸭梨 | 本标准规定了鸭梨的术语和定义、要求、试验方法、检验规则、标志、标签、包装、运输和贮存。<br>本标准适用鸭梨。 |
| | NY/T 1191—2006 | 砀山酥梨 | 本标准规定了砀山酥梨鲜梨的要求、检验方法、检验规则、包装标志及贮运。<br>本标准适用于砀山酥梨鲜梨的生产和流通。 |
| | NY/T 865—2004 | 巴梨 | 本标准规定了鲜巴梨术语和定义、要求、试验方法、检验规则、标志与包装、运输与贮藏。<br>本标准适用于鲜巴梨。 |
| | NY/T 955—2006 | 莱阳梨 | 本标准规定了莱阳茌（慈）梨鲜食果实的技术要求、试验方法、检验规则、包装、标识、运输与贮存。<br>本标准适用于莱阳茌梨（以下简称莱阳梨）的商品果实。 |
| | NY/T 2304—2013 | 农产品等级规格 枇杷 | 本标准规定了新鲜枇杷的等级规格要求、评定方法、标识规定、包装规定及储运规定。<br>本标准适用于新鲜枇杷的等级规格划分。 |
| | GH/T 1159—2017 | 山楂 | 本标准规定了山楂的等级规格、检验方法、检验规则、包装、运输与保管。<br>本标准适用于山楂鲜果的收购、销售。 |
| 核果类 | GB/T 22345—2008 | 鲜枣质量等级 | 本标准规定了鲜枣的定义、要求、检验方法、检验规则、标志、标签、包装、运输和贮存。<br>本标准适用于鲜枣（Ziziphus jujuba Mill.）的质量等级划定。 |
| | GB/T 18740—2008 | 地理标志产品 黄骅冬枣 | 本标准规定了黄骅冬枣的术语和定义、地理标志产品保护范围、种植技术、质量要求、试验方法、检验规则及包装、标签、运输和贮存。<br>本标准适用于国家质量监督检验检疫行政主管部门根据《地理标志产品保护规定》批准的黄骅冬枣。 |
| | GB/T 18846—2008 | 地理标志产品 沾化冬枣 | 本标准规定了沾化冬枣的地理标志产品保护范围、术语和定义、要求、试验方法、检验规则及标志、标签、包装、运输和贮存。<br>本标准适用于国家质量监督检验检疫行政主管部门根据《地理标志产品保护规定》批准保护的沾化冬枣。 |
| | GB/T 32714—2016 | 冬枣 | 本标准规定了冬枣的相关术语和定义、质量要求、抽样与检验方法、检验规则、包装、运输和贮存等要求。<br>本标准适用于鼠李科枣属（Ziziphus jujuba Mill-dongzao.）的晚熟鲜食冬枣。 |
| | GB/T 22741—2008 | 地理标志产品 灵宝大枣 | 本标准规定了灵宝大枣的术语和定义、地理标志产品保护范围、要求、检验方法、检验规则、标志、包装、运输和贮存。<br>本标准适用于国家质量监督检验检疫行政主管部门根据《地理标志产品保护规定》批准保护的干制灵宝大枣。 |
| | GB/T 23401—2009 | 地理标志产品 延川红枣 | 本标准规定了延川红枣的术语和定义、地理标志产品保护范围、要求、试验方法、检验规则及包装、标志、运输、贮存要求。<br>本标准适用于地理标志产品延川红枣的生产、收购、销售及其食品加工原料要求的干制红枣。 |
| | GB/T 26906—2011 | 樱桃质量等级 | 本标准规定了樱桃的质量要求、检验方法、检验规则和包装与标志等。<br>本标准适用于甜樱桃的质量分级，不适用于中国樱桃和欧洲酸樱桃。 |

| 分类 | 标准号 | 标准名称 | 摘要 |
|---|---|---|---|
| 核果类 | GB/T 19690—2008 | 地理标志产品　余姚杨梅 | 本标准规定了余姚杨梅的术语和定义、地理标志产品保护范围、要求、试验方法、检验规则及标志、标签、包装、运输和贮存。<br>本标准适用于国家质量监督检验检疫行政主管部门根据《地理标志产品保护规定》批准保护的余姚杨梅。 |
| | GB/T 26532—2011 | 地理标志产品　慈溪杨梅 | 本标准规定了慈溪杨梅的术语和定义、地理标志产品保护范围、要求、试验方法、检验规则及标志、标签、包装、运输和贮存。<br>本标准适用于国家质量监督检验检疫行政主管部门根据《地理标志产品保护规定》批准保护的慈溪杨梅。 |
| | GB/T 22441—2008 | 地理标志产品　丁岙杨梅 | 本标准规定了丁岙杨梅的术语和定义、地理标志产品保护范围、要求、试验方法、检验规则、标志、标签、包装、运输、贮存。<br>本标准适用于国家质量监督检验检疫行政主管部门根据《地理标志产品保护规定》批准保护的丁岙杨梅。 |
| | NY/T 424—2000 | 绿色食品　鲜桃 | 本标准规定了绿色食品鲜桃的定义、要求、试验方法、检验规则、标志、标签、包装、运输及贮存。<br>本标准适用于A级绿色食品鲜桃的生产和流通。本标准所指鲜桃品种包括极早熟品种、早熟品种、中熟品种、晚熟品种、极晚熟品种。 |
| | NY/T 1792—2009 | 桃等级规格 | 本标准规定了桃等级规格要求、检验、包装和标识。<br>本标准适用于鲜食桃的分等分级。 |
| | NY/T 586—2002 | 鲜桃 | 本标准规定了鲜桃的果实质量要求、试验方法、等级判定规则、包装和标志、运输和贮存。<br>本标准适用于鲜桃的收购和销售。 |
| | NY/T 866—2004 | 水蜜桃 | 本标准规定了水蜜桃果实的术语和定义、要求、试验方法、检验规则、包装、标志及贮藏与运输。<br>本标准适用于水蜜桃。 |
| | NY/T 1192—2006 | 肥城桃 | 本标准规定了肥城桃的等级、术语及分类、技术要求、检验方法、检验规则、包装、标识、贮存、运输和保管。<br>本标准适用于肥城桃（佛桃）的商品果实。 |
| | NY/T 867—2004 | 扁桃 | 本标准规定了扁桃的术语和定义、要求、试验方法、检验规则、标志、包装、运输和贮存。<br>本标准适用于扁桃。 |
| | NY/T 696—2003 | 鲜杏 | 本标准规定了收销鲜杏的术语和定义、要求、检验规则、检验方法、包装及标志、贮藏与运输。<br>本标准适用于鲜杏的商品生产、收购、销售。 |
| | NY/T 839—2004 | 鲜李 | 本标准规定了收销主要鲜李的定义、要求、检验规则、试验方法、包装与标志、贮藏与运输。<br>本标准适用于鲜李。 |
| | NY/T 2860—2015 | 冬枣等级规格 | 本标准规定了冬枣等级规格的要求、抽样方法、包装及标识。<br>本标准适用于冬枣等级规格的划分。 |
| | NY/T 871—2004 | 哈密大枣 | 本标准规定了哈密大枣的术语和定义、要求、试验方法、检验规则、标志、包装、运输和贮存。<br>本标准适用于鲜食哈密大枣和干制品。 |
| | NY/T 484—2018 | 毛叶枣 | 本标准规定了毛叶枣（*Ziziphus mauritiana* Lam.）鲜果的术语和定义、质量要求、容许度、检验方法、检验规则、判定规则、包装、标识、运输及储存等技术要求。<br>本标准适用于毛叶枣鲜果。 |

| 分类 | 标准号 | 标准名称 | 摘要 |
|---|---|---|---|
| 核果类 | NY/T 700—2003 | 板枣 | 本标准规定了板枣的术语和定义、要求、试验方法、检验规则、标志、包装、运输和贮存。<br>本标准适用于板枣干制品的收购和销售。 |
| | NY/T 2302—2013 | 农产品等级规格 樱桃 | 本标准规定了樱桃果实的等级规格要求、评定规则、包装和标识。<br>本标准适用于鲜食甜樱桃的等级规格划分。 |
| | NY/T 3011—2016 | 芒果等级规格 | 本标准规定了台农1号芒、金煌芒、贵妃芒、桂热芒82号、凯特（Keitt）芒、圣心（Sensation）芒、吉禄（Zill）芒、红象牙芒、白象牙芒等品种的等级规格要求、检验方法、检验规则、包装和标识等。<br>本标准适用于鲜食芒果的等级规格划分。 |
| | NY/T 492—2002 | 芒果 | 本标准规定了芒果鲜果的要求、试验方法、检验规则、标志、标签、包装、运输和贮存。<br>本标准适用于处理和包装后芒果鲜果的质量评定和贸易。不适用于加工用的芒果。 |
| | LY/T 1920—2010 | 梨枣 | 本标准规定了梨枣的要求、检验方法、检验规则、包装、标志以及运输、贮藏。<br>本标准适用于种源为山西临猗的梨枣（*Ziziphus jujuba* Mill.‘LinY-iLiZao’）的收购、贮运和销售。 |
| | LY/T 1747—2018 | 杨梅质量等级 | 本标准规定了杨梅产品的质量要求、质量安全要求、检验方法与包装、贮运。<br>本标准适用于杨梅鲜果的生产与流通。 |
| 浆果类 | GB/T 20453—2006 | 柿子产品质量等级 | 本标准规定了柿主要品种鲜果及柿饼分级的要求。<br>本标准适用于柿生产、柿饼加工及营销。 |
| | GB/T 22445—2008 | 地理标志产品 房山磨盘柿 | 本标准规定了房山磨盘柿的术语和定义、地理标志产品保护范围、要求、试验方法、检验规则及标签、标志、包装、运输、贮存。<br>本标准适用于地理标志产品房山磨盘柿。 |
| | GB/T 19585—2008 | 地理标志产品 吐鲁番葡萄 | 本标准规定了吐鲁番葡萄的地理标志产品保护范围、术语和定义、要求、试验方法、检验规则及标志、标签、包装、运输和贮存。<br>本标准适用于国家质量监督检验检疫行政主管部门根据《地理标志产品保护规定》批准保护的吐鲁番葡萄。 |
| | GB/T 19586—2008 | 地理标志产品 吐鲁番葡萄干 | 本标准规定了吐鲁番葡萄干的术语和定义、地理标志产品保护范围、要求、试验方法、检验规则及标志、标签、包装、运输、贮存。<br>本标准适用于国家质量监督检验检疫行政主管部门根据《地理标志产品保护规定》批准保护的吐鲁番葡萄干。 |
| | GB/T 19970—2005 | 无核白葡萄 | 本标准规定了无核白葡萄的定义、要求、检验方法、检验规则及标志、标签、包装、运输和贮存。<br>本标准适用于无核白葡萄的生产、加工与交售。 |
| | GB/T 27658—2011 | 蓝莓 | 本标准规定了鲜食蓝莓的质量要求、质量容许度要求、安全指标要求、试验方法、检验规则、包装、标识规定、运输和贮存等内容。<br>本标准适用于鲜食蓝莓。 |
| | NY/T 425—2000 | 绿色食品 猕猴桃 | 本标准规定了绿色食品猕猴桃的定义、要求、试验方法、检验规则、标志、标签、包装、运输及贮存。<br>本标准适用于A级绿色食品猕猴桃的生产和流通。<br>本标准所指的猕猴桃包括猕猴桃属的各品种、变种及变型。 |

| 分类 | 标准号 | 标准名称 | 摘要 |
|---|---|---|---|
| 浆果类 | NY/T 1794—2009 | 猕猴桃等级规格 | 本标准规定了猕猴桃等级规格要求、试验方法、检验规则、包装和标识。<br>本标准适用于鲜猕猴桃的分等、分级。 |
| | NY/T 488—2002 | 杨桃 | 本标准规定了杨桃的要求、试验方法、检验规则、标志、标签、包装、运输和贮存。<br>本标准适用于处理、包装后杨桃鲜果的质量评定和贸易。不适用于加工用的杨桃。 |
| | NY/T 704—2003 | 无核白葡萄 | 本标准规定了无核白葡萄鲜果的术语和定义、要求、试验方法、检验规则、标志、包装、运输和贮存。<br>本标准适用于无核白葡萄鲜果。 |
| | NY/T 3033—2016 | 农产品等级规格 蓝莓 | 本标准规定了鲜食蓝莓等级规格的要求、评定方法、包装和标识。<br>本标准适用于鲜食蓝莓的等级规格划分。 |
| | NY/T 1436—2007 | 莲雾 | 本标准规定了莲雾（*Syqygium samarangense* Merr. et Perry）鲜果的要求、试验方法、检验规则、标志、标签、包装、运输和贮存。<br>本标准适用于莲雾鲜果。 |
| | NY/T 518—2002 | 番石榴 | 本标准规定了番石榴的要求、试验方法、检验规则、标志、标签、包装、运输和贮存。<br>本标准适用于处理和包装后番石榴鲜果的质量评定和贸易。<br>本标准不适用于加工用的番石榴。 |
| | NY/T 691—2018 | 番木瓜 | 本标准规定了番木瓜（*Carica papaya* L.）鲜果的术语和定义、技术要求、试验方法、检验规则以及包装、标志、标识、储存和运输。<br>本标准适用于番木瓜鲜果。 |
| | NY/T 692—2020 | 黄皮 | 该标准全文未在全国标准信息公共服务或其他行业标准服务公众平台备案。 |
| | NY/T 491—2002 | 西番莲 | 本标准规定了西番莲鲜果的要求、试验方法、检验规则、标志、标签、包装、运输和贮存。<br>本标准适用于黄果西番莲、紫果西番莲及杂交西番莲鲜果的质量评定和贸易。 |
| | LY/T 2135—2018 | 石榴质量等级 | 本标准规定了石榴的术语和定义、要求、检验方法、检验规则。<br>本标准适用于中国甜石榴的市场贸易 |
| 柑橘类 | GB/T 12947—2008 | 鲜柑橘 | 本标准规定了甜橙类和宽皮柑橘类相关的术语和定义、要求、检验方法、检验规则、标志、标签与包装、贮存与运输及销售。<br>本标准适用于甜橙类、宽皮柑橘类鲜果的生产、收购和销售。 |
| | GB/T 19697—2008 | 地理标志产品　黄岩蜜桔 | 本标准规定了黄岩蜜桔的地理标志产品保护范围、术语和定义、要求、试验方法、检验规则、标志、包装、运输和贮存。<br>本标准适用于国家质量监督检验检疫行政主管部门根据《地理标志产品保护规定》批准保护的黄岩蜜桔。 |
| | GB/T 19051—2008 | 地理标志产品　南丰蜜桔 | 本标准规定了南丰蜜桔的地理标志产品保护范围、术语和定义、要求、试验方法、检验规则、标志、包装、运输和贮存。<br>本标准适用于国家质量监督检验检疫行政主管部门根据《地理标志产品保护规定》批准保护的南丰蜜桔。 |

| 分类 | 标准号 | 标准名称 | 摘要 |
|---|---|---|---|
| 柑橘类 | GB/T 22439—2008 | 地理标志产品 寻乌蜜桔 | 本标准规定了寻乌蜜桔的术语和定义、地理标志产品保护范围、要求、试验方法、检验规则、标志、包装、运输及贮存。<br>本标准适用于国家质量监督检验检疫行政主管部门根据《地理标志产品保护规定》批准保护的寻乌蜜桔。 |
| | GB/T 19332—2008 | 地理标志产品 常山胡柚 | 本标准规定了常山胡柚的术语和定义、地理标志产品保护范围、要求、试验方法、检验规则和标志、标签、包装、运输和贮存。<br>本标准适用于国家质量监督检验检疫行政主管部门根据《地理标志产品保护规定》批准保护的常山胡柚。 |
| | GB/T 20355—2006 | 地理标志产品 赣南脐橙 | 本标准规定了赣南脐橙的地理标志产品保护范围、术语和定义、要求、试验方法、检验规则、标志、包装、运输和贮存。<br>本标准适用于国家质量技术监督检验检疫行政主管部门根据《地理标志产品保护规定》批准保护的赣南脐橙。 |
| | GB/T 21488—2008 | 脐橙 | 本标准规定了脐橙的相关术语和定义、要求、检验方法、检验规则和标志、包装、运输与贮存。<br>本标准适用于脐橙果实的生产、收购和销售。 |
| | GB/T 22440—2008 | 地理标志产品 琼中绿橙 | 本标准规定了琼中绿橙的术语和定义、地理标志产品保护范围、要求、试验方法、检验规则及标志、包装、运输、贮存。<br>本标准适用于国家质量监督检验检疫行政主管部门根据《地理标志产品保护规定》批准保护的琼中绿橙。 |
| | GB/T 20559—2006 | 地理标志产品 永春芦柑 | 本标准规定了永春芦柑地理标志产品保护范围、术语和定义、要求、试验方法、检验规则、标志、包装、运输、贮存。<br>本标准适用于国家质量监督检验检疫总局根据《地理标志产品保护规定》批准保护的永春芦柑。 |
| | GB/T 20559—2006（XG1—2008） | 《地理标志产品 永春芦柑》第 1 号修改单 | 本标准规定了永春芦柑地理标志产品保护范围、术语和定义、要求、试验方法、检验规则、标志、包装、运输、贮存。<br>本标准适用于国家质量监督检验检疫总局根据《地理标志产品保护规定》批准保护的永春芦柑。 |
| | GB/T 22442—2008 | 地理标志产品 瓯柑 | 本标准规定了瓯柑的术语和定义、地理标志产品保护范围、要求、试验方法、检验规则、标志、标签、包装、运输、贮存。<br>本标准适用于国家质量监督检验检疫行政主管部门根据《地理标志产品保护规定》批准保护的瓯柑。 |
| | GB/T 22738—2008 | 地理标志产品 尤溪金柑 | 本标准规定了尤溪金柑的术语和定义、地理标志产品保护范围、种植环境和生产技术、要求、试验方法、检验规则、包装、标志与标识、运输及贮藏。<br>本标准适用于国家质量监督检验检疫行政主管部门根据《地理标志产品保护规定》批准保护的地理标志产品尤溪金柑。 |
| | GB/T 8210—2011 | 柑桔鲜果检验方法 | 本标准规定了柑桔鲜果检验依据、抽样和检验方法。<br>本标准适用于检验各类柑桔鲜果。 |
| | GB/T 27633—2011 | 琯溪蜜柚 | 本标准规定了琯溪蜜柚鲜果的术语和定义、要求、检验方法、检验规则、标志、包装、贮存、运输。<br>本标准适用于鲜食琯溪蜜柚。 |
| | GB/T 29370—2012 | 柠檬 | 本标准规定了柠檬鲜果的要求、检验方法、检验规则、标志、标签、包装、运输与贮存。<br>本标准适用于柠檬鲜果。 |

| 分类 | 标准号 | 标准名称 | 摘要 |
|---|---|---|---|
| 柑橘类 | GB/T 33470—2016 | 金桔 | 本标准规定了金桔的术语和定义、产品质量要求、检测方法、检验规则、包装、标志、运输和贮藏。<br>本标准适用于金弹（*Fortunella crassifolia* Swingle）中的金桔鲜果（含滑皮金桔）。 |
| | NY/T 1190—2006 | 柑橘等级规格 | 本标准规定了甜橙类、宽皮柑橘类、橘橙类、柠檬来檬类、柚、橘柚类、葡萄柚、金柑类鲜果的等级规格要求、检验方法、包装与标识。<br>本标准适用于柑橘鲜果外观质量分级、检验、包装。 |
| | NY/T 426—2012 | 绿色食品　柑橘类水果 | 本标准规定了绿色食品柑橘类水果的术语和定义、要求、试验方法、检验规则、标志和标签、包装、运输和贮存。<br>本标准适用于绿色食品宽皮柑橘类、甜橙类、柚类、柠檬类、金柑类和杂交柑橘类等柑橘类水果的鲜果。 |
| | NY/T 961—2006 | 宽皮柑橘 | 本标准规定了宽皮柑橘鲜果的术语与定义、要求、容许度、检验方法、包装、贮存与运输条件。<br>本标准适用于温州蜜柑、椪柑（芦柑）、红橘、蕉柑、本地早、南丰蜜橘、沙糖橘、槾橘、早橘及橘橙、橘曲杂种等宽皮柑橘鲜果质量的分级、包装和检验。 |
| | NY/T 697—2003 | 锦橙 | 本标准规定了锦橙的要求、检验方法、检验规则、标志、包装、运输和贮存。<br>本标准适用于锦橙鲜果。 |
| | NY/T 589—2002 | 椪柑 | 本标准规定了椪柑商品果的要求、试验方法、检验规则、标识、标签、包装、运输和储藏。<br>本标准适用于椪柑鲜果。 |
| | NY/T 453—2020 | 鲜红江橙 | 该标准全文未在全国标准信息公共服务或其他行业标准服务公众平台备案。 |
| | NY/T 1264—2007 | 琯溪蜜柚 | 本标准规定了琯溪蜜柚果实的术语与定义、要求、检验方法、检验规则、包装与标志、运输与贮藏等内容。<br>本标准适用于琯溪蜜柚鲜果。 |
| | NY/T 1265—2007 | 香柚 | 本标准规定了香柚的术语与定义、要求、检验方法、检验规则、包装、标志与标签、贮藏与运输。<br>本标准适用于香柚鲜果。 |
| | NY/T 1270—2007 | 五布柚 | 本标准规定了五布柚的术语与定义、要求、检验方法、检验规则、包装与标志、运输与贮藏。<br>本标准适用于五布柚鲜果。 |
| | NY/T 1271—2007 | 丰都红心柚 | 本标准规定了丰都红心柚的术语与定义、要求、检验方法、检验规则、包装与标志、运输与贮藏。<br>本标准适用于丰都红心柚鲜果。 |
| | NY/T 587—2002 | 常山胡柚 | 本标准规定了常山胡柚鲜果的要求、检验规则、试验方法、标志、标签、包装、贮存和运输。<br>本标准适用于生产与市场销售的常山胡柚鲜果。 |
| | NY/T 588—2002 | 玉环柚（楚门文旦）鲜果 | 本标准规定了玉环柚（楚门文旦）鲜果的质量、抽样、检验方法、包装、运输和贮存。<br>本标准适用于玉环柚鲜果的分等、分级。 |

| 分类 | 标准号 | 标准名称 | 摘要 |
|---|---|---|---|
| 柑橘类 | NY/T 698—2003 | 垫江白柚 | 本标准规定了垫江白柚的要求、检验方法、检验规则、标志、包装、运输和贮存。<br>本标准适用于垫江白柚鲜果。 |
| | NY/T 699—2003 | 梁平柚 | 本标准规定了梁平柚的要求、检验方法、检验规则、标志、包装、运输和贮存。<br>本标准适用于梁平柚鲜果。 |
| | NY/T 868—2004 | 沙田柚 | 本标准规定了沙田柚鲜果的定义、要求、试验方法、检验规则、保鲜与贮藏、包装与标志、运输。<br>本标准适用于沙田柚鲜果。 |
| | NY/T 869—2004 | 沙糖橘 | 本标准规定了沙糖橘的定义，质量要求，试验方法、检验规则，以及包装、标志、运输和贮藏。<br>本标准适用于沙糖橘鲜果。 |
| 聚复果类 | NY/T 1789—2009 | 草莓等级规格 | 本标准规定了草莓的等级规格要求、试验方法、检验规则、包装和标识。<br>本标准适用于鲜食草莓。 |
| | NY/T 444—2001 | 草莓 | 本标准规定了草莓的产品分类、质量指标、检验方法及包装、运输和贮藏要求。<br>本标准适用于鲜草莓的生产、运输、贮藏和销售。 |
| | NY/T 450—2001 | 菠萝 | 本标准规定了凤梨科菠萝的质量要求、分级指标、检验方法、检验规则以及包装、标质、贮存和运输。<br>本标准适用于菠萝鲜果的质量评定和商贸活动。 |
| | NY/T 489—2002 | 木菠萝 | 本标准规定了木菠萝鲜果的要求、试验方法、检验规则、标志、标签、包装、贮存和运输条件。<br>本标准适用于干苞类型木菠萝鲜果的质量评定及其贸易。 |
| | NY/T 1437—2007 | 榴莲 | 本标准规定了榴莲［Durio Zibethinus（L.）Murr.］鲜果的等级、要求、试验方法、检验规则、包装、贮存和运输。<br>本标准适用于榴莲鲜果。 |
| | NY/T 950—2006 | 番荔枝 | 本标准规定了番荔枝的术语和定义、要求、试验方法、检验规则、标志、包装、贮存和运输。<br>本标准适用于鲜食的番荔枝，不适用于加工用的番荔枝。 |
| | GH/T 1154—2017 | 鲜菠萝 | 本标准规定了鲜菠萝的等级、技术要求、试验方法、检验规则、包装及贮存运输。<br>本标准适用于卡因类和皇后类鲜菠萝的收购和批发销售，其他类菠萝也可参照使用。 |
| | GB/T 27657—2011 | 树莓 | 本标准规定了鲜食树莓的质量要求、质量容许度要求、安全指标要求、试验方法、检验规则、包装、标识规定、运输和贮存等内容。<br>本标准适用于鲜食树莓。 |
| 荔果类 | NY/T 2260—2012 | 龙眼等级规格 | 本标准规定了龙眼的术语和定义、要求、试验方法、检验规则、标签、标志、包装、运输和贮存。<br>本标准适用于龙眼鲜果。 |
| | NY/T 516—2002 | 龙眼 | 本标准规定了龙眼鲜果的术语和定义、质量要求、试验方法、检验规则、包装、标志和贮运要求。<br>本标准适用于龙眼鲜果的生产和销售。 |
| | NY/T 1648—2015 | 荔枝等级规格 | 本标准规定了荔枝等级规格的术语和定义、要求、检验规则、包装、标识及贮运。<br>本标准适用于新鲜荔枝的规格、等级划分。 |
| | NY/T 515—2002 | 荔枝 | 本标准规定了荔枝鲜果的术语和定义、质量要求、试验方法、检验规则、包装、标志和贮运。<br>本标准适用于荔枝鲜果的生产和销售。 |

| 分类 | 标准号 | 标准名称 | 摘要 |
|---|---|---|---|
| 荔果类 | NY/T 485—2002 | 红毛丹 | 本标准规定了红毛丹鲜果的要求、试验方法、检验规则、标志、标签、包装、运输与贮存。<br>本标准适用于红色果类和黄色果类的红毛丹鲜果的质量评定和贸易。 |
| | GH/T 1185—2020 | 鲜荔枝 | 本标准规定了鲜荔枝的术语和定义、质量要求、试验方法、检验规则、包装和标签、贮存和运输。<br>本标准适用于鲜荔枝的收购和销售。 |
| 坚果类 | GB/T 29565—2013 | 瓜蒌籽 | 本标准规定了瓜蒌籽的术语和定义、要求、检验方法、检验规则、标签以及包装、运输和贮存等。<br>本标准适用于未经加工的用作食品原料的瓜蒌籽。 |
| | NY/T 2667.12—2018 | 热带作物品种审定规范　第 12 部分：椰子 | 本部分规定了椰子（Cocos nucifera L.）品种审定的审定要求、判定规则和审定程序。<br>本部分适用于椰子品种的审定。 |
| | NY/T 490—2002 | 椰子果 | 本标准规定了成熟椰子果的要求、试验方法、检验规则、标志、标签、包装、运输和贮存。<br>本标准适用于加工用成熟椰子果的质量评定和贸易。 |
| 果用瓜类 | GB/T 22446—2008 | 地理标志产品　大兴西瓜 | 本标准规定了地理标志产品大兴西瓜的术语和定义、地理标志产品保护范围、要求、试验方法、检验规则及标志、包装、运输、贮存。<br>本标准适用于地理标志产品大兴西瓜。 |
| | GB/T 27659—2011 | 无籽西瓜分等分级 | 本标准规定了三倍体无籽西瓜的术语和定义、分等分级要求、检验方法、检验规则以及包装、标志。<br>本标准适用于无籽西瓜的生产和流通。 |
| | GB/T 23398—2009 | 地理标志产品　哈密瓜 | 本标准规定了哈密瓜的术语和定义、地理标志产品保护范围、要求、试验方法、检验规则及标志、标签、包装、运输、贮存。<br>本标准适用于国家质量监督检验检疫行政部门根据《地理标志产品保护规定》批准保护的哈密瓜。 |
| | NY/T 584—2002 | 西瓜（含无子西瓜） | 本标准规定了收销鲜食西瓜的要求、检测方法、检验规则以及包装、标志、运输和贮存方法。<br>本标准适用于西瓜（含无子西瓜）的商品收购、贮存、运输和销售，不适用于饲用西瓜和籽用瓜。 |
| | NY/T 427—2016 | 绿色食品　西甜瓜 | 本标准规定了绿色食品西甜瓜的术语和定义、要求、检验规则、标签、包装、运输和储存。<br>本标准适用于绿色食品西瓜和甜瓜（包括薄皮甜瓜和厚皮甜瓜）。 |
| | GH/T 1153—2021 | 西瓜 | 本标准规定了西瓜的术语和定义、质量要求、试验方法、检验规则、包装和标签、贮存和运输。<br>本标准适用于鲜食西瓜的收购和销售。 |
| | GH/T 1184—2020 | 哈密瓜 | 本标准规定了哈密瓜的术语和定义、质量要求、试验方法、检验规则、包装和标签、贮存和运输。<br>本标准适用于哈密瓜的收购和销售。 |
| 香蕉类 | GB/T 9827—1988 | 香蕉 | 本标准规定了香蕉收购的等级规格、质量指标、检验规则、方法及包装要求。<br>本标准适用于香蕉果品的条蕉、梳蕉的收购质量规格。 |
| | NY/T 3193—2018 | 香蕉等级规格 | 本标准规定了香芽蕉（Musa AAA/Cavendish sub-group）鲜果的术语和定义、等级规格要求、试验方法、检验规则、包装与标识。<br>本标准适用于香芽蕉的巴西蕉和桂蕉 6 号品种鲜果的等级规格划分，其他香芽蕉品种可参照执行。 |

| 分类 | 标准号 | 标准名称 | 摘要 |
|------|--------|----------|------|
| 香蕉类 | NY/T 517—2002 | 青香蕉 | 本标准规定了青香蕉的术语和定义、质量要求、试验方法、检验规则、包装、标志和贮运要求。<br>本标准适用于香蕉的生产和销售。 |
| 不另分类的果品 | GB/T 20357—2006 | 地理标志产品 永福罗汉果 | 本标准规定了永福罗汉果的地理标志产品保护范围、术语和定义、自然环境和种植、质量要求、试验方法、检验规则及包装、标志、标签、贮存和运输。<br>本标准适用于国家质量监督检验检疫行政主管部门根据《地理标志产品保护规定》批准保护的永福罗汉果。 |
| | GB/T 35476—2017 | 罗汉果质量等级 | 本标准规定了罗汉果的术语和定义、质量要求与等级、检验方法、检验规则、标签、标志、包装、运输和贮存。<br>本标准适用于干燥后罗汉果的质量等级评定。<br>本标准不适用于新鲜罗汉果。 |
| | NY/T 1396—2007 | 山竹子 | 本标准规定了山竹子（*Garcinia mangostana* L.）鲜果的要求、试验方法、检验规则、包装和标志、运输和贮存。<br>本标准适用于山竹子鲜果，加工用的山竹子也可参照使用。 |
| | NY/T 694—2003 | 罗汉果 | 本标准规定了罗汉果（*M. grosvenori* Swingle）干燥果实的要求、试验方法、检验规则以及包装、标志、贮藏和运输。<br>本标准适用于食用罗汉果。 |
| | LY/T 1532—1999 | 油橄榄鲜果 | 本标准规定了油橄榄鲜果油用、餐用质量分级指标、检验方法及包装、运输、贮存的基本要求。<br>本标准适用于国家、集体、个体收购、销售、调拨、加工用的油橄榄栽培品种果实。 |

# 第3章 果蔬保鲜及贮运流通

## 3.1 通用类

| 标准号 | 标准名称 | 摘要 |
|---|---|---|
| GB/T 23244—2009 | 水果和蔬菜 气调贮藏技术规范 | 本标准规定了水果和蔬菜气调贮藏的规程与技术。<br>本标准适用于各种果蔬，特别适用于呼吸跃变型水果、蔬菜，如苹果、梨、香蕉和蒜薹等的气调贮藏。 |
| GB/T 33129—2016 | 新鲜水果、蔬菜包装和冷链运输通用操作规程 | 本标准规定了新鲜水果、蔬菜包装、预冷、冷链运输的通用操作规程。<br>本标准适用于新鲜水果、蔬菜的包装、预冷和冷链运输操作。 |
| GB/T 37060—2018 | 农产品流通信息管理技术通则 | 本标准规定了农产品流通信息管理的一般要求、信息内容、采集要求、存储要求、交换要求、使用要求和归档要求。<br>本标准适用于农产品流通过程中收购、初加工、交易、储运等各环节信息的管理。 |
| SB/T 10447—2007 | 水果和蔬菜 气调贮藏原则与技术 | 本标准规定了水果和蔬菜的气调贮藏原则与技术。<br>本标准适用于各种水果和蔬菜（尤其是苹果、梨和香蕉）。气调贮藏具体应用到每种产品时，除了保持最佳的温度和相对湿度，氧气含量也低于正常水平的21%（体积分数），气体的分压也会降低。<br>气调贮藏时氧气的含量不能低于1.5%（体积分数），因为在缺氧状态下，水果和蔬菜会进行无氧呼吸，产生发酵作用，果实表面也会褐变。<br>二氧化碳含量的增加会导致二氧化碳含量过高8%~10%（体积分数），引发各种生理病害（二氧化碳伤害），从而导致产品质量的下降和重量的减少。 |
| SB/T 10728—2012 | 易腐食品冷藏链技术要求 果蔬类 | 本标准规定了水果蔬菜类易腐食品（以下简称果蔬）在预冷、冷藏、运输、销售等环节及环节间的技术要求和包装标识要求。<br>本标准适用于未经加工或经初级加工，供人类食用的新鲜蔬菜（包括食用菌）、水果等。<br>本标准不适用于速冻果蔬类易腐食品。 |
| SB/T 10729—2012 | 易腐食品冷藏链操作规范 果蔬类 | 本标准规定了水果蔬菜类易腐食品（以下简称果蔬）在采后、预冷、冷藏、运输和销售等环节及环节间的操作规范。<br>本标准适用于未经加工或经初级加工，供人类食用的新鲜蔬菜（包括食用菌）、水果等。<br>本标准不适用于速冻果蔬类易腐食品。 |
| SB/T 10448—2007 | 热带水果和蔬菜包装与运输操作规程 | 本标准规定了热带新鲜水果和蔬菜的包装与运输操作方法，目的是使产品在运输和销售过程中能保持其质量。 |
| SN/T 1886—2007 | 进出口水果和蔬菜预包装指南 | 本标准规定了进出口水果和蔬菜预包装的卫生要求。<br>本标准适用于水果和蔬菜的预包装。 |

## 3.2 蔬菜类

| 分类 | 标准号 | 标准名称 | 摘要 |
|---|---|---|---|
| 通用类标准 | GB/T 26432—2010 | 新鲜蔬菜贮藏与运输准则 | 本标准规定了新鲜蔬菜贮藏与运输前的准备、贮藏与运输的方式和条件、贮藏与运输的管理等准则。<br>本标准适用于新鲜蔬菜的贮藏与运输，包括加工配送用的新鲜蔬菜。 |

| 分类 | 标准号 | 标准名称 | 摘要 |
|---|---|---|---|
| 通用类标准 | NY/T 1655—2008 | 蔬菜包装标识通用准则 | 本标准规定了蔬菜包装标识的要求。<br>本标准适用于蔬菜的包装与标识。 |
| | SB/T 10158—2012 | 新鲜蔬菜包装与标识 | 本标准规定了新鲜蔬菜的包装材料、包装容器、包装方法及包装物的标识等技术要求。<br>本标准适用于各种新鲜蔬菜的加工、运输、贮藏、销售等流通环节的包装。 |
| | SB/T 10889—2012 | 预包装蔬菜流通规范 | 本标准规定了预包装蔬菜的商品质量基本要求、商品等级、商品规格、包装、标识和流通过程的要求。<br>本标准适用于预包装蔬菜的经营和管理。 |
| | SB/T 11031—2013 | 块茎类蔬菜流通规范 | 本标准规定了块茎类蔬菜的商品质量基本要求、商品等级、包装、标识和流通过程要求。<br>本标准适用于马铃薯、姜、莲藕等块茎类蔬菜的流通，其他块茎类蔬菜的流通可参照执行。 |
| 根菜类 | GB/T 25867—2010 | 根菜类 冷藏和冷藏运输 | 本标准规定了新鲜根菜类蔬菜的冷藏与冷藏运输的技术条件。<br>本标准适用于无茎的根菜类蔬菜在大容量的贮藏库中进行长期冷藏或冷藏运输。不适用于带叶的根菜类蔬菜，其只能做短期贮藏。<br>本标准适用于萝卜（Raphanus sativus）、菊牛蒡（Scorzonera hispanica）、胡萝卜（Daucus carota）、辣根（Arnoracia rusticana）、根用香芹（PetroseRinum crispum var. tuberosum）、根甜菜（Beta vulgaris var. cruenta）和类似的根菜类作物。 |
| | NY/T 717—2003 | 胡萝卜贮藏与运输 | 本标准规定了鲜胡萝卜贮藏与运输的术语和定义、要求、贮藏和运输前准备、贮藏与管理、运输方式和条件。<br>本标准适用于鲜胡萝卜的贮藏与运输。 |
| | SB/T 10880—2012 | 萝卜流通规范 | 本标准规定了萝卜的商品质量基本要求、商品等级、包装、标识和流通过程要求。<br>本标准适用于生鲜象牙白萝卜流通的经营和管理，其他品种萝卜的流通可参照执行。 |
| | SB/T 10715—2012 | 胡萝卜 贮藏指南 | 本标准规定了胡萝卜（Daucus carota Linnaeus）在使用或不使用人工制冷条件下达到最佳贮藏效果的贮藏方法。<br>本标准适用于胡萝卜的冬季贮藏。 |
| | SB/T 10450—2007 | 胡萝卜购销等级要求 | 本标准规定了胡萝卜购销的术语和定义、基本要求、卫生要求、等级划分、试验方法、检验规则、加工、包装、标志、贮存和运输。<br>本标准适用于生鲜胡萝卜购销。 |
| 白菜类 | NY/T 2868—2015 | 大白菜贮运技术规范 | 本标准规定了大白菜的基本要求、贮藏、出库（窖）与运输要求。<br>本标准适用于新鲜结球大白菜的贮藏和运输。 |
| | SB/T 10879—2012 | 大白菜流通规范 | 本标准规定了大白菜的商品质量基本要求、商品等级、包装、标识和流通过程要求。<br>本标准适用于大白菜流通的经营和管理。 |
| | GH/T 1131—2017 | 油菜冷链物流保鲜技术规程 | 本标准规定了油菜采收、产品质量、预冷、包装与标识、冷藏、出库、运输与销售等要求。<br>本标准适用于叶用油菜的冷链物流。 |
| 甘蓝类 | GB/T 25873—2010 | 结球甘蓝 冷藏和冷藏运输指南 | 本标准给出了结球甘蓝（Brassica oleracea L. var. capitata L., Brassica oleracea L. var. sabauda L.），在冷藏和冷藏运输前的操作，以及冷藏和冷藏运输的指南。<br>本标准适用于食用的结球甘蓝。 |
| | GB/T 20372—2006 | 花椰菜 冷藏和冷藏运输指南 | 本标准规定了鲜销或加工用的不同种类花椰菜的冷藏和远距离冷藏运输的方法。<br>本标准涉及的花椰菜属于芸薹属甘蓝种中以花球为产品的一个变种。 |
| | NY/T 1203—2020 | 茄果类蔬菜储藏保鲜技术规程 | 本标准规定了茄果类蔬菜储藏保鲜的采收和质量要求、储藏前库房准备、预冷、包装、入库、堆码、储藏、出库及运输等技术要求。<br>本标准适用于辣椒、甜椒、茄子、番茄等新鲜茄果类蔬菜的储藏保鲜。 |

| 分类 | 标准号 | 标准名称 | 摘要 |
|---|---|---|---|
| 茄果类 | SB/T 10574—2010 | 番茄流通规范 | 本标准规定了番茄的术语和定义、商品质量基本要求、商品等级、包装、标识和流通过程要求。<br>本标准适用于毛粉番茄的经营和管理，其他品种番茄的流通可参照执行。 |
| | SB/T 10449—2007 | 番茄 冷藏和冷藏运输指南 | 本标准规定了番茄冷藏和冷藏运输之前的操作以及冷藏和冷藏运输过程中的技术条件。<br>本标准不适用于加工用番茄。 |
| | SB/T 10788—2012 | 茄子流通规范 | 本标准规定了茄子流通的商品质量基本要求、商品等级、包装、标识和流通过程要求。<br>本标准适用于鲜食圆茄和长茄（棒槌形）流通的经营和管理，其他种类的茄子流通可参照执行。 |
| | SB/T 10573—2010 | 青椒流通规范 | 本标准规定了青椒的术语和定义、商品质量基本要求、商品等级、包装、标识和流通过程要求。<br>本标准适用于鲜食灯笼形青椒和粗牛角椒的经营和管理，其他品种青椒的流通可参照执行。 |
| | SB/T 10716—2012 | 甜椒 冷藏和运输指南 | 本标准给出了鲜食甜椒（Capsicum annum L.）在短期存放、冷藏和冷藏运输过程中的贮藏方法。<br>本标准不适用于加工用甜椒。 |
| | GH/T 1129—2017 | 青椒冷链物流保鲜技术规程 | 本标准规定了青椒采收、产品质量、分级、预冷、包装与标识、冷藏、出库、运输和销售等要求。<br>本标准适用于青椒的冷链物流。 |
| 豆类 | NY/T 1202—2020 | 豆类蔬菜贮藏保鲜技术规程 | 本标准规定了豆类蔬菜储藏保鲜的采收和质量要求、储藏前库房准备、预冷、包装、入库、堆码、储藏、出库及运输等技术要求。<br>本标准适用于菜豆、豇豆、豌豆和毛豆等新鲜豆类蔬菜的储藏保鲜。 |
| | SB/T 10575—2010 | 豇豆流通规范 | 本标准规定了豇豆的术语和定义、商品质量基本要求、商品等级、包装、标识和流通过程要求。<br>本标准适用于青皮、白皮豇豆流通的经营和管理，紫皮豇豆可参照执行。 |
| 瓜类 | GB/T 18518—2001 | 黄瓜 贮藏和冷藏运输 | 本标准规定了专供鲜销或加工用黄瓜（Cucumis sativus L.）的贮藏及远距离运输的条件。<br>本标准适用于黄瓜贮藏和冷藏运输。 |
| | NY/T 2790—2015 | 瓜类蔬菜采后处理与产地贮藏技术规范 | 本标准规定了瓜类蔬菜的采收、分级、包装、预冷、产地贮藏和运输的技术要求。<br>本标准适用于黄瓜、苦瓜、丝瓜、西葫芦、南瓜、冬瓜和瓠瓜的采后处理及产地贮藏，其他瓜类蔬菜可参照执行。 |
| | SB/T 11029—2013 | 瓜类蔬菜流通规范 | 本标准规定了瓜类蔬菜的商品质量基本要求、商品等级、包装、标识和流通过程要求。<br>本标准适用于黄瓜、苦瓜、丝瓜等瓜类蔬菜的流通，其他瓜类蔬菜的流通可参照执行。 |
| | SB/T 11030—2013 | 瓜类贮运保鲜技术规范 | 本标准规定了瓜类贮运保鲜的采收和质量要求、贮前处理和操作、贮藏技术以及出库与运输的技术要求。<br>本标准适用于哈密瓜、白兰瓜等甜瓜的贮运保鲜，其他瓜类的贮运保鲜可参照执行。 |
| | SB/T 10572—2010 | 黄瓜流通规范 | 本标准规定了黄瓜的术语和定义、商品质量基本要求、等级、包装、标识和流通过程要求。<br>本标准适用于密刺型黄瓜流通的经营和管理，其他类型黄瓜的流通可参照执行。 |

| 分类 | 标准号 | 标准名称 | 摘要 |
|---|---|---|---|
| 瓜类 | SB/T 10576—2010 | 冬瓜流通规范 | 本标准规定了冬瓜的术语和定义、商品质量基本要求、商品等级、包装、标识和流通过程要求。<br>本标准适用于黑皮冬瓜流通的经营和管理，其他种类的冬瓜可参照执行。 |
| | SB/T 10881—2012 | 南瓜流通规范 | 本标准规定了南瓜的商品质量基本要求、商品等级、包装、标识和流通过程要求。<br>本标准适用于蜜本南瓜的经营和管理，其他品种南瓜的流通可参照执行。 |
| | SB/T 10789—2012 | 西葫芦流通规范 | 本标准规定了鲜食西葫芦流通的商品质量基本要求、商品等级、包装、标识和流通过程要求。<br>本标准适用于鲜食西葫芦流通的经营和管理。 |
| | SB/T 10883—2012 | 佛手瓜流通规范 | 本标准规定了佛手瓜流的商品质量基本要求、商品等级、包装、标识和流通过程要求。<br>本标准适用于白皮佛手瓜流通的经营和管理，其他品种佛手瓜的流通可参照执行。 |
| 葱蒜类 | GB/T 25869—2010 | 洋葱　贮藏指南 | 本标准给出了洋葱（*Allium cepa* Linnaeus）在使用或不使用人工制冷条件下的贮藏指南，目的是使其长期贮藏并在新鲜状态下销售。 |
| | GB/T 24700—2010 | 大蒜　冷藏 | 本标准规定了大蒜（*Allium sativum* Linnaeus）主要品种的冷藏技术条件，以保证大蒜能在新鲜的状态下消费。<br>本标准适用于大蒜的冷藏。 |
| | GB/T 8867—2001 | 蒜薹简易气调冷藏技术 | 本标准规定了蒜薹简易气调冷藏中所必需的技术条件和操作方法。<br>本标准适用于蒜薹的冷库简易气调冷藏。 |
| | SB/T 10578—2010 | 洋葱流通规范 | 本标准规定了洋葱的相关术语和定义、商品质量基本要求、商品等级、包装、标识和流通过程要求。<br>本标准适用于普通洋葱流通的经营和管理，分蘖洋葱和顶球洋葱不适用于本标准。 |
| | SB/T 10882—2012 | 大蒜流通规范 | 本标准规定了大蒜的商品质量基本要求、商品等级、包装、标识和流通过程要求。<br>本标准适用于大蒜流通的经营和管理。 |
| | SB/T 10887—2012 | 蒜苔保鲜贮藏技术规范 | 本标准规定了蒜苔保鲜贮藏的采收和质量要求、贮藏前准备、贮藏方法、贮藏条件、贮藏管理和贮藏期限以及出库和运输的技术要求。<br>本标准适用于新鲜蒜苔的贮藏保鲜。 |
| | GH/T 1130—2017 | 蒜薹冷链物流保鲜技术规程 | 本标准规定了蒜薹产品质量、采收、分拣整理、贮前准备、预冷、保鲜处理、包装、贮藏、出库、运输、销售等要求。<br>本标准适用于鲜蒜薹的冷链物流。 |
| 叶菜类 | SB/T 10714—2012 | 芹菜流通规范 | 本标准规定了芹菜流通的商品质量基本要求、商品等级、包装、标识和流通过程要求。<br>本标准适用于叶用芹菜（不含香芹）流通的经营和管理，不适用于根芹。 |
| | GB/T 25871—2010 | 结球生菜　预冷和冷藏运输指南 | 本标准给出了结球生菜（*Lactuca sativa* Linnaeus）预冷和冷藏运输的指南。<br>本标准适用于结球生菜的预冷和冷藏运输。 |

| 分类 | 标准号 | 标准名称 | 摘要 |
|------|--------|---------|------|
| 薯芋类 | GB/T 25872—2010 | 马铃薯 通风库贮藏指南 | 本标准给出了种用、食用或加工用马铃薯在通风贮藏库中的贮藏指南。<br>本标准给出的贮藏方法有利于种用马铃薯的生长潜力和出芽率，以及食用马铃薯的良好烹饪品质（如特有的香味，油炸不变色等）。<br>本标准的贮藏方法适用于温带地区。 |
| | GB/T 25868—2010 | 早熟马铃薯 预冷和冷藏运输指南 | 本标准给出了用于直接食用或用于加工的早熟马铃薯（*Solanum tuberosum* Linnaeus）的预冷和冷藏运输的指南。<br>本标准适用于采后直接销售的早熟马铃薯，一般是在完全成熟前采收，且外皮易除去。 |
| | GB/T 29379—2012 | 马铃薯脱毒种薯贮藏、运输技术规程 | 本标准规定了马铃薯收获后处理、包装、标识、运输、贮藏库（窖）的准备，贮藏量和堆码、贮藏管理等技术要求。<br>本标准适用于马铃薯脱毒种薯的贮藏及运输。 |
| | NY/T 2789—2015 | 薯类贮藏技术规范 | 本标准规定了马铃薯和甘薯的贮藏设施、原料要求、预处理、贮藏管理、标识和出库等内容。<br>本标准适用于马铃薯和甘薯的贮藏。 |
| | NY/T 2869—2015 | 姜贮运技术规范 | 本标准规定了鲜姜贮运的基本要求、贮藏、出库（窖）与运输的要求。<br>本标准适用于鲜姜的贮藏和运输。 |
| | SB/T 10577—2010 | 鲜食马铃薯流通规范 | 本标准规定了鲜食马铃薯（简称马铃薯）的术语和定义、商品质量基本要求、商品等级、包装、标识和流通过程要求。<br>本标准适用于马铃薯流通的经营和管理，种薯、加工用薯、彩色马铃薯不适用于本标准。 |
| 水生蔬菜 | NY/T 3416—2019 | 茭白储运技术规范 | 本标准规定了茭白的采收、质量要求、入库、预冷、储藏、包装、出库和运输等。<br>本标准适用于茭白的储藏与运输。 |
| | SB/T 10893—2012 | 预包装鲜食莲藕流通规范 | 本标准规定了预包装鲜食莲藕的商品质量基本要求、商品等级、包装、标识和流通过程要求。<br>本标准适用于'三七三五'、'鄂04号'、白泡、红莲、白藕、湖藕、田藕等预包装鲜食莲藕的经营和管理，其他品种莲藕的流通可参照执行。 |
| 多年生蔬菜 | GB/T 16870—2009 | 芦笋 贮藏指南 | 本标准规定了保存芦笋的条件及达到条件的办法。<br>本标准适用于贮藏后的芦笋直接消费、生产加工。 |
| | LY/T 1833—2009 | 黄毛笋在地保鲜技术 | 该标准全文未在全国标准信息公共服务或其他行业标准服务公众平台备案。 |
| | SB/T 10966—2013 | 芦笋流通规范 | 本标准规定了芦笋的商品质量基本要求，商品等级、包装、标识和流通过程要求。<br>本标准适用于白芦笋和绿芦笋的流通经营和管理，其他类型的芦笋可参照执行。 |
| 食用菌及其制品 | NY/T 2117—2012 | 双孢蘑菇 冷藏及冷链运输技术规范 | 本标准规定了鲜销或加工用双孢蘑菇采收后的冷藏及冷链运输技术规范。<br>本标准适用于人工栽培的新鲜双孢蘑菇（*Agaricus bisporus*）、双环蘑菇（*Agaricus biotorguis*，俗称大肥菇、高温蘑菇）的冷藏及冷链运输。 |

| 分类 | 标准号 | 标准名称 | 摘要 |
|---|---|---|---|
| 食用菌及其制品 | NY/T 1934—2010 | 双孢蘑菇、金针菇贮运技术规范 | 本标准规定了双孢蘑菇和金针菇鲜菇的采收和质量要求、预冷、包装、入库、贮藏、出库、运输技术要求和试验方法。<br>本标准适用于双孢蘑菇和金针菇鲜菇的贮运；其他食用菌的鲜菇贮运可参照本标准。 |
| | LY/T 1649—2005 | 保鲜黑木耳 | 本标准规定了保鲜黑木耳的技术要求，试验方法，检验规则以及标志、包装、运输和贮存的基本要求。<br>本标准适用于以符合 GB/T 6192—1986 的干品黑木耳为原料加工生产的保鲜黑木耳产品。 |
| | LY/T 1651—2019 | 松口蘑采收及保鲜技术规程 | 本标准规定了松口蘑［Tricholoma matsutake（S. Ito et Imai）Sing.］的术语和定义、采收、质量要求、试验方法、贮藏、检验规则、标志、标签、包装、运输等。<br>本标准适用于松口蘑的采收和贮藏。 |
| | SB/T 11099—2014 | 食用菌流通规范 | 本标准规定了食用菌的商品质量基本要求、商品等级、包装、标识和流通过程要求。<br>本标准适用于香菇、双孢蘑菇、平菇、金针菇等食用菌鲜品的流通，其他品种食用菌鲜品的流通可参照执行。 |
| | SB/T 10717—2012 | 栽培蘑菇　冷藏和冷藏运输指南 | 本标准给出了鲜食或加工用栽培蘑菇（双孢菇，Agaricus bisporus L.）的冷藏和长距离冷藏运输的技术条件。 |

## 3.3　水果类

| 分类 | 标准号 | 标准名称 | 摘要 |
|---|---|---|---|
| 通用类标准 | NY/T 1939—2010 | 热带水果包装、标识通则 | 本标准规定了热带水果包装标识、运输、贮存的要求。<br>本标准适用于热带水果的包装和销售。 |
| | NY/T 1940—2010 | 热带水果分类和编码 | 本标准规定了热带水果分类原则和方法、编码方法及分类代码。<br>本标准适用于热带水果的生产、贸易、物流、管理、统计等过程的水果代码信息化。不适用于热带水果的植物学或农艺学分类。 |
| | NY/T 1778—2009 | 新鲜水果包装标识通则 | 本标准规定了新鲜水果的包装标识。<br>本标准适用于新鲜水果的包装标识。 |
| | SB/T 10890—2012 | 预包装水果流通规范 | 本标准规定了预包装水果的商品质量基本要求、商品等级、包装、标识和流通过程要求。<br>本标准适用于预包装水果的经营和管理。 |
| | SN/T 1884.2—2007 | 进出口水果储运卫生规范　第 2 部分：水果运输 | SN/T 1884 的本部分规定了进出口新鲜水果包装运输过程中的卫生要求。<br>本部分适用于进出口新鲜水果运输。 |
| | BB/T 0079—2018 | 热带水果包装通用技术要求 | 本标准规定了热带水果包装的分类、技术要求、标识、运输和贮存等。<br>本标准适用于热带水果包装的设计、生产及流通环节。 |
| 仁果类 | GB/T 8559—2008 | 苹果冷藏技术 | 本标准规定了鲜食苹果冷藏用果的入贮果质量要求和贮前准备、预冷、入库要求、贮期管理等内容。<br>本标准适用于我国生产的各类苹果品种鲜果的冷藏。 |
| | GB/T 13607—1992 | 苹果、柑桔包装 | 本标准规定了苹果、柑桔包装的技术要求，包装件的储存与运输、试验方法及检测规则等。<br>本标准瓦楞纸箱适用于苹果、柑桔的包装，钙塑瓦楞箱适用于晚秋苹果和柑、橙类包装。 |

| 分类 | 标准号 | 标准名称 | 摘要 |
|---|---|---|---|
| 仁果类 | NY/T 3104—2017 | 仁果类水果（苹果和梨）采后预冷技术规范 | 本标准规定了仁果类水果（苹果和梨）采后预冷技术的术语和定义、基本要求、入库、预冷、出库。<br>本标准适用于仁果类水果（苹果和梨）采后预冷。 |
| | NY/T 983—2015 | 苹果采收与贮运技术规范 | 本标准规定了鲜食苹果采收、贮藏、运输技术规范。其中，贮藏方式为土窑洞、通风库、冷库、气调库，运输工具为常温或控温运输的汽车、火车等运输工具，特别规范了贮运过程中温度、湿度、气体指标，分级、包装、贮藏寿命、出库指标、检验规则及检验方法。<br>本标准适用于富士系、红元帅系、黄元帅系、嘎啦、秦冠等苹果主要栽培品种。 |
| | NY/T 1198—2006 | 梨贮运技术规范 | 本标准规定了贮运对梨果实的质量要求、采收成熟度、采收要求、冷藏条件、气调贮藏、库房管理、检测方法、贮运注意事项及运输要求。<br>本标准适用于下列梨果的贮运：白梨系统（P. bretschneideri Rehd.）的砀山酥、鸭梨、雪花、苹果梨、锦丰、库尔勒香梨、茌梨、秋白、黄县长把、栖霞大香水、冬果、金花、早酥等；秋子梨系统（P. ussuriensis Maxim.）的南果、京白、安梨、晚香、花盖等；砂梨系统（P. pyrifolia Nakai.）的黄花、苍溪雪梨、金秋、爱宕、二十世纪、黄金、丰水、新高等；西洋梨系统（P. communis L.）的巴梨、安久梨、康佛伦斯、宝斯克、考密斯、盘克汉。<br>其他未列入品种可参考相近的品种使用。 |
| | NY/T 3102—2017 | 枇杷储藏技术规范 | 本标准规定了枇杷果实的采收，采后的分级、预冷，入库前准备，储藏技术，包装，运输等要求。<br>本标准适用于鲜食枇杷的储藏。 |
| | SB/T 11100—2014 | 仁果类果品流通规范 | 本标准规定了仁果类果品的商品质量基本要求、商品等级、包装、标识和流通过程要求。<br>本标准适用于苹果、梨、山楂、枇杷等仁果类生鲜果品的流通，其他仁果类果品的流通可参照执行。<br>本标准不适用于工业加工用的仁果类果品。 |
| | SB/T 10892—2012 | 预包装鲜苹果流通规范 | 本标准规定了预包装鲜苹果的商品质量基本要求、商品等级、包装、标识和流通过程要求。<br>本标准适用于富士系、嘎拉系、金冠系、元帅系、秦冠、国光等预包装鲜苹果的经营和管理，其他品种预包装鲜苹果的流通可参照执行。 |
| | SB/T 10891—2012 | 预包装鲜梨流通规范 | 本标准规定了预包装鲜梨的商品质量基本要求、商品等级、包装、标识和流通过程要求。<br>本标准适用于鸭梨、砀山梨、香梨、早酥梨、丰水梨、黄金梨、新高梨、水晶梨等预包装鲜梨的经营和管理，其他品种预包装鲜梨的流通可参照执行。 |
| | GH/T 1152—2020 | 梨冷藏技术 | 本标准规定了梨的采收与质量、预冷、冷藏技术及贮藏管理等要求。<br>本标准适用于酥梨、黄冠、雪花、鸭梨、南果、库尔勒香、京白、茌梨、苹果梨等主要品种鲜梨的中、长期冷藏。其他品种也可参照使用。 |
| 核果类 | GB/T 26904—2020 | 桃贮藏技术规程 | 本标准规定了桃的采收与质量要求、贮藏前准备、采后处理与入库、贮藏方式与贮藏条件、贮藏管理、贮藏期限、出库、包装与运输等。<br>本标准适用于桃（Amygalus persica L.）、油桃（A. persica var. nectarina Maxim）、蟠桃（A. persica var. com pressa Bean）等果实的商业贮藏和运输。 |

| 分类 | 标准号 | 标准名称 | 摘要 |
|---|---|---|---|
| 核果类 | GB/T 17479—1998 | 杏冷藏 | 本标准规定了杏贮藏用果实的基本条件、采收方法、贮藏容器、预处理、冷藏技术、检验方法及果实出库质量。<br>本标准适用于有贮藏价值的普通杏（*Prunus armeniaca* L.）的栽培品种生长的供鲜食或加工用果实的冷藏。主要有以下品种：红玉杏、红榛杏、红金玉杏、白玉杏、华县大接杏、大偏头、串枝红、骆驼黄、兰州大接杏、玉吕克、仰韶黄、沙金红、杨继元、拳杏、荷苞杏、金妈妈。 |
| | GB/T 26901—2020 | 李贮藏技术规程 | 本标准规定了李的采收果品质量要求、分选与包装、贮藏前准备、预冷与入库、贮藏方式与贮藏条件、贮藏管理、贮藏期限、出库与包装、运输等。<br>本标准适用于中国李（*Prunus salicina* Lindl）的新鲜果实商业贮藏和运输，其他种类的李可参照执行。 |
| | GB/T 15034—2009 | 芒果　贮藏导则 | 本标准规定了鲜食芒果（*Mangifera indica* Linn.）的贮藏条件及获得这些条件的方法。<br>本标准适用于主要商业品种，其他品种也可参照使用。 |
| | GB/T 26908—2011 | 枣贮藏技术规程 | 本标准规定了贮藏用鲜枣的采收与质量要求、贮藏前准备、采后处理与入库、贮藏条件与方式、贮藏管理、贮藏期限、出库、包装与运输等的技术要求。<br>本标准适用于鲜食枣的商业贮藏。 |
| | NY/T 2315—2013 | 杨梅低温物流技术规范 | 本标准规定了杨梅（*Myrica rubra* Sieb. & Zucc.）鲜果的采收和质量要求、分级、预冷、贮藏、包装、运输以及销售等低温物流技术。<br>本标准适用于东魁和荸荠种等杨梅品种的低温物流，其他品种可参照本标准执行。 |
| | NY/T 3333—2018 | 芒果采收及采后处理技术规程 | 本标准规定了本标准规定了芒果（*Mangifera indica* L.）的术语和定义、采收、采后处理和储藏技术要求。<br>本标准适用于芒果的采收、采后处理和储藏。 |
| | NY/T 2381—2013 | 杏贮运技术规范 | 本标准规定了鲜杏贮运的贮前质量与采收要求、库房与入库要求、冷藏条件、出库与贮后质量、运输和检验。<br>本标准适用于鲜杏的贮藏和运输。 |
| | NY/T 2380—2013 | 李贮运技术规范 | 本标准规定了鲜李贮运的贮前质量与采收要求、库房与入库要求、冷藏条件、出库与贮后质量、运输和检验。<br>本标准适用于鲜李的贮藏和运输。 |
| | SB/T 10091—1992 | 桃冷藏技术 | 本标准规定了鲜桃冷藏的技术要求，检验方法，检验规则，包装和运输。<br>本标准适用于鲜桃中、晚熟品种的冷藏。 |
| | GH/T 1160—2020 | 干制红枣贮存 | 本标准规定了红枣贮存的入库质量要求、贮存技术、贮期管理等要求。<br>本标准适用于干制红枣在通风贮藏库和机械冷藏库内贮存。 |
| | GH/T 1238—2019 | 甜樱桃冷链流通技术规程 | 本标准规定了甜樱桃采收、分级、预冷、包装、贮藏、出库、标识、运输、销售冷链流通环节技术要求。<br>本标准适用于鲜食甜樱桃的冷链流通。 |
| 浆果类 | GB/T 16862—2008 | 鲜食葡萄冷藏技术 | 本标准规定了各品种鲜食葡萄冷藏的采前要求、采收要求、质量要求、包装与运输要求、防腐保鲜剂处理、贮前准备、入库堆码和冷藏管理等内容。<br>本标准适用于我国生产的各类鲜食葡萄果实的冷藏。 |

| 分类 | 标准号 | 标准名称 | 摘要 |
|---|---|---|---|
| 浆果类 | NY/T 1394—2007 | 浆果贮运技术条件 | 本标准规定了浆果贮藏和运输的术语和定义、贮运用果的要求，贮运前的处理、贮藏技术条件、包装运输方式和条件。<br>本标准适用于浆果的贮藏和运输。 |
| | NY/T 3026—2016 | 鲜食浆果类水果采后预冷保鲜技术规程 | 本标准规定了鲜食浆果类果品的术语和定义、基本要求、预冷和储藏。<br>本标准适用于葡萄、猕猴桃、草莓、蓝莓、树莓、蔓越莓、无花果、石榴、番石榴、醋栗、穗醋栗、杨桃、番木瓜、人心果等鲜食浆果类果品的采后预冷和储藏保鲜。 |
| | NY/T 1392—2015 | 猕猴桃采收与贮运技术规范 | 本标准规定了猕猴桃（*Actinidia* Lindl.）采收、贮藏与运输的技术要求。<br>本标准主要适用于中华猕猴桃（*A. chinensis*）和美味猕猴桃（*A. deliciosa*）的采收与贮运。 |
| | NY/T 2788—2015 | 蓝莓保鲜贮运技术规程 | 本标准规定了鲜食蓝莓（*Vaccinium* spp.）的采收与质量要求、贮前准备、预冷与入库、贮藏、出库与包装、运输以及销售等技术要求。<br>本标准适用于鲜食蓝莓的保鲜贮运。 |
| | SB/T 11026—2013 | 浆果类果品流通规范 | 本标准规定了浆果类果品的商品质量基本要求、商品等级、包装、标识和流通过程要求。<br>本标准适用于葡萄、草莓、猕猴桃、火龙果、蓝莓、无花果、杨桃、枇杷等浆果类果品的流通，其他浆果类果品的流通可参照执行。 |
| | SB/T 10894—2012 | 预包装鲜食葡萄流通规范 | 本标准规定了预包装鲜食葡萄的商品质量基本要求、商品等级、包装、标识和流通过程要求。<br>本标准适用于预包装国产鲜食葡萄的经营和管理。 |
| | SB/T 10884—2012 | 火龙果流通规范 | 本标准规定了火龙果的商品质量基本要求、商品等级、包装、标识和流通过程要求。<br>本标准适用于白肉火龙果流通的经营和管理，其他品种火龙果的流通可参照执行。 |
| | SB/T 10886—2012 | 莲雾流通规范 | 本标准规定了莲雾的商品质量基本要求、商品等级、包装、标识和流通过程要求。<br>本标准适用于莲雾流通的经营和管理。 |
| | GH/T 1228—2018 | 蓝莓冷链流通技术操作规程 | 本标准规定了蓝莓采收、分级、预冷、贮藏、出库、包装、运输、销售等冷链流通环节的技术要求。<br>本标准适用于新鲜蓝莓的冷链流通。 |
| 柑橘类 | NY/T 1189—2017 | 柑橘储藏 | 本标准规定了柑橘储藏的术语和定义，柑橘储藏用果的质量要求、采收要求、防腐保鲜、包装、贮藏环境条件、库房管理、入库管理、出库方法和试验方法。<br>本标准适用于甜橙类、橘类、柑类、柚类、柠檬、杂柑等各种柑橘类水果的各类储藏。 |
| | NY/T 2389—2013 | 柑橘采后病害防治技术规范 | 本标准规定了柑橘果实采后病害的防治原则和防治方法。<br>本标准适用于柑橘果实贮藏期病害的监测和防治。 |
| 聚复果类 | NY/T 2787—2015 | 草莓采收与贮运技术规范 | 本标准规定了鲜食草莓（*Fragaria*×*ananassa* Duch.）的采收、质量要求、预冷、贮藏、包装、运输以及销售环节的技术规范。<br>本标准适用于鲜食草莓的采收、贮藏与运输。 |
| | NY/T 2001—2011 | 菠萝贮藏技术规范 | 本标准规定了菠萝（*Ananas comosus* L. Merr.）贮藏的术语和定义、采收、果实质量、贮藏前处理、贮藏、贮藏期限及出库指标。<br>本标准适用于巴厘、无刺卡因、台农11号等菠萝品种；其他品种可参照执行。 |

| 分类 | 标准号 | 标准名称 | 摘要 |
|---|---|---|---|
| 荔果类 | NY/T 1530—2007 | 龙眼、荔枝产后贮运保鲜技术规程 | 本标准规定了龙眼和荔枝果实的采收、采后处理保鲜工艺条件、贮藏运输要求、贮藏期限指标。<br>本标准适用于储良、石硖、古山二号、东壁、乌龙岭等龙眼品种和妃子笑、黑叶、白腊、玉荷包、桂味、糯米糍、淮枝等荔枝品种，其他品种可参照执行。 |
| | NY/T 1401—2007 | 荔枝冰温贮藏 | 本标准规定了荔枝果实的术语和定义、采收要求、采后处理、冰温贮藏要求、贮藏期限及出库指标。<br>本标准适用于妃子笑、黑叶、白腊、淮枝等荔枝品种，其他品种可参照执行。 |
| | SB/T 11101—2014 | 荔果类果品流通规范 | 本标准规定了荔果类鲜果的商品质量基本要求、商品等级、包装、标识和流通过程要求。<br>本标准适用于荔枝、龙眼的流通，其他荔果类果品的流通可参照执行。 |
| 果用瓜类 | GB/T 25870—2010 | 甜瓜　冷藏和冷藏运输 | 本标准规定了甜瓜（Cucumis melo L.）在冷藏和冷藏运输前的处理，以及冷藏和冷藏运输的技术条件。<br>本标准适用于早、中、晚熟甜瓜的栽培品种。 |
| 香蕉类 | NY/T 1395—2007 | 香蕉包装、贮存与运输技术规程 | 本标准规定了香蕉采收、包装、标志、贮存与运输等技术要求。<br>本标准适用于青香蕉的采收、包装、贮存和运输。 |
| | SB/T 10885—2012 | 香蕉流通规范 | 本标准规定了香蕉的商品质量基本要求、商品等级、包装、标识和流通过程要求。<br>本标准适用于巴西香蕉的经营和管理，其他品种香蕉的流通可参照执行。 |

# 第4章 果蔬加工及其制品

## 4.1 加工用果蔬原料

### 4.1.1 蔬菜类

| 分类 | 标准号 | 标准名称 | 摘要 |
|---|---|---|---|
| 芥菜类 | NY/T 706—2003 | 加工用芥菜 | 本标准规定了加工用芥菜的术语和定义、要求、试验方法、检验规程、标志、包装、运输及贮存。<br>本标准适用于加工用芥菜。 |
| 茄果类 | NY/T 1517—2007 | 加工用番茄 | 本标准规定了加工用番茄的杂质分类、要求、试验方法、检验规则和运输。<br>本标准适用于加工制酱用番茄。 |

### 4.1.2 水果类

| 分类 | 标准号 | 标准名称 | 摘要 |
|---|---|---|---|
| 仁果类 | GB/T 23616—2009 | 加工用苹果分级 | 本标准规定了加工用苹果的术语和定义、分级规定及检验方法。<br>本标准适用于加工苹果汁、果酱、罐头用苹果的等级划分，加工其他产品用苹果的等级划分可参照本标准。 |
| | NY/T 1072—2013 | 加工用苹果 | 本标准规定了加工用苹果的要求、试验方法、检验规则、标识、包装、运输和贮存。<br>本标准适用于加工用苹果的购销。 |
| | NY/T 3289—2018 | 加工用梨 | 本标准规定了加工用梨的要求、检验方法、检验规则、包装、标识、运输、储存。<br>本标准适用于制罐、制汁、制干、制脯、制膏的加工用梨。 |
| 核果类 | NY/T 3098—2017 | 加工用桃 | 本标准规定了加工用桃的术语与定义，要求，检验方法，检验规则及包装、运输、储存。<br>本标准适用于桃罐头、桃汁（浆）和桃干的加工用桃。 |
| 浆果类 | NY/T 3103—2017 | 加工用葡萄 | 本标准规定了加工用葡萄的术语和定义，要求，检验方法及标识、包装、运输。<br>本标准适用于酿酒、制干用葡萄。 |
| 柑橘类 | NY/T 2655—2014 | 加工用宽皮柑橘 | 本标准规定了用于加工橘片罐头、汁胞（囊胞）、橘汁等宽皮柑橘的品种、质量要求、检验方法、检验规则、包装、运输和贮存条件。<br>本标准适用于加工用宽皮柑橘的生产、贮运与购销。 |
| | NY/T 2276—2012 | 制汁甜橙 | 本标准规定了制汁用甜橙相关的品种、要求、检验方法、检验规则、包装运输和贮存。<br>本标准适用于制汁甜橙的生产指导与购销。 |

## 4.2　果蔬加工制品

### 4.2.1　通用类

| 标准号 | 标准名称 | 摘要 |
|---|---|---|
| NY/T 2780—2015 | 蔬菜加工名词术语 | 本标准规定了蔬菜加工业的部分名词术语。<br>本标准适用于蔬菜加工生产、科研、教学及其他相关领域。 |
| NY/T 1047—2014 | 绿色食品　水果、蔬菜罐头 | 本标准规定了绿色食品水果、蔬菜罐头的术语和定义、要求、试验方法、检验规则、标志和标签、包装、运输和贮存。<br>本标准适用于绿色食品水果、蔬菜罐头，不适用于果酱类、果汁类、蔬菜汁（酱）类罐头和盐渍（酱渍）蔬菜罐头。 |
| NY/T 431—2017 | 绿色食品　果（蔬）酱 | 本标准规定了绿色食品果（蔬）酱的术语和定义、分类、要求、检验规则、标签、包装、运输和储存。<br>本标准适用于以水果、蔬菜为主要原料，经破碎、打浆、灭菌、浓缩等工艺生产的绿色食品块状酱或泥状酱；不适用于以果蔬为主要原料，配以辣椒、盐、香辛料等调味料生产的调味酱产品。 |
| QB/T 2076—1995 | 水果、蔬菜脆片 | 本标准规定了各类水果、蔬菜脆片的技术要求、试验方法、检验规则及标志、包装、运输、贮存要求。<br>本标准适用于以水果、蔬菜为主要原料，经真空油炸脱水等工艺生产的各类水果、蔬菜脆片。 |

### 4.2.2　蔬菜类

| 分类 | 标准号 | 标准名称 | 摘要 |
|---|---|---|---|
| 罐头类 | GB/T 13208—2008 | 芦笋罐头 | 本标准规定了芦笋罐头的产品分类及代号、技术要求、试验方法、检验规则、标签以及包装、运输和贮存要求。<br>本标准适用于芦笋罐头的生产、销售和监督检查。 |
| | GB/T 14215—2008 | 番茄酱罐头 | 本标准规定了番茄酱罐头的产品分类及代号、技术要求、检验方法、检验规则、标签以及包装、运输和贮存要求。<br>本标准适用于番茄酱罐头的生产、销售和监督检查。 |
| | GB/T 13209—2015 | 青刀豆罐头 | 本标准规定了青刀豆罐头的术语和定义、产品分类、要求、试验方法、检验规则和包装、标志、运输、贮存的基本要求。<br>本标准适用于以新鲜青刀豆为原料，经原料挑拣、切端、驱虫、清洗、预煮、装罐、加盐水、密封、杀菌、冷却制成的罐藏食品。 |
| | GB/T 13212-1991 | 清水荸荠罐头 | 本标准规定了清水荸荠罐头的产品分类、技术要求、试验方法、检验规则和标志、包装、运输、贮存的基本要求。<br>本标准适用于以荸荠（俗称马蹄）为原料，经去皮、预煮、装罐、加清水、密封、杀菌制成的清水荸荠罐头。 |
| | GB/T 13517—2008 | 青豌豆罐头 | 本标准规定了青豌豆罐头的产品分类及代号、技术要求、检验方法、检验规则、标签以及包装、运输和贮存要求。<br>本标准适用于青豌豆罐头的生产、销售和监督检查。 |
| | QB/T 1395—2014 | 什锦蔬菜罐头 | 本标准规定了什锦蔬菜罐头的产品代号、要求、试验方法、检验规则和标志、包装、运输、贮存。<br>本标准适用于以青豌豆、马铃薯、胡萝卜等不少于5种蔬菜为原料，经原料预处理、装罐、加盐水、密封、杀菌、冷却而制成的什锦蔬菜罐藏食品。 |

| 分类 | 标准号 | 标准名称 | 摘要 |
|---|---|---|---|
| 罐头类 | QB/T 1401—2017 | 雪菜罐头 | 本标准规定了雪菜罐头的产品代号、要求、试验方法、检验规则和包装、标志、运输、贮存。<br>本标准适用于以雪里蕻为原料，经腌制、切断、装罐、密封、杀菌、冷却制成的罐藏食品。 |
| | QB/T 1405—2014 | 绿豆芽罐头 | 本标准规定了绿豆芽罐头的术语和定义、产品代号、要求、试验方法、检验规则和标志、包装、运输、贮存。<br>本标准适用于以绿豆芽为原料，经热烫、酸化、装罐、密封、杀菌、冷却而制成的绿豆芽罐藏食品。 |
| | QB/T 4626—2014 | 香菜心罐头 | 本标准规定了香菜心罐头的术语和定义、产品分类及代号、要求、试验方法、检验规则和标志、包装、运输、贮存。<br>本标准适用于以莴苣笋为原料，经去皮、腌渍、加工处理、调味、装罐、密封、杀菌、冷却制成的香菜心罐藏食品。 |
| | QB/T 1396—1991 | 酸甜红辣椒罐头 | 本标准规定了酸甜红辣椒罐头的产品分类、技术要求、试验方法、检验规则和标志、包装、运输、贮存的基本要求。<br>本标准适用于以辣椒为原料经去籽等加工处理、装罐、加调味料、密封、杀菌制成的酸甜红辣椒罐头。 |
| | QB/T 4625—2014 | 黄瓜罐头 | 本标准规定了黄瓜罐头的术语和定义、产品分类及代号、要求、试验方法、检验规则和标志、包装、运输、贮存。<br>本标准适用于以乳黄瓜为原料，经调味、酸化、装罐、密封、杀菌制成的黄瓜罐藏食品。 |
| | QB/T 1607—2020 | 豆类罐头 | 本标准规定了豆类罐头的术语和定义、产品分类及代号、要求、试验方法、检验规则和标志、包装、运输、贮存。<br>本标准适用于以 1 种或 1 种以上的新鲜的、冷冻的或脱水的豆类（去除豆荚）或豆豉为原料，经预处理、装罐、加调味液、密封、杀菌制成罐藏食品。 |
| | QB 1603—1992 | 糖水莲子罐头 | 本标准规定了糖水莲子罐头的产品分类、技术要求、试验方法、检验规则和标志、包装、运输、贮存的基本要求。<br>本标准适用于以莲子为原料，经去衣膜、预煮、捅莲芯、漂洗、装罐、加糖水、密封、杀菌制成的糖水莲子罐头。 |
| | QB 1604—1992 | 清水莲子罐头 | 本标准规定了清水莲子罐头的产品分类、技术要求、试验方法、检验规则和标志、包装、运输、贮存的基本要求。<br>本标准适用于以莲子为原料，经去衣膜、预煮、捅莲芯、漂洗、装罐、密封、杀菌制成的清水莲子罐头。 |
| | QB/T 1605—1992 | 清水莲藕罐头 | 本标准规定了清水莲藕罐头的产品分类、技术要求、试验方法、检验规则和标志、包装、运输、贮存的基本要求。<br>本标准适用于以莲藕为原料，经洗涤、去皮、预煮、修整、漂洗、装罐、密封、杀菌制成的清水莲藕罐头。 |
| | QB 1400—1991 | 荞头罐头 | 本标准规定了荞头罐头的产品分类、技术要求、试验方法、检验规则和标志、包装、运输、贮存的基本要求。<br>本标准适用于以新鲜荞头为原料，经发酵、腌制等处理、装罐、加入糖酸溶液、密封、杀菌制成的荞头罐头。 |
| | QB/T 1406—2014 | 竹笋罐头 | 本标准规定了竹笋罐头的术语和定义、产品分类及代号、要求、试验方法、检验规则和标志、包装、运输、贮存。<br>本标准适用于以小竹笋、毛笋、麻笋、冬笋等可食用竹笋为主要原料，经原料预处理、装罐、调味或不调味、密封、杀菌、冷却而制成的竹笋罐藏食品。 |

| 分类 | 标准号 | 标准名称 | 摘要 |
|---|---|---|---|
| 腌渍类 | GB/T 19858—2005 | 地理标志产品　涪陵榨菜 | 本标准规定了涪陵榨菜产地范围、术语和定义、要求、试验方法、检验规则、标志、标签和包装、运输、贮存。<br>本标准适用于国家质量监督检验检疫行政主管部门根据《地理标志产品保护规定》批准保护的涪陵榨菜。 |
| | GB/T 19907—2005 | 地理标志产品　萧山萝卜干 | 本标准规定了萧山萝卜干的地理标志产品保护范围、术语和定义、要求、试验方法、检验规则、标志、标签、包装、运输、贮存。<br>本标准适用于国家质量监督检验检疫行政主管部门根据《地理标志产品保护规定》批准保护的萧山萝卜干。 |
| | NY/T 437—2012 | 绿色食品　酱腌菜 | 本标准规定了绿色食品酱腌菜的术语和定义、要求、检验规则、标志和标签、包装、运输和贮存。<br>本标准适用于绿色食品预包装的酱腌菜产品。不适用于散装的酱腌菜产品。 |
| | SB/T 10297—1999 | 酱腌菜分类 | 本标准适用于以蔬菜为主要原料、经腌渍工艺加工而成的蔬菜制品。 |
| | SB/T 10301—1999 | 调味品名词术语　酱腌菜 | 本标准规定的名词术语适用于酱腌菜，不适于其他的副食品和调味品。 |
| | SB/T 10439—2007 | 酱腌菜 | 本标准规定了酱腌菜的术语和定义、要求、试验方法、检验规则、标签、包装、运输和贮存。<br>本标准适用于酱渍菜、盐渍菜、酱油渍菜、糖渍菜、醋渍菜、糖醋渍菜、虾油渍菜、盐水渍菜和糟渍菜。 |
| | SB/T 10756—2012 | 泡菜 | 本标准规定了泡菜产品的术语和定义、原料要求、技术要求、试验方法、标签标志、包装、运输和贮存要求。<br>本标准适用于以新鲜蔬菜等为主要原料，添加或不添加辅料，经食用盐或食用盐水渍制等工艺加工而成的蔬菜制品。 |
| | GH/T 1011—2007 | 榨菜 | 本标准规定了榨菜的术语和定义、产品分类、技术要求、试验方法、检验规则和标志、包装、运输、贮存。<br>本标准适用于以茎瘤芥的瘤茎（青菜头）为原料，经特定工艺腌制而成的未经切分的榨菜。也适用于方便榨菜的原料。 |
| | GH/T 1012—2007 | 方便榨菜 | 本标准规定了方便榨菜的产品分类、技术要求、试验方法、检验规则和标志、包装、运输、贮存。<br>本标准适用于以茎瘤芥的瘤茎（青菜头）加工而成的盐腌菜为原料，经淘洗、切分、调味、分装、密封、杀菌制成的方便榨菜。 |
| | GH/T 1146—2017 | 丁香榄 | 本标准规定了丁香榄的技术要求、检验方法、检验规则、包装与标志、运输与贮存。<br>本标准适用于采用榄胚、白砂糖为主要原料，经糖渍、干燥加工而成的丁香榄。 |
| 干制类 | GB/T 23775—2009 | 压缩食用菌 | 本标准规定了压缩食用菌的相关术语和定义、要求、试验方法、检验规则及标志、标签、包装、运输和贮存的要求。<br>本标准适用于经压缩工艺制成的食用菌制品。 |
| | NY/T 1045—2014 | 绿色食品　脱水蔬菜 | 本标准规定了绿色食品脱水蔬菜的术语和定义、要求、检验规则、标志和标签、包装、运输和贮存。<br>本标准适用于绿色食品脱水蔬菜，也适用于绿色食品干制蔬菜；不适用于绿色食品干制食用菌、竹笋干和蔬菜粉。 |
| | NY/T 2320—2013 | 干制蔬菜贮藏导则 | 本标准规定了干制蔬菜入库前要求、包装、入库、贮藏管理、出库及运输。<br>本标准适用于热风干制蔬菜的贮藏。 |
| | NY/T 1393—2007 | 脱水蔬菜　茄果类 | 本标准规定了脱水蔬菜茄果类的要求、试验方法、检验规则、标志、标签、包装、运输和贮存。<br>本标准适用于茄果类脱水蔬菜。 |

| 分类 | 标准号 | 标准名称 | 摘要 |
|---|---|---|---|
| 干制类 | NY/T 959—2006 | 脱水蔬菜　根菜类 | 本标准规定了脱水蔬菜根菜类的要求、试验方法、检验规则、标志、包装、运输和贮存。<br>本标准适用于脱水蔬菜根菜类的生产、运输、贮存及销售。 |
| | NY/T 960—2006 | 脱水蔬菜　叶菜类 | 本标准规定了脱水蔬菜叶菜类的要求、试验方法、检验规则、标志、包装、运输和贮存。<br>本标准适用于脱水蔬菜叶菜类的生产、运输、贮存及销售。 |
| | NY/T 1073—2006 | 脱水姜片和姜粉 | 本标准规定了脱水姜片和姜粉的要求、试验方法、检验规则、标签与标识、包装运输和贮存。<br>本标准适用于以姜科植物姜（*Zingiber officinale* Roscoe）为原料经脱水加工而成的姜片和姜粉。 |
| | NY/T 3269—2018 | 脱水蔬菜　甘蓝类 | 本标准规定了脱水蔬菜甘蓝类的要求、检验规则、标志、包装、运输和储存。<br>本标准适用于脱水蔬菜甘蓝类的生产、运输和储存。 |
| | LY/T 1919—2018 | 元蘑干制品 | 本标准规定了元蘑（*Hohenbuehelia serotina*）干制品的术语和定义、要求、检验方法、检验规则、标签、标志、包装、运输和贮存。<br>本标准适用于鲜元蘑，经去除杂质、干燥、包装制成的元蘑干制品。 |
| | LY/T 2133—2013 | 森林食品　榛蘑干制品 | 本标准规定了榛蘑（*Armillaria mellea*）干制品的要求、试验方法、检验规则以及标志、包装、运输和贮存。<br>本标准适用于鲜榛蘑，经去除杂质、干燥、加工制成的干制品。 |
| | LY/T 2134—2013 | 森林食品　薇菜干 | 本标准界定了森林食品薇菜（*Osmunda cinnamomea* L. var. *asiatica* Fernald）的术语和定义，规定了森林食品薇菜的要求、试验方法、检验规则及标志、包装、贮存和运输。<br>本标准适用于森林环境下生长的薇菜，经烫焯、多次搓揉后干制的薇菜制品。 |
| | NY/T 708—2016 | 甘薯干 | 本标准规定甘薯干的术语和定义、分类、要求、试验方法、检验规则、标志、标签、包装、运输和储存。本标准适用于切分型甘薯干和复合型甘薯干。 |
| | GH/T 1132—2017 | 干制金针菇 | 本标准规定了干制金针菇的要求、检验方法、检验规则、标志、包装、运输与贮存。<br>本标准适用于以黄色金针菇和白色金针菇为原料，经分选、整理、干燥、包装等工序制成的干制金针菇。 |
| 冷冻类 | NY/T 1406—2018 | 绿色食品　速冻蔬菜 | 本标准规定了绿色食品速冻蔬菜的术语和定义、要求、检验规则、标签、包装、运输和储存。<br>本标准适用于绿色食品速冻蔬菜。 |
| | NY/T 952—2006 | 速冻菠菜 | 本标准规定了速冻菠菜的要求、试验方法、检验规则、标签、包装、运输和贮存。<br>本标准适用于速冻菠菜。 |
| | LY/T 3096—2019 | 速冻山野菜 | 本标准规定了速冻山野菜的要求、试验方法、检验规则及标志、标签、包装、运输和贮存。<br>本标准适用于以山野菜鲜品为原料，经漂烫、速冻加工制成的速冻山野菜产品。 |
| | SB/T 10631—2011 | 马铃薯冷冻薯条 | 本标准规定了马铃薯冷冻薯条的术语和定义、要求、试验方法、检验规则、标识、包装、运输和贮存。<br>本标准适用于3.1所定义的马铃薯冷冻薯条制品。 |

| 分类 | 标准号 | 标准名称 | 摘要 |
|---|---|---|---|
| 冷冻类 | GH/T 1140—2021 | 速冻黄瓜 | 本标准规定了速冻黄瓜的术语和定义、产品分级、质量要求、检验方法、检验规则、标志、包装、运输和贮藏等要求。<br>本标准适用于以成熟新鲜黄瓜为原料，采用速冻装置生产的速冻黄瓜片。 |
| | GH/T 1141—2021 | 速冻甜椒 | 本文件规定了速冻甜椒的术语和定义、产品分级、质量要求、检验规则、标志、包装、贮藏及运输等要求。<br>本标准适用于以成熟甜椒为原料，采用速冻装置生产的速冻甜椒。 |
| | GH/T 1173—2017 | 速冻花椰菜 | 本标准规定了速冻花椰菜的质量要求、检验方法与规则、标志、包装、运输、贮藏。<br>本标准适用于以花椰菜为原料生产的速冻小花球花椰菜。 |
| | GH/T 1176—2017 | 速冻蒜薹 | 本标准规定了速冻蒜薹技术要求、检验方法、检验规则、标志、包装、运输、贮存。<br>本标准适用于以蒜薹为原料生产的速冻蒜薹。 |
| | GH/T 1177—2017 | 速冻豇豆 | 本标准规定了速冻豇豆的技术要求、检验方法、检验规则、标志、包装、运输、贮存。<br>本标准适用于以豇豆为原料生产的速冻豇豆。 |
| 制粉类 | GB/T 25733—2010 | 藕粉 | 本标准规定了藕粉的术语和定义、产品分类、技术要求、试验方法、检验规则、标志、标签、包装、贮存。<br>本标准适用于以莲藕为原料，或以纯藕粉为原料，配以其他食用辅料加工制成的藕淀粉制品。 |
| | SB/T 10752—2012 | 马铃薯雪花全粉 | 本标准规定了马铃薯雪花全粉的术语和定义、要求、检验、检验规则、包装、标识、贮存和运输。<br>本标准适用于3.1所定义的马铃薯雪花全粉制品。 |
| 其他 | NY/T 2981—2016 | 绿色食品　魔芋及其制品 | 本标准规定了绿色食品魔芋及其制品的术语和定义、分类、要求、检验规则、标签、包装、运输和储存。<br>本标准适用于绿色食品魔芋及其制品（包括魔芋粉、魔芋膳食纤维和魔芋凝胶食品）。 |
| | NY/T 2963—2016 | 薯类及薯制品名词术语 | 本标准规定了薯类加工原料及薯类加工产品的术语。<br>本标准适用于薯类及相关行业生产、加工、流通和管理领域。 |

## 4.2.3　水果类

| 分类 | 标准号 | 标准名称 | 摘要 |
|---|---|---|---|
| 罐头类 | GB/T 13211—2008 | 糖水洋梨罐头 | 本标准规定了糖水洋梨罐头的产品分类及代号、技术要求、检验方法、检验规则、标签以及包装、运输和贮存要求。<br>本标准适用于糖水洋梨罐头的生产、销售和监督检查。 |
| | GB/T 13516—2014 | 桃罐头 | 本标准规定了桃罐头的术语和定义，产品分类及代号，要求，试验方法，检验规则，标签、包装、运输和贮存等要求。<br>本标准适用于以优良罐藏品种的新鲜、速冻桃或预罐装桃为主要原料，经加工处理、装罐、加汤汁、密封、杀菌、冷却制成的罐藏食品。 |
| | GB/T 13207—2011 | 菠萝罐头 | 本标准规定了菠萝罐头的术语和定义、产品分类及代号、技术要求、试验方法、检验规则、标签、包装、运输和贮存要求。<br>本标准适用于菠萝罐头产品的生产和监督检验。 |

| 分类 | 标准号 | 标准名称 | 摘要 |
|---|---|---|---|
| 罐头类 | GB/T 13210—2014 | 柑橘罐头 | 本标准规定了柑橘罐头产品的术语和定义，产品分类及代号，技术要求，试验方法，检验规则，标签、包装、运输和贮存等要求。<br>本标准适用于以新鲜、冷藏、速冻的柑橘或罐装柑橘为原料，经加工、分级、装罐、加汤汁、排气、密封、杀菌、冷却制成的罐藏食品。 |
| | QB/T 1384—2017 | 果汁类罐头 | 本标准规定了果汁类罐头产品分类及代号、要求、试验方法、检验规则和标签、包装、标志、运输、贮存等基本要求。<br>本标准适用于以新鲜饱满（或经速冻冷藏）、成熟适度的菠萝、柠檬、柑橘、葡萄、荔枝等水果的果肉或其皮肉、果芯为原料，经榨汁、筛滤或浸取提汁、加糖或不加糖、装罐、先密封后杀菌或先杀菌后密封、冷却制成的罐藏食品，主要包括菠萝汁罐头、柠檬汁罐头、葡萄汁罐头、橙汁罐头、荔枝汁罐头、苹果汁罐头、柚子汁罐头、杨梅汁罐头、刺梨汁罐头、芒果汁罐头、混合果汁罐头等。 |
| | QB/T 1386—2017 | 果酱类罐头 | 本标准规定了果酱类罐头的相关术语和定义、产品分类、要求、试验方法、检验规则，以及标签、包装、运输、贮存。<br>本标准适用于以新鲜或经速冻冷藏的一种或几种水果为原料，经预处理、打浆（切片）、调配、浓缩、装罐、密封、杀菌、冷却等制成的罐藏食品，主要包括杏酱罐头、菠萝酱罐头、苹果酱罐头、西瓜酱罐头、猕猴桃酱罐头、桃酱罐头、草莓酱罐头、什锦果酱罐头等。 |
| | QB/T 5261—2018 | 水果饮料罐头 | 本标准规定了水果饮料罐头的术语和定义、要求、试验方法、检验规则和标志、包装、运输和贮存。<br>本标准适用于水果饮料罐头的生产、检验和销售。 |
| | QB/T 1117—2014 | 混合水果罐头 | 本标准规定了混合水果罐头的术语和定义、产品分类及代号、要求、试验方法、检验规则和标志、包装、运输、贮存。<br>本标准适用于以不少于两种的新鲜、速冻或罐装水果为原料，经预处理、装罐、加汤汁、密封、杀菌、冷却而制成的混合水果罐藏食品。 |
| | QB/T 1380—2014 | 热带、亚热带水果罐头 | 本标准规定了热带、亚热带水果罐头的术语和定义、产品分类及代号、要求、试验方法、检验规则和标志、包装、运输、贮存。<br>本标准适用于龙眼罐头、杨梅罐头、椰果罐头、荔枝罐头和红毛丹罐头。本标准不适用于菠萝罐头和柑橘罐头。 |
| | QB/T 1392—2014 | 苹果罐头 | 本标准规定了苹果罐头的术语和定义、产品分类及代号、要求、试验方法、检验规则和标志、包装、运输、贮存。<br>本标准适用于以苹果为原料，经预处理、装罐、加汤汁（或脱气）、密封、杀菌、冷却而制成的苹果罐藏食品。 |
| | QB/T 1379—2014 | 梨罐头 | 本标准规定了梨罐头的术语和定义、产品分类及代号、要求、试验方法、检验规则和标志、包装、运输、贮存。<br>本标准适用于以新鲜、冷藏、速冻的梨或罐装梨为原料，经预处理、装罐、加汤汁、密封、杀菌、冷却而制成的梨罐藏食品。本标准不适用于洋梨罐头。 |
| | QB/T 1381—2014 | 山楂罐头 | 本标准规定了山楂罐头的术语和定义、产品分类及代号、要求、试验方法、检验规则和标志、包装、运输、贮存。<br>本标准适用于以山楂为原料，经预处理、加汤汁、密封、杀菌、冷却而制成的山楂罐藏食品。 |
| | QB/T 2391—2017 | 枇杷罐头 | 本标准规定了枇杷罐头的术语和定义、产品分类及代号、要求、试验方法、检验规则和包装、标志、运输、贮存。<br>本标准适用于以新鲜或冷藏、成熟适度的枇杷或罐藏枇杷为原料，经预处理、装罐、加汤汁、密封、杀菌、冷却而制成的枇杷罐藏食品。 |
| | QB/T 1611—2014 | 杏罐头 | 本标准规定了杏罐头的术语和定义、产品分类及代号、要求、试验方法、检验规则和标志、包装、运输、贮存。<br>本标准适用于以杏为原料，经预处理、装罐、加汤汁、密封、杀菌、冷却而制成的杏罐藏食品。 |

| 分类 | 标准号 | 标准名称 | 摘要 |
|---|---|---|---|
| 罐头类 | QB 1383—1991 | 糖水李子罐头 | 本标准规定了糖水李子罐头的产品分类、技术要求、试验方法、检验规则和标志、包装、运输、贮存的基本要求。<br>本标准适用于以李子为原料，经去皮、装罐、加糖水、密封、杀菌制成的糖水李子罐头。 |
| | QB/T 1688—2014 | 樱桃罐头 | 本标准规定了樱桃罐头的术语和定义、产品分类及代号、要求、试验方法、检验规则和标志、包装、运输、贮存。<br>本标准适用于以樱桃为原料，经预处理、装罐、加汤汁、密封、杀菌、冷却而制成的樱桃罐藏食品。 |
| | QB/T 4632—2014 | 草莓罐头 | 本标准规定了草莓罐头的术语和定义、产品分类及代号、要求、试验方法、检验规则和标志、包装、运输、贮存。<br>本标准适用于以草莓为原料，经预处理、装罐、加汤汁、密封、杀菌、冷却而制成的草莓罐藏食品。 |
| | QB/T 4629—2014 | 猕猴桃罐头 | 本标准规定了猕猴桃罐头的术语和定义、产品分类及代号、要求、试验方法、检验规则和标志、包装、运输、贮存。<br>本标准适用于以猕猴桃为原料，经预处理、装罐、加汤汁、密封、杀菌、冷却而制成的猕猴桃罐藏食品。 |
| | QB/T 1382—2014 | 葡萄罐头 | 本标准规定了葡萄罐头的术语和定义、产品分类及代号、要求、试验方法、检验规则和标志、包装、运输、贮存。<br>本标准适用于以新鲜、冷藏或罐藏葡萄为原料，经预处理、加汤汁、密封、杀菌、冷却而制成的葡萄罐藏食品。 |
| | QB/T 1393—1991 | 桔子囊胞罐头 | 本标准规定了桔子囊胞罐头的产品分类、技术要求、试验方法、检验规则和标志、包装、运输、贮存的基本要求。<br>本标准适用于以柑桔为原料，经脱囊衣、分散囊胞、整理（或调酸）、装罐、密封、杀菌制成的桔子囊胞罐头。 |
| | QB/T 1394—2014 | 番茄罐头 | 本标准规定了番茄罐头的术语和定义、产品分类、要求、试验方法、检验规则和标志、包装、运输、贮存。<br>本标准适用于以番茄为原料，经去皮、切丁或不切丁、装罐、加入汤汁、密封、杀菌、冷却制成的番茄罐藏食品。本标准不适用于番茄酱罐头。 |
| | QB/T 2843—2007 | 食用芦荟制品　芦荟罐头 | 本标准规定了食用芦荟制品——芦荟罐头的要求、试验方法、检验规则和标志、包装、运输、贮存。<br>本标准适用于以库拉索芦荟（*Aloe vera* L.）为原料加工而成的芦荟罐头的生产和流通。 |
| | QB/T 2844—2007 | 食用芦荟制品　芦荟酱罐头 | 本标准规定了食用芦荟制品——芦荟酱罐头的要求、试验方法、检验规则和标志、包装、运输、贮存。<br>本标准适用于以库拉索芦荟（*Aloe vera* L.）为原料加工而成的芦荟酱罐头的生产和流通。 |
| | QB/T 4628—2014 | 海棠罐头 | 本标准规定了海棠罐头的术语和定义、产品分类、要求、试验方法、检验规则和标志、包装、运输、贮存。<br>本标准适用于以海棠为原料，经预处理、装罐、加汤汁、密封、杀菌、冷却而制成的海棠罐藏食品。 |
| 腌渍类 | GB/T 31318—2014 | 蜜饯　山楂制品 | 本标准规定了蜜饯类山楂制品的产品分类、技术要求、试验方法、检验规则、标签、包装、贮存。<br>本标准适用于以山楂、白砂糖和/或淀粉糖为主要原料，经煮制、制浆、成型、干燥，或经糖渍、干燥等工艺加工制成的可直接食用的蜜饯山楂制品。 |
| | NY/T 436—2018 | 绿色食品　蜜饯 | 本标准规定了绿色食品蜜饯的术语和定义，产品分类，要求，检验规则，标签，包装、运输和储存。<br>本标准适用于绿色食品蜜饯。 |

| 分类 | 标准号 | 标准名称 | 摘要 |
|---|---|---|---|
| 腌渍类 | NY/T 1397—2007 | 腌渍芒果 | 本标准规定了腌渍芒果的术语和定义、分类、要求、试验方法、检验规则、标志标签、包装、运输和贮存。<br>本标准适用于以芒果为原料，经过腌渍、调味等工艺处理的腌渍芒果。 |
| | GH/T 1155—2017 | 苹果脯 | 本标准规定了苹果脯的技术要求、检验方法、检验规则、标志、包装、运输、贮存。<br>本标准适用于采用鲜苹果经切瓣、去核、糖煮、干燥等工艺加工而成的苹果脯。 |
| | GH/T 1149—2017 | 梨脯 | 本标准规定了梨脯的技术要求、试验方法、检验规则以及标志、包装、运输、贮存。<br>本标准适用于以鲜梨为原料，经去皮、切半、去核、糖煮、干燥等工艺加工制成的梨脯。 |
| | GH/T 1148—2017 | 桃脯 | 本标准规定了桃脯的技术要求、试验方法、检验规则以及标志、包装、运输、贮存。<br>本标准适用于以鲜桃为原料，经切半、去核、糖煮、干燥等工艺加工制成的桃脯。 |
| | GH/T 1156—2017 | 杏脯 | 本标准规定了杏脯的技术要求、检验方法、检验规则、标志、包装、运输、贮存。<br>本标准适用于采用鲜杏经切半、去核、糖煮、干燥等工艺加工而成的杏脯。 |
| | GH/T 1147—2017 | 雪花应子 | 本标准规定了雪花应子的技术要求、检验方法、检验规则、包装与标志、运输与贮存。<br>本标准适用于采用李胚、白砂糖为主要原料，经糖渍、干燥加工而成的雪花应子。 |
| | GH/T 1150—2017 | 海棠脯 | 本标准规定了海棠脯的技术要求、试验方法、检验规则以及标志、包装、运输、贮存。<br>本标准适用于以鲜海棠为原料，经去把、去花萼、糖煮、干燥等工艺加工制成的海棠脯。 |
| | GH/T 1151—2017 | 糖桔饼 | 本标准规定了糖桔饼的技术要求、试验方法、检验规则以及标志、包装、运输、贮存。<br>本标准适用于以柑桔类为原料，加白砂糖，经割缝、糖煮、干燥等工艺加工制成的糖桔饼（包括金桔饼）。 |
| 干制类 | GB/T 5835—2009 | 干制红枣 | 本标准规定了干制红枣的相关术语和定义、分类、技术要求、检验方法、检验规则、包装、标志、标签、运输和贮存。<br>本标准适用于干制红枣的外观质量分级、检验、包装和贮运。 |
| | GB/T 23787—2009 | 非油炸水果、蔬菜脆片 | 本标准规定了非油炸水果、蔬菜脆片的要求、试验方法、检验规则、标签标志、包装、运输及贮存。<br>本标准适用于非油炸水果、蔬菜脆片的生产、检验和销售。 |
| | NY/T 1041—2018 | 绿色食品　干果 | 本标准规定了绿色食品干果的要求、检验规则、标签、标志、包装、运输和储存。<br>本标准适用于以绿色食品水果为原料，经脱水，未经糖渍，添加或不添加食品添加剂而制成的荔枝干、桂圆干、葡萄干、柿饼、干枣、杏干（包括包仁杏干）、香蕉片、无花果干、酸梅（乌梅）干、山楂干、苹果干、菠萝干、芒果干、梅干、桃干、猕猴桃干、草莓干、酸角干。 |
| | NY/T 3338—2018 | 杏干产品等级规格 | 本标准规定了杏干产品的术语和定义、要求、检验方法、检验规则、包装与标识。<br>本标准适用于杏干产品的分等分级。 |

| 分类 | 标准号 | 标准名称 | 摘要 |
|---|---|---|---|
| 干制类 | NY/T 487—2002 | 槟榔干果 | 本标准规定了槟榔干果的要求、试验方法、检验规则、标志、标签、包装、运输和贮存。<br>本标准适用于槟榔干果的质量评定和贸易。 |
| | NY/T 705—2003 | 无核葡萄干 | 本标准规定了无核葡萄干的术语和定义、要求、试验方法、检验规则、标志、包装、运输和贮存。<br>本标准适用于以无核葡萄为原料，经自然干燥或人工干燥而制成的无核葡萄干。 |
| | NY/T 709—2003 | 荔枝干 | 本标准规定了荔枝干的要求试验方法、检验规则、标志、标签、包装、运输和贮存。<br>本标准适用于以新鲜荔枝经焙烘干燥而制成的带壳荔枝干。 |
| | NY/T 786—2004 | 食用椰干 | 本标准规定了食用椰干的要求、试验方法、检验规则和标签、标识、包装、运输和贮存。<br>本标准适用于以充分成熟的椰子果实为原料，经过剥衣、去壳、去种皮、清洗、粉碎、榨汁（或不榨汁）、烘干等工序生产的颗粒状产品（俗称椰蓉），不适用于其他产品。 |
| | NY/T 435—2012 | 绿色食品　水果、蔬菜脆片 | 本标准规定了绿色食品水果、蔬菜脆片的术语和定义、产品分类、要求、检验规则、标志和标签、包装、运输和贮存。<br>本标准适用于绿色食品水果、蔬菜脆片。 |
| | NY/T 2779—2015 | 苹果脆片 | 本标准规定了苹果脆片产品的术语和定义、要求、试验方法、检验规则、标志标签、包装、运输与贮存。<br>本标准适用于以鲜苹果为主要原料制得的油炸及非油炸苹果脆片。 |
| | NY/T 948—2006 | 香蕉脆片 | 本标准规定了香蕉脆片的要求、试验方法、检验规则、标志、标签、包装、运输和贮存。<br>本标准适用于以香蕉鲜果为原料，经加工制成的香蕉脆片。 |
| | LY/T 1780—2018 | 干制红枣质量等级 | 本标准规定了干制红枣的定义、要求、检验方法、检验规则、标志、标签、包装、运输和贮存。<br>本标准适用于干制红枣（*Zizyphus jujuba* Mill.）的质量等级划定。 |
| 果汁类 | GB/T 31121—2014 | 果蔬汁类及其饮料 | 本标准规定了果蔬汁类及其饮料的术语和定义、分类、技术要求、试验方法、检验规则和标志、包装、运输、贮存。<br>本标准适用于以水果和（或）蔬菜（包括可食的根、茎、叶、花、果实）等为原料，经加工或发酵制成的液体饮料。 |
| | GB/T 18963—2012 | 浓缩苹果汁 | 本标准规定了浓缩苹果汁的术语和定义、产品分类、要求、试验方法、检验规则、标志、包装、运输和贮存。 |
| | GB/T 30884—2014 | 苹果醋饮料 | 本标准规定了苹果醋饮料的术语和定义、技术要求、试验方法、检验规则和标签、包装、运输、贮存。 |
| | GB/T 21730—2008 | 浓缩橙汁 | 本标准规定了浓缩橙汁的技术要求、试验方法和检验规则。 |
| | GB/T 21731—2008 | 橙汁及橙汁饮料 | 本标准规定了橙汁及橙汁饮料的产品分类、技术要求、试验方法、检验规则、标志、包装、运输和贮存。<br>本标准适用于预包装橙汁及橙汁饮料。 |
| | NY/T 434—2016 | 绿色食品　果蔬汁饮料 | 本标准规定了绿色食品果蔬汁饮料的术语和定义、要求、检验规则、标签、包装、运输和储存。<br>本标准适用于绿色食品果蔬汁饮料，不适用于发酵果蔬汁饮料（包括果醋饮料）。 |

| 分类 | 标准号 | 标准名称 | 摘要 |
|------|--------|----------|------|
| 果汁类 | NY/T 2987—2016 | 绿色食品 果醋饮料 | 本标准规定了绿色食品果醋饮料的术语和定义、要求、检验规则、标签、包装、运输和储存。<br>本标准适用于绿色食品果醋饮料。 |
| | NY/T 290—1995 | 绿色食品 橙汁和浓缩橙汁 | 本标准规定了绿色食品橙汁、浓缩橙汁的术语、技术要求、试验方法、检验规则、标志、包装、运输、贮存。<br>本标准适用于获得绿色食品标志的橙汁和浓缩橙汁。 |
| | NY/T 291—1995 | 绿色食品 番石榴果汁饮料 | 本标准规定了绿色食品番石榴果汁饮料的术语、技术要求、试验方法、检验规则、标志、包装、运输、贮存。<br>本标准适用于获得绿色食品标志的番石榴果汁饮料。 |
| | NY/T 292—1995 | 绿色食品 西番莲果汁饮料 | 本标准规定了绿色食品西番莲果汁饮料的术语、技术要求、试验方法、检验规则及标志、包装、运输、贮存。<br>本标准适用于获得绿色食品标志的西番莲果汁饮料。 |
| | NY/T 707—2003 | 芒果汁 | 本标准规定了芒果汁要求、试验方法、检验规则，标志、包装、运输和贮存。<br>本标准适用于以符合要求的芒果经加工、混配、罐装、杀菌等工艺制成的果汁。 |
| | NY/T 873—2004 | 菠萝汁 | 本标准规定了菠萝汁要求、试验方法、检验规则、标签、标志、包装、运输和贮存。<br>本标准适用于以新鲜（或经冷藏）、成熟适度的菠萝果肉或其皮肉、果芯为原料，制成的果汁。 |
| | NY/T 874—2004 | 胡萝卜汁 | 本标准规定了胡萝卜汁的要求、试验方法、检验规则、标签、标志、包装、运输和贮存。<br>本标准适用于以新鲜胡萝卜加工以及用胡萝卜原浆或浓缩汁调配的胡萝卜汁产品。 |
| | SB/T 10199—1993 | 苹果浓缩汁 | 本标准规定了苹果浓缩汁的定义及分类、技术要求、试验方法、检验规则、标志、包装、运输、贮存要求。<br>本标准适用于以新鲜或冷藏的苹果用机械方法所得的汁，经过物理分离方法加工制成的清汁型及浊汁型苹果浓缩汁。 |
| | SB/T 10202—1993 | 山楂浓缩汁 | 本标准规定了山楂浓缩汁的技术要求、试验方法、检验规则、标志、包装、运输和贮存。<br>本标准适用于以新鲜山楂为原料，经浸提或压榨、杀菌、浓缩等工艺加工制成的山楂浓缩汁。<br>本标准不适用于加糖类山楂浓缩汁。 |
| | SB/T 10201—1993 | 猕猴桃浓缩汁 | 本标准规定了猕猴桃浓缩汁的技术要求、试验方法、检验规则以及标志、包装、贮存和运输。<br>本标准适用于以新鲜、成熟适度的猕猴桃为原料，经榨汁、分离处理、浓缩等工艺制成的猕猴桃浓缩汁。<br>本标准不适用于加糖类猕猴桃浓缩汁。 |
| | SB/T 10200—1993 | 葡萄浓缩汁 | 本标准规定了葡萄浓缩汁的分类、技术要求、检验规则、包装、标志、运输和贮存。<br>本标准适用于新鲜、成熟的葡萄为原料，经压榨、沉淀、过滤、浓缩等工艺加工而成的浓缩葡萄汁。<br>本标准不适用于加糖类的浓缩葡萄汁。 |
| | GH/T 1158—2017 | 浓缩柑桔汁 | 本标准规定了浓缩柑桔汁的技术要求、试验方法、检验规则、标志、包装、运输贮存的基本要求。<br>本标准适用于以新鲜、成熟适度的柑桔为原料，经不同的前处理后，榨汁、分离、真空脱气、杀菌、浓缩等工艺而制成的浓缩柑桔汁类产品。本标准不适用于加糖类的浓缩柑桔汁。 |

| 分类 | 标准号 | 标准名称 | 摘要 |
|---|---|---|---|
| 果酱类 | GB/T 22474—2008 | 果酱 | 本标准规定了果酱的相关术语和定义、产品分类、要求、检验方法和检验规则以及标识标签要求。 |
| | SB/T 10088—1992 | 苹果酱 | 本标准规定了苹果酱的技术要求、试验方法、检验规则、标志、包装和运输、贮存。<br>本标准适用于以鲜苹果为原料,经去籽、破碎或打浆、加糖浓缩等工艺制成的苹果酱。 |
| | SB/T 10059—1992 | 山楂酱 | 本标准规定了山楂酱的技术要求、试验方法、检验规则和标志、包装、运输、贮存。<br>本标准适用于以山楂为原料,经去籽、破碎或打浆、加白砂糖浓缩制成的山楂酱。 |
| | SB/T 10058—1992 | 猕猴桃酱 | 本标准规定了猕猴桃酱的技术要求、试验方法、检验规则以及标志、包装、运输、贮存。<br>本标准适用于以猕猴桃为原料,经去皮、破碎或打浆、加白砂糖、果胶浓缩等工艺加工制成的猕猴桃酱。 |
| 冷冻类 | NY/T 1069—2006 | 速冻马蹄片 | 本标准规定了速冻马蹄片的术语和定义、要求、试验方法、检验规则、标签、标识、包装、运输和贮存。<br>本标准适用于以新鲜马蹄为原料加工的速冻马蹄片。 |
| | GH/T 1229—2018 | 冷冻蓝莓 | 本标准规定了冷冻蓝莓的要求、包装、标识和标签、贮存、运输、保质期和检验规则等技术内容。<br>本标准适用于单体速冻蓝莓,其他冷冻蓝莓可参考本标准。 |
| | NY/T 2983—2016 | 绿色食品　速冻水果 | 本标准规定了绿色食品速冻水果的术语和定义、要求、检验规则、标签、包装、运输和储存。<br>本标准适用于绿色食品速冻水果。 |
| 其他类 | GB/T 26150—2019 | 免洗红枣 | 本标准规定了免洗红枣的术语和定义、分类、质量要求、检验方法、检验规则、标签、标识和包装、运输、贮存等内容。<br>本标准适用于免洗红枣的品质认定及等级划分。 |
| | NY/T 1441—2007 | 椰子产品　椰青 | 本标准规定了椰青的术语和定义、分类、要求、试验方法、检验规则、包装、标签、标志、运输和贮存。<br>本标准适用于以椰子嫩果为原料,经整形或去皮抛光后再经过保鲜处理所生产的供鲜食的椰子产品。 |
| | NY/T 1522—2007 | 椰子产品　椰纤果 | 本标准规定了椰纤果的术语和定义、分类、要求、试验方法、检验规则、包装、标志、标签、运输和贮存。<br>本标准适用于以椰子水或椰子汁(乳)等为主要原料,经木葡糖酸醋杆菌(Gluconacetobacler xylinus)发酵制成的一种纤维素凝胶物质,供食品加工原料使用,经加工后可直接食用。 |
| | NY/T 3221—2018 | 橙汁胞等级规格 | 本标准规定了橙汁胞的术语和定义,要求,等级,规格,检验方法,包装,储藏和标识。<br>本标准适用于以甜橙果实为原料,经过去皮、脱囊衣、分散和去除杂质的食品工业用或直接食用的橙汁胞。 |
| | NY/T 710—2003 | 橄榄制品 | 本标准规定了橄榄制品的产品分类、要求、试验方法、检验规则和标志、包装、运输、贮存等要求。<br>本标准适用于以青橄榄为原料、以白砂糖、食用盐及食品添加剂等为辅料,经加工后制成的橄榄制品。 |
| | NY/T 1508—2017 | 绿色食品　果酒 | 本标准规定了绿色食品果酒的术语和定义、分类、要求、检验规则、标签、包装、运输和储存。本标准适用于以葡萄以外的新鲜水果或果汁为原料,经全部或部分发酵酿制而成的果酒,不适用于浸泡、蒸馏和勾兑果酒。 |

| 分类 | 标准号 | 标准名称 | 摘要 |
|---|---|---|---|
| 其他类 | SB/T 10057—1992 | 山楂糕、条、片 | 本标准规定了山楂糕、条、片的技术要求、试验方法、检验规则以及标志、包装、运输、贮存。<br>本标准适用于以山楂（红果）、白砂糖为原料，经煮制、打浆、成型或干燥等工艺加工制成的山楂糕、条、片。 |
| | SB/T 10673—2012 | 熟制扁桃（巴旦木）核和仁 | 本标准规定了熟制扁桃（巴旦木）核和仁的术语和定义、分类、要求、试验方法、检验规则、标签、标志、包装、运输、贮存的要求。<br>本标准适用于熟制扁桃（巴旦木）核和仁的产品的生产、检验和销售。 |

## 4.3　果蔬加工技术规程

### 4.3.1　蔬菜类

| 分类 | 标准号 | 标准名称 | 摘要 |
|---|---|---|---|
| 腌渍类 | NY/T 3340—2018 | 叶用芥菜腌制加工技术规程 | 本标准规定了叶用芥菜的术语和定义、原料采收时间与质量要求、预脱水、腌制、加工、运输、储存、产品质量要求、其他要求、检验方法、检验规则等要求。<br>本标准适用于叶用芥菜的留卤腌制、倒置腌制及加工。 |
| | NY/T 2650—2014 | 泡椒类食品辐照杀菌技术规范 | 本标准规定了泡椒类食品辐照杀菌的术语和定义、辐照前要求、辐照工艺、辐照后产品质量、微生物检验方法、标识、重复辐照、贮存与运输等要求。<br>本标准适用于以畜禽肉及制品、豆制品、蔬菜为主要原料，辅以泡椒经整理、煮制、泡制、包装等工艺加工而成的预包装食品的辐照杀菌。 |
| 干制类 | GB/T 34671—2017 | 银耳干制技术规范 | 本标准规定了银耳干制的术语和定义、要求、烘干技术、装袋、标记和贮存。<br>本标准适用于利用锅炉蒸汽、热风炉热风等热源，采用厢式烘干的银耳干制技术。 |
| | NY/T 5233—2004 | 无公害食品　竹笋生产技术规程 | 本标准规定了无公害食品竹笋干的术语和定义、要求、加工工艺与质量监控、管理制度等。<br>本标准适用于无公害食品竹笋干加工过程。 |
| | NY/T 1081—2006 | 脱水蔬菜原料通用技术规范 | 本标准规定了脱水蔬菜生产用新鲜蔬菜原料的分类、检验方法、要求、检验规则、整理、运输及贮存。<br>本标准适用于脱水蔬菜生产用新鲜蔬菜原料。 |
| | NY/T 714—2003 | 脱水蔬菜通用技术条件 | 该标准全文未在全国标准信息公共服务或其他行业标准服务公众平台备案。 |
| | NY/T 1204—2006 | 食用菌热风脱水加工技术规范 | 本标准规定了食用菌热风脱水加工要求、计量包装、运输与贮藏。<br>本标准适用于人工栽培和野生的食用菌热风脱水加工。 |
| | NY/T 1208—2006 | 葱蒜热风脱水加工技术规范 | 本标准规定了葱蒜热风脱水加工的基本条件、工艺流程、操作要求、计量包装、运输与贮藏。<br>本标准适用于以普通大葱、分葱、细香葱、韭葱和蒜为原料进行的热风脱水加工。 |
| 鲜切类 | NY/T 1529—2007 | 鲜切蔬菜加工技术规范 | 本标准规定了鲜切蔬菜加工的术语和定义、人员要求、车间要求、设备设施及器具要求和维护、卫生要求、加工与运输条件控制、文件与档案管理、追溯与召回等方面的技术要求。<br>本标准适用于以新鲜蔬菜为原料，通过预处理、清洗、切分、消毒、去除表面水、包装等加工过程。 |

| 分类 | 标准号 | 标准名称 | 摘要 |
|---|---|---|---|
| 辐照类 | NY/T 2213—2012 | 辐照食用菌鉴定　热释光法 | 本标准规定了辐照食用菌热释光的鉴定方法和判定依据。<br>本标准适用于食用菌类产品的辐照与否鉴定。 |
| 其他类 | LY/T 1779—2008 | 蕨菜采集与加工技术规程 | 本标准规定了蕨菜的采收、盐渍品和干制品的加工技术要求、检验方法、检验规则以及标志、包装、运输和贮存。<br>本标准适用于蕨菜的采集、加工。 |

## 4.3.2　水果类

| 分类 | 标准号 | 标准名称 | 摘要 |
|---|---|---|---|
| 腌渍类 | GB/T 10782—2006 | 蜜饯通则 | 本标准规定了蜜饯的产品分类、技术要求、试验方法、检验规则和标签要求等内容。<br>本标准适用于蜜饯的生产和销售。 |
| 果汁类 | GB/T 23585—2009 | 预防和降低苹果汁及其他饮料的苹果汁配料中展青霉素污染的操作规范 | 本标准规定了预防和降低苹果汁和其他饮料的苹果汁配料中展青霉素污染的操作规范。<br>本标准适用于苹果的农业生产中种植、采收、运输、采后处理、贮藏、贮藏后分选等操作过程，以及苹果在果汁加工中运输、检查、榨汁、果汁包装、包装后处理、果汁质量评估等操作过程。 |
| | SB/T 10197—1993 | 原果汁通用技术条件 | 本标准规定了原果汁的分类、技术要求、试验方法、检验规则、标志、包装、运输、贮存的要求。<br>本标准适用于 GB 10789《软饮料的分类》中 3.2.3.1 所规定的制品。 |
| | SB/T 10198—1993 | 浓缩果汁通用技术条件 | 本标准规定了浓缩果汁类产品的技术要求、试验方法、检验规则以及标志、包装、运输、贮存的基本要求。<br>本标准适用于以新鲜水果为原料，用物理分离方法除去一定比例水分加工而成的浓缩果汁类产品。<br>本标准不适用于加糖类的浓缩果汁类产品。 |
| | SB/T 10203—1994 | 果汁通用试验方法 | 本标准规定了果汁中可溶性固形物、总酸、氨基态氮、抗坏血酸和总糖等的试验方法。<br>本标准适用于原果汁、浓缩果汁和加糖果汁的检验。 |
| | JG 4201/T 001—2009 | 现榨果蔬汁、五谷杂粮饮品技术规范 | 本规范规定了现榨果蔬汁、五谷杂粮饮品的术语和定义、分类、要求、试验方法、检验规则及标识。 |
| 干制类 | GB/T 23352—2009 | 苹果干　技术规格和试验方法 | (ISO 7701：1994，MOD)<br>本标准规定了片状或环状苹果干产品的术语和定义、要求、分级、取样、试验方法、包装和标志。<br>本标准不适用于脱水苹果、苹果丁、蜜饯苹果干和苹果粉。 |
| | GB/T 23353—2009 | 梨干　技术规格和试验方法 | (ISO 7702：1995，MOD)<br>本标准规定了梨干产品的术语和定义、要求、分级、取样、试验方法、包装和标志。<br>本标准适用于经自然干燥或人工干燥制成的梨干产品。<br>本标准不适用于蜜饯梨干。 |

| 分类 | 标准号 | 标准名称 | 摘要 |
|---|---|---|---|
| 干制类 | NY/T 2966—2016 | 枸杞干燥技术规范 | 本标准规定了枸杞干燥的术语和定义、基本要求、干燥技术要求、干燥成品质量及包装、运输和储存等。本标准适用于采用热风烘房或隧道式干燥机等类型干燥设备（设施）干燥新鲜枸杞。 |
| | NY/T 3099—2017 | 桂圆加工技术规范 | 本标准规定了桂圆加工技术规范的术语和定义、要求、标签与包装、储存与运输、召回。<br>本标准适用于以新鲜龙眼为原料，经剪枝和分选后，采用干燥工艺（热风干燥或热泵干燥，但不局限于热风干燥或热泵干燥），未经糖渍处理，不添加食品添加剂制得桂圆的生产加工。 |
| | LY/T 2341—2014 | 干果生产现场检测技术 | 本标准规定了我国干果生产现场检测的人员，时间和地点，检测项目及方法，检测结果及报告等。<br>本标准适用于我国干果生产管理水平的现场检测。 |
| 果酱类 | SB/T 10196—1993 | 果酱通用技术条件 | 本标准规定了果酱产品的分类、技术要求、试验方法、检验规则、包装、标志和运输、贮存。<br>本标准适用于以一种、两种或多种水果为原料，经预处理、破碎或打浆、加糖浓缩等工艺制成的果酱。 |
| 冷冻类 | GB/T 31273—2014 | 速冻水果和速冻蔬菜生产管理规范 | 本标准规定了速冻水果和速冻蔬菜生产管理规范的术语和定义、总则、文件要求、原料要求、厂房、设施和设备、人员要求、卫生管理、生产过程的控制和质量管理等的要求。<br>本标准适用于速冻水果和蔬菜的生产管理。 |
| 辐照类 | NY/T 2319—2013 | 热带水果电子束辐照加工技术规范 | 本标准规定了热带水果电子束辐照加工的辐照前、辐照、辐照后的技术要求，以及贮运和标签的规范要求。<br>本标准适用于以检疫除害为目的的芒果、莲雾、番荔枝、番石榴和杨桃等热带水果的电子束辐照处理。 |
| 其他类 | NY/T 2265—2012 | 香蕉纤维清洁脱胶技术规范 | 本标准规定了香蕉纤维原料清洁脱胶的术语和定义、工艺流程和工艺要求。<br>本标准适用于香蕉纤维原料的脱胶。 |
| | SN/T 4986—2017 | 出口番木瓜蒸热处理操作技术规程 | 该标准全文未在全国标准信息公共服务或其他行业标准服务公众平台备案。 |
| | SN/T 4987—2017 | 出口芒果蒸热处理操作技术规程 | 该标准全文未在全国标准信息公共服务或其他行业标准服务公众平台备案。 |
| | SN/T 2556—2010 | 出口荔枝蒸热处理建议操作规程 | 本标准规定了出口荔枝蒸热处理的必需条件和检疫操作程序。<br>本标准适用于携带桔小实蝇等有害生物风险的出口荔枝的蒸热处理和检疫监管。 |

# 4.4　果蔬加工机械设备

| 标准号 | 标准名称 | 摘　要 |
|---|---|---|
| GB 23242—2009 | 食品加工机械　食物切碎机和搅拌机　安全和卫生要求 | 本标准规定了食物切碎机和搅拌机的安全和卫生要求。<br>本标准适用于在加工食品时带有固定料桶的食物切碎机和搅拌器，料桶的容量≤150L。<br>本标准涵盖的机器应能对大量成品和原料进行如切碎、搅拌、混合、搅打等不同类型的操作，主要用于食品和餐饮行业如餐厅、宾馆、咖啡店和小酒馆等。<br>本标准主要适用于自本标准发布实施之后制造的食物切碎机和搅拌机。<br>本标准不适用于：<br>——家用机器；<br>——专用于食品工业加工的机器（如宠物食品、罐头工业、工业肉食加工）。<br>专门用来混合液体，带有一个叶轮，通常从上部驱动且被称作混合器的小型机器不包含在内。<br>本标准不涉及：<br>——振动危险；<br>——热危险；<br>——由压力引起的危险。 |
| GB 50231—2009 | 机械设备安装工程施工及验收通用规范 | 本规范适用于各类机械设备安装工程施工及验收的通用性部分。 |
| GB/T 15069—2008 | 罐头食品机械术语 | 本标准规定了罐头食品机械常用术语，包括一般术语、空罐备料设备术语、制盖设备术语、罐身设备术语、封罐设备术语、原料处理设备术语、物料加工设备术语、装罐（充填）设备术语、杀菌设备术语、包装设备术语、其他设备术语、各类容器术语，以及常用相关术语。<br>本标准适用于罐头食品机械。 |
| GB/T 22732—2008 | 食品速冻装置　流态化速冻装置 | 本标准规定了流态化速冻装置的相关术语和定义、产品分类、技术要求、试验方法、检验规则、标志、包装、运输和贮存。<br>本标准适用于快速冻结经初加工后的蔬菜类、水果类、水产品类的速冻装置。<br>本标准适用于快速冻结经初加工后的蔬菜类、水果类、水产品类的速冻装置。注：内装置不含制冷机组。 |
| GB/T 22733—2008 | 食品速冻装置　螺旋式速冻装置 | 本标准规定了螺旋式速冻装置的相关术语和定义、产品分类、技术要求、试验方法、检验规则、标志、包装、运输和贮存等。<br>本标准适用于快速冻结食品的螺旋式速冻装置。 |
| GB/T 22734—2008 | 食品速冻装置　平板式速冻装置 | 本标准规定了平板式速冻装置的相关术语和定义、产品分类、技术要求、试验方法、检验规则、标志、包装、运输和贮存等。<br>本标准适用于快速冻结食品的平板式速冻装置，包括配置和不配置制冷压缩机组的平板式速冻装置。 |
| GB/T 29250—2012 | 远红外线干燥箱 | 本标准规定了远红外线干燥箱的使用条件、要求、试验方法检验规则以及标志、包装、运输和贮存。 |
| GB/T 29251—2012 | 真空干燥箱 | 本标准规定了真空干燥箱的使用条件、要求、试验方法、检验规则以及标志、包装运输和贮存。本标准适用于在真空状态下对物品进行加热干燥、烘焙以及干热灭菌的真空干燥箱。 |
| GB/T 29891—2013 | 荔枝、龙眼干燥设备技术条件 | 本标准规定了荔枝、龙眼干燥设备的术语和定义、型号、要求、检验规则以及包装、运输及贮存。<br>本标准适用于以空气为干燥介质、以间接加热方式对荔枝、龙眼进行干燥的批式干燥设备。 |

| 标准号 | 标准名称 | 摘　要 |
|---|---|---|
| GB/T 30435—2013 | 电热干燥箱及电热鼓风干燥箱 | 本标准规定了电热干燥箱及电热鼓风干燥箱的使用条件、要求、试验方法、检验规则以及标志、包装、运输和贮存。<br>本标准适用于对物品进行干燥、烘焙以及干热灭菌等的电热干燥箱及电热鼓风干燥箱。<br>本标准不适用于真空干燥箱、远红外干燥箱及防爆干燥箱等特殊类型的干燥箱。 |
| GB 16798—1997 | 食品机械安全卫生 | 本标准规定了食品机械装备的材料选用、设计、制造、配置原则的安全卫生要求。<br>由标准适用于食品机械装置，也适用于具有产品接触表面的食品包装机械。 |
| GB/T 30784—2014 | 食品加工机械　行星式搅拌机 | 本标准规定了装有碗状料筒的行星式搅拌机的概述、分类、相关危险描述、技术要求、试验方法、检验规则和使用信息。<br>本标准适用于在食品工厂和商店加工各种物料，如可可粉、面粉、糖、油和油脂、肉馅、蛋和其他物料的料桶容量≥5L且<500L的行星式搅拌机。其他工业，如制药工业、化学工业、印刷业等可参考使用。 |
| NY/T 1129—2006 | 豆类清选机 | 本标准规定了豆类清选机的型号标记、要求、试验方法、检验规则、标志、包装、运输和贮存。<br>本标准适用于水清选大豆、红小豆、绿豆等豆类的卧式和立式清洗机。 |
| NY/T 1132—2006 | 隧道窑式蔬果干燥机技术条件 | 本标准规定了隧道窑式蔬果干燥机的型号标记、要求、检验规则、标志、包装、运输和贮存。 |
| NY/T 2532—2013 | 蔬菜清洗机耗水性能测试方法 | 本标准规定了用于评价蔬菜清洗机耗水性能的参数及其测试方法。<br>本标准适用于蔬菜清洗机耗水性能的测定。 |
| NY/T 2617—2014 | 水果分级机　质量评价技术规范 | 本标准规定了水果分级机的术语和定义、基本要求、质量要求、检测方法和检验规则。<br>本标准适用于按尺寸（或质量）、外观品质（色泽、果形、瑕疵）分级的球形果分级机的质量评定。 |
| NY/T 3487—2019 | 厢式果蔬烘干机质量评价技术规范 | 本标准规定了厢式果蔬烘干机的术语和定义、型号编制规则、基本要求、质量要求、检测方法和检验规则。<br>本标准适用于厢式果蔬烘干机的质量评定。 |
| NY/T 2616—2014 | 水果清洗打蜡机　质量评价技术规范 | 本标准规定了水果清洗打蜡机的术语和定义、基本要求、质量要求、检测方法和检验规则。<br>本标准适用于水果清洗打蜡机的质量评定，水果清洗机可参照执行。 |
| NY/T 1408.4—2018 | 农业机械化水平评价 第4部分：农产品初加工 | 本部分规定了农产品初级加工机械化作业水平的评价指标和计算方法。本部分适用于粮油（粮食、油料）、果蔬（果类、蔬菜）、畜禽产品（肉类、蛋类、乳类）、水产品（鱼类、有壳类、藻类、软体类）及特色农产品（棉、糖、茶等）等农产品的初级加工机械化程度的统计和评价。 |
| SB/T 10430—2007 | 食品冷冻真空干燥设备　间歇式 | 本标准规定了间歇式食品冷冻真空干燥设备的产品分类、要求、试验方法、检验规则、标志、使用说明书、包装、运输、贮存。 |
| SB/T 10790—2012 | 果蔬真空预冷机 | 本标准规定了果蔬真空预冷机的型号、型式与基本参数、技术要求、试验方法、检验规则以及标志、包装、运输和贮存等要求。<br>本标准适用于果品、蔬菜、食用菌、花卉等新鲜农产品。 |
| SB/T 11190—2017 | 果蔬净化清洗机 | 本标准规定了果蔬净化清洗机的基本结构及参数、技术要求、试验方法、检验规则及标志、包装、运输与贮存的要求。<br>本标准适用于果蔬净化清洗的工业设备和商用设备。用于果蔬净化清洗的家用设备，可参照使用。<br>本标准不适用于需添加其他清洁、消毒物质进行果蔬清洗的电气设备。 |

| 标准号 | 标准名称 | 摘　要 |
|---|---|---|
| JB/T 13265—2017 | 鲜切蔬菜加工机械技术规范 | 本标准规定了鲜切蔬菜加工机械的术语和定义、技术要求、试验方法、检验规则、标志、包装、运输和贮存。<br>本标准适用于将新鲜蔬菜完成清洗、切分、保鲜、包装等处理过程的鲜切蔬菜加工机械。 |
| JB/T 13147—2017 | 食品真空冷却机 | 本标准规定了鲜切蔬菜加工机械的术语和定义、技术要求、试验方法、检验规则、标志、包装、运输和贮存。<br>本标准适用于将新鲜蔬菜完成清洗、切分、保鲜、包装等处理过程的鲜切蔬菜加工机械。 |
| JB/T 13184—2017 | 食品机械　蒸汽去皮机 | 本标准规定了蒸汽去皮机的术语和定义、型号与基本参数、技术要求、试验方法、检验规则、标志、包装、运输和贮存。<br>本标准适用于块茎类农产品（如马铃薯、甘薯及胡萝卜等）采用蒸汽爆皮、毛刷去皮处理的蒸汽去皮机。 |
| JB/T 13182—2017 | 食品机械　块茎类农产品蒸煮机 | 本标准规定了块茎类农产品蒸煮机的术语和定义、产品分类、技术要求、试验方法、检验规则、标志、包装、运输和贮存。<br>本标准适用于利用蒸汽对块茎类农产品（包括切制和未切制）进行蒸煮熟化的块茎类农产品蒸煮机。 |
| JB/T 10285—2017 | 食品真空冷冻干燥设备 | 本标准规定了食品真空冷冻干燥设备（以下简称冻干设备）的术语和定义、型式与基本参数、技术要求、试验方法、检验规则、标志、包装和贮存。<br>本标准适用于间歇式冻干设备。连续式冻干设备以及非成套的冻干设备可参照执行。 |
| JB/T 12448—2015 | 果蔬鲜切机 | 本标准规定了果蔬鲜切机的术语和定义、型式、型号、基本参数、技术要求、试验方法、检验规则、标志、包装、运输和贮存。<br>本标准适用于对各种新鲜果品、蔬菜切割加工的果蔬鲜切机。 |
| QB/T 1702.3—1993 | 浮洗机 | 本标准规定了 GT5A1 型浮洗机的产品分类、技术要求、试验方法、检验规则、标志、包装、运输、贮存。<br>本标准适用于 GT11B1 型番茄酱成套设备中的浮洗机。 |
| QB/T 1702.4—1993 | 去籽机 | 本标准规定了 GT6A12 型去籽机的产品分类、技术要求、试验方法、检验规则、标志、包装、运输、贮存。<br>本标准适用于 GT11B1 型番茄酱成套设备中的浮洗机。 |
| QB/T 1702.6—1993 | 三道打浆机 | 本标准规定了 GT6F5 型三道打浆机的产品分类、技术要求、试验方法、检验规则、标志、包装、运输、贮存。<br>本标准适用于 GT11B1 型番茄酱成套设备中的浮洗机。 |
| QB/T 2369—2013 | 装罐封盖机 | 本标准确立了装罐封盖机的术语和定义、结构形式、要求、试验方法、检验规则，以及标志、包装、运输、贮存。<br>本标准适用于用金属易开盖两片罐（包括铝两片罐以及钢制两片罐）和三片罐，以等压灌装或热灌装方式灌装啤酒、饮料的 4 000～72 000 罐/h 装罐封盖机。 |
| QB/T 2635—2018 | 杀菌机 | 本标准规定了隧道式巴氏杀菌机的分类、术语和定义、要求、试验方法、检验规则及标志、包装、使用说明书、运输、贮存。<br>本标准适用于玻璃瓶装、易拉罐装啤酒和其他发酵酒杀菌的隧道式巴氏杀菌机。 |
| QB/T 3667—1999 | 压滤机 | 本标准规定了厢式压滤机的参数、型式、制造与验收的技术要求。<br>本标准适用于分离温度为 5～60℃ 范围内的含有固体悬浮粒滤镜的厢式压滤机。 |
| QB/T 5037—2017 | 坚果与籽类食品设备带式干燥机 | 本标准规定了坚果与籽类食品设备带式干燥机的型号、要求、试验方法、检验规则和标志、包装、运输及贮存等。<br>本标准适用于颗粒、片、块、条状物料干燥的坚果与籽类食品带式干燥机。 |

| 标准号 | 标准名称 | 摘　要 |
|---|---|---|
| GH/T 1239—2019 | 果蔬风冷预冷装备 | 本标准规定了果蔬风冷预冷装备的术语和定义、型号、型式和基本参数、技术要求、试验方法、检验规则、标志、包装、运输和贮存等要求。<br>本标准适用于果品、蔬菜、食用菌等产品的风冷预冷设备。 |

## 4.5　加工制品的工厂化管理及贮运流通

### 4.5.1　工厂化管理

| 标准号 | 标准名称 | 摘要 |
|---|---|---|
| NY/T 3117—2017 | 杏鲍菇工厂化生产技术规程 | 本标准规定了瓶栽杏鲍菇工厂化生产的产地环境、栽培原料、设施与设备、栽培管理、病虫害防控、预冷与包装、储存、运输等技术要求。<br>本标准适用于瓶栽杏鲍菇（*Pleurotus eryngii*，学名刺芹侧耳）的工厂化生产。 |
| NY/T 3415—2019 | 香菇菌棒工厂化生产技术规范 | 本标准规定了香菇（*lentinus edodes*）菌棒工厂化生产的术语和定义、选址和布局、设施装备、原材料、料棒制作、菌棒制作、出厂、运输、生产档案、售后及技术服务等。<br>本标准适用于香菇菌棒工厂化生产。 |
| SB/T 10751—2012 | 豆芽生产 HACCP 应用规范 | 本标准规定了豆芽生产企业建立和实施 HACCP 体系的总要求及文件要求、良好操作规范（GMP）、卫生标准操作程序（SSOP）、标准操作规程（SOP）、有害微生物检验和 HACCP 体系的建立规程方面的要求。<br>本标准适用于豆芽生产企业 HACCP 体系的建立、实施和评价。 |
| LY/T 2775—2016 | 黑木耳块生产综合能耗 | 本标准给出了黑木耳块生产综合能耗的术语和定义，规定了黑木耳块生产企业单位产量综合能耗分级指标、能耗的计算、能耗的计量。 |

### 4.5.2　加工制品的贮运流通

| 分类 | 标准号 | 标准名称 | 摘要 |
|---|---|---|---|
| 蔬菜类 | SB/T 10967—2013 | 红辣椒干流通规范 | 本标准规定了红辣椒干的商品质量基本要求，商品等级、包装、标识和流通过程要求。<br>本标准适用于红辣椒干（带把和不带把）流通的经营和管理，其他种类的辣椒干可参照执行。 |
|  | GB/T 34317—2017 | 食用菌速冻品流通规范 | 本标准规定了食用菌速冻品流通的基本要求、包装、贮存、运输、销售、召回等内容。<br>本标准适用于食用菌速冻品。 |
|  | GB/T 34318—2017 | 食用菌干制品流通规范 | 本标准规定了食用菌干制品流通的基本要求、包装、贮存、运输、销售、召回等内容。<br>本标准适用于食用菌干制品。 |
| 水果类 | SB/T 11025—2013 | 果脯类流通规范 | 本标准规定了果脯的商品质量基本要求、商品等级、包装、标识和流通过程要求。<br>本标准适用于果脯类（如杏脯、桃脯）等的流通。 |
|  | SB/T 11027—2013 | 干果类果品流通规范 | 本标准规定了干果类果品的商品质量基本要求、商品等级、包装、标识和流通过程要求。<br>本标准适用于以新鲜水果（如葡萄、杏、柿子等）为原料，经晾晒、干燥等脱水工艺加工制成的制品。 |

# 第5章 果蔬及其制品安全卫生控制

## 5.1 通用类标准

| 标准号 | 标准名称 | 摘要 |
|---|---|---|
| GB 23200.108—2018 | 食品安全国家标准 植物源性食品中草铵膦残留量的测定 液相色谱-质谱联用法 | 本标准规定了植物源性食品中草铵膦残留量的液相色谱-质谱联用方法。<br>本标准适用于植物源性食品中草铵膦残留量的测定。 |
| GB 23200.109—2018 | 食品安全国家标准 植物源性食品中二氯吡啶酸残留量的测定 液相色谱-质谱联用法 | 本标准规定了植物源性食品中二氯吡啶酸残留量的液相色谱-质谱联用测定方法。<br>本标准适用于植物源性食品中二氯吡啶酸农药残留量的测定。 |
| GB 23200.110—2018 | 食品安全国家标准 植物源性食品中氯吡脲残留量的测定 液相色谱-质谱联用法 | 本标准规定了植物源性食品中氯吡脲残留量液相色谱-质谱/联用（HPLC-MS/MS）的测定方法。<br>本标准适用于植物源性食品中氯吡脲残留量的测定。 |
| GB 23200.111—2018 | 食品安全国家标准 植物源性食品中唑嘧磺草胺残留量的测定 液相色谱-质谱联用法 | 本标准规定了植物源性食品中唑嘧磺草胺残留量液相色谱-质谱联用的测定方法。<br>本标准适用于植物源性食品中唑嘧磺草胺残留量的测定。 |
| GB 23200.112—2018 | 食品安全国家标准 植物源性食品中9种氨基甲酸酯类农药及其代谢物残留量的测定 液相色谱-柱后衍生法 | 本标准规定了植物源性食品中9种氨基甲酸酯类农药及其代谢物残留量的液相色谱-柱后衍生测定方法。<br>本标准适用于植物源性食品中9种氨基甲酸酯类农药及其代谢物残留量的测定。 |
| GB 23200.113—2018 | 食品安全国家标准 植物源性食品中208种农药及其代谢物残留量的测定 气相色谱-质谱联用法 | 本标准规定了植物源性食品中208种农药及其代谢物残留量的气相色谱-质谱联用测定方法。<br>本标准适用于植物源性食品中208种农药及其代谢物残留量的测定。 |
| GB 23200.114—2018 | 食品安全国家标准 植物源性食品中灭瘟素残留量的测定 液相色谱-质谱联用法 | 本标准规定了植物源性食品中灭瘟素（blasticidin-S）残留量的液相色谱-质谱联用测定方法。<br>本标准适用于植物源性食品中灭瘟素农药残留量的测定。 |
| GB 23200.35—2016 | 食品安全国家标准 植物源性食品中取代脲类农药残留量的测定 液相色谱-质谱法 | 本标准规定了植物源性食品中15种取代脲类农药残留量的液相色谱-质谱法。<br>本标准适用于玉米、大豆、橙、大米和大白菜中15种取代脲类农药残留的定量测定，其他食品可参照执行。 |
| GB 23200.36—2016 | 食品安全国家标准 植物源性食品中氯氟吡氧乙酸、氟硫草定、氟吡草腙和噻唑烟酸除草剂残留量的测定 液相色谱-质谱/质谱法 | 本标准规定了植物源食品中氯氟吡氧乙酸、氟硫草定、氟吡草腙和噻唑烟酸4种吡啶类除草剂的液相色谱-质谱/谱测定方法。<br>本标准适用于大白菜、玉米和橙子中氯氟吡氧乙酸、氟硫草定、氟吡草腙和噻唑烟酸4种吡啶类除草剂残留的确证和定量测定，其他食品可参照执行。 |

| 标准号 | 标准名称 | 摘要 |
|---|---|---|
| GB 23200.38—2016 | 食品安全国家标准 植物源性食品中环己烯酮类除草剂残留量的测定 液相色谱-质谱/质谱法 | 本标准规定了大米、大豆、玉米、小白菜、马铃薯、大蒜、葡萄和橙子中吡喃草酮（teproloxydim）、禾草灭（alloxydim）、噻草酮（cycloxydim）、苯草酮（methoxyphenone）、烯禾啶（sethoxydim）和烯草酮（clethodim）等6种环己烯酮类除草剂的液相色谱-串联质谱法检测方法。<br>本标准适用于大米、大豆、玉米、小白菜、马铃薯、大蒜、葡萄和橙子中吡喃草酮、禾草灭、噻草酮、苯草酮、烯禾啶和烯草酮6种环己烯酮类除草剂残留量的检测与确证，其他食品可参照执行。 |
| GB 5009.148—2014 | 食品安全国家标准 植物性食品中游离棉酚的测定 | 本标准规定了植物油或以棉籽饼为原料的其他液体食品中游离棉酚的测定方法。<br>本标准适用于植物油或以棉籽饼为原料的其他液体食品中游离棉酚的测定。 |
| GB 5009.94—2012 | 食品安全国家标准 植物性食品中稀土元素的测定 | 本标准规定了用电感耦合等离子体质谱法测定植物性食品中稀土元素的方法。<br>本标准适用于谷类粮食、豆类、蔬菜、水果、茶叶等植物性食品中钪（Sc）、钇（Y）、镧（La）、铈（Ce）、镨（Pr）、钕（Nd）、钐（Sm）、铕（Eu）、钆（Gd）、铽（Tb）、镝（Dy）、钬（Ho）、铒（Er）、铥（Tm）、镱（Yb）、镥（Lu）的测定。 |
| GB 14884—2016 | 食品安全国家标准 蜜饯 | 本标准适用于各类蜜饯产品。 |
| GB 8956—2016 | 食品安全国家标准 蜜饯生产卫生规范 | 本标准规定了蜜饯生产过程中原料采购、加工、包装、贮存和运输等环节的场所、设施、人员的基本要求和管理准则。<br>本标准适用于蜜饯的生产，果胚的生产应符合相应条款的规定。 |
| GB 23200.16—2016 | 食品安全国家标准 水果和蔬菜中乙烯利残留量的测定气相色谱法 | 本标准规定了水果和蔬菜中乙烯利残留量的测定方法。<br>本标准适用于水果和蔬菜中乙烯利残留量的分析。 |
| GB 23200.17—2016 | 食品安全国家标准 水果和蔬菜中噻菌灵残留量的测定液相色谱法 | 本标准规定了水果和蔬菜中噻菌灵残留量的液相色谱测定方法。<br>本标准适用于水果和蔬菜中噻菌灵残留量的测定。 |
| GB 23200.14—2016 | 食品安全国家标准 果蔬汁和果酒中512种农药及相关化学品残留量的测定 液相色谱-质谱法 | 本标准规定了橙汁、苹果汁、葡萄汁、白菜汁、胡萝卜汁、干酒、半干酒、半甜酒、甜酒中512种农药及相关化学品残留量液相色谱-质谱测定方法。<br>本标准适用于橙汁、苹果汁、葡萄汁、白菜汁、胡萝卜汁、干酒、半干酒、半甜酒、甜酒中512种农药及相关化学品残留的定性鉴别，也适用于490种农药及相关化学品残留量的定量测定，其他果蔬汁、果酒可参照执行。 |
| GB 23200.19—2016 | 食品安全国家标准 水果和蔬菜中阿维菌素残留量的测定液相色谱法 | 本标准规定了水果和蔬菜中阿维菌素检测的制样和液相色谱检测方法。<br>本标准适用于苹果和菠菜中阿维菌素残留量的检测。其他食品可参照执行。 |
| GB 23200.29—2016 | 食品安全国家标准 水果和蔬菜中唑螨酯残留量的测定液相色谱法 | 本标准规定了水果和蔬菜中唑螨酯残留量的液相色谱检测方法。<br>本标准适用于柑橘、白菜中唑螨酯残留量的检测；其他食品可参照执行。 |
| GB 23200.8—2016 | 食品安全国家标准 水果和蔬菜中500种农药及相关化学品残留量的测定气相色谱-质谱法 | 本标准规定了苹果、柑橘、葡萄、甘蓝、芹菜、番茄中500种农药及相关化学品残留量气相色谱-质谱测定方法。<br>本标准适用于苹果、柑橘、葡萄、甘蓝、芹菜、番茄中500种农药及相关化学品残留量的测定，其他蔬菜和水果可参照执行。 |

| 标准号 | 标准名称 | 摘要 |
|---|---|---|
| GB 5009.232—2016 | 食品安全国家标准　水果、蔬菜及其制品中甲酸的测定 | 本标准规定了水果、蔬菜及其制品中甲酸的测定方法。<br>本标准适用于采用重量法测定水果、蔬菜及其制品中甲酸含量。 |
| GB/T 23750—2009 | 植物性产品中草甘膦残留量的测定　气相色谱-质谱法 | 本标准规定了植物性产品中草甘膦（PMG）及其降解产物氨甲基膦酸（AMPA）残留量的气相色谱-质谱测定方法。<br>本标准适用于粮谷（大豆、小麦）、水果（甘蔗、柑橙）等植物产品中草甘膦及其降解产物氨甲基膦酸残留量的检测和确证。 |
| GB/T 5009.102—2003 | 植物性食品中辛硫磷农药残留量的测定 | 本标准规定了谷类、蔬菜、水果中辛硫磷残留量的测定方法。<br>本标准适用于谷类、蔬菜、水果中辛硫磷农药的残留测定。<br>本标准检出限为 0.01mg/kg。 |
| GB/T 5009.103—2003 | 植物性食品中甲胺磷和乙酰甲胺磷农药残留量的测定 | 本标准规定了谷物、蔬菜和植物油中甲胺磷和乙酰甲胺磷杀虫剂残留量的测定方法。<br>本标准适用于谷物、蔬菜和植物油中甲胺磷和乙酰甲胺磷的残留量测定。 |
| GB/T 5009.104—2003 | 植物性食品中氨基甲酸酯类农药残留量的测定 | 本标准规定了粮食、蔬菜中 6 种氨基甲酸酯杀虫剂残留量的测定方法。<br>本标准适用于粮食、蔬菜中速灭威、异丙威、残杀威、克百威、抗蚜威和甲萘威的残留分析。<br>本标准检出限分别为：0.02、0.02、0.03、0.05、0.02、0.10mg/kg。 |
| GB/T 5009.106—2003 | 植物性食品中二氯苯醚菊酯残留量的测定 | 本标准规定了植物性食品中二氯苯醚菊酯残留量的测定方法。<br>本标准适用于粮食、蔬菜、水果中二氯苯醚酯残留量的测定。 |
| GB/T 5009.107—2003 | 植物性食品中二嗪磷残留量的测定 | 本标准规定了谷物、蔬菜、水果中二嗪磷残留量的测定方法。<br>本标准适用于使用过二嗪磷农药制剂的谷物、蔬菜、水果等植物性食品的残留量测定。<br>本标准的检出限为 0.01mg/kg。 |
| GB/T 5009.110—2003 | 植物性食品中氯氰菊酯、氰戊菊酯和溴氰菊酯残留量的测定 | 本标准规定了谷类和蔬菜中氯氰菊酯、氰戊菊酯和溴氰菊酯的测定方法。<br>本标准适用于谷类和蔬菜中氯氰菊酯、氰戊菊酯和溴氰菊酯的多残留分析。<br>本标准粮食和蔬菜的检出限氯氰菊酯为 2.1μg/kg、氰戊菊酯为 3.1μg/kg、溴氰菊酯为 0.88μg/kg。 |
| GB/T 5009.126—2003 | 植物性食品中三唑酮残留量的测定 | 本标准规定了粮食、蔬菜和水果中三唑酮残留量的测定方法。<br>本标准适用于使用过三唑酮的粮食、蔬菜和水果和残留量的测定。<br>本方法中三唑酮的检出限为 $2.8 \times 10^{-10}$g。 |
| GB/T 5009.131—2003 | 植物性食品中亚胺硫磷残留量的测定 | 本标准规定了稻谷、小麦、蔬菜中亚胺硫磷残留量的测定方法。<br>本标准适用于稻谷、小麦、蔬菜中亚胺硫磷残留量的测定。<br>本标准检出限为 $1.50 \times 10^{-11}$g。 |
| GB/T 5009.135—2003 | 植物性食品中灭幼脲残留量的测定 | 本标准规定了植物性食品中灭幼脲残留量的测定方法。<br>本标准适用于粮食、蔬菜、水果中灭幼脲的测定。<br>本方法检出限为 0.3μg；检出浓度为：0.03mg/kg；线性范围：1～10μg。 |
| GB/T 5009.136—2003 | 植物性食品中五氯硝基苯残留量的测定 | 本标准规定了食品中五氯硝基苯残留量的测定方法。<br>本标准适用于粮食、蔬菜中五氯硝基苯残留量的测定。<br>本方法检出限为 $5 \times 10^{-3}$ ng，粮食取样 5.0g 时最低检出浓度为 0.005mg/kg；蔬菜取样 1.0g 时最低检出浓度为 0.01mg/kg。标准曲线线性范围 0.005～0.150μg/mL。 |

| 标准号 | 标准名称 | 摘要 |
|---|---|---|
| GB/T 5009.142—2003 | 植物性食品中吡氟禾草灵、精吡氟禾草灵残留量的测定 | 本标准规定了植物性食品中吡氟禾草灵和精吡氟禾草灵残留量的测定方法。<br>本标准适用于甜菜田、大豆田一次喷洒化学除草剂吡氟禾草灵和精吡氟禾草灵收获后的甜菜、大豆。<br>本标准也适用于吡氟禾草灵酸的测定。<br>本方法检出限为0.001ng，线性范围：（1.0×10⁻¹²）~（4.0×10⁻¹⁰g）。 |
| GB/T 5009.144—2003 | 植物性食品中甲基异柳磷残留量的测定 | 本标准规定了粮食、蔬菜、油料作物中甲基异柳磷残留量的测定方法。<br>本标准适用于粮食、蔬菜、油料作物中甲基异柳磷残留量的测定。<br>本标准的检出限：0.004mg/kg。<br>本标准线性范围：0~5.0μg/mL。 |
| GB/T 5009.145—2003 | 植物性食品中有机磷和氨基甲酸酯类农药多种残留的测定 | 本标准规定了粮食、蔬菜中敌敌畏、乙酰甲胺磷、甲基内吸磷、甲拌磷、久效磷、乐果、甲基对硫磷、马拉氧磷、毒死蜱、甲基嘧啶磷、倍硫磷、马拉硫磷、对硫磷、杀扑磷、克线磷、乙硫磷、速灭威、异丙威、仲丁威、甲萘威等农药残留量的测定方法。<br>本标准适用于使用过敌敌畏等有机磷及氨基甲酸酯类农药的粮食、蔬菜等作物的残留分析。 |
| GB/T 5009.146—2008 | 植物性食品中有机氯和拟除虫菊酯类农药多种残留量的测定 | 本标准规定了粮食、蔬菜中16种有机氯和拟除虫菊酯农药残留量的测定方法；水果和蔬菜中40种有机氯和拟除虫菊酯农药残留量的测定方法；浓缩果汁中40种有机氯农药和拟除虫菊酯农药残留量的测定方法。 |
| GB/T 5009.147—2003 | 植物性食品中除虫脲残留量的测定 | 本标准规定了植物性食品中除虫脲残留量的测定方法。<br>本标准适用于粮食、蔬菜、水果中除虫脲的测定。<br>本标准检出限为0.40ng，若取样2.5g，检出浓度为0.04mg/kg。<br>本标准线性范围：1~10ng。 |
| GB/T 20769—2008 | 水果和蔬菜中450种农药及相关化学品残留量的测定　液相色谱-串联质谱法 | 本标准规定了苹果、橙子、洋白菜、芹菜、番茄中450种农药及相关化学品残留量液相色谱-串联质谱测定方法。<br>本标准适用于苹果、橙子、洋白菜、芹菜、番茄中450种农药及相关化学品残留的定性鉴别，381种农药及相关化学品残留量的定量测定。<br>本标准定量测定的381种农药及相关化学品方法检出限为0.01~0.606mg/kg。 |
| GB/T 22243—2008 | 大米、蔬菜、水果中氯氟吡氧乙酸残留量的测定 | 本标准规定了大米、蔬菜、水果中氯氟吡氧乙酸残留量的测定方法。<br>本标准适用于大米、蔬菜、水果中氯氟吡氧乙酸残留量的测定。<br>本标准检出限为1.2ng，当进样量相当0.20g时，检出浓度为0.006mg/kg。<br>本标准的最佳线性范围：0.02~1.00μg/mL。 |
| GB/T 23379—2009 | 水果、蔬菜及茶叶中吡虫啉残留的测定　高效液相色谱法 | 本标准规定了水果、蔬菜及茶叶中吡虫啉农药残留的测定方法。<br>本标准适用于苹果、梨、香蕉、番茄、黄瓜、萝卜等水果和蔬菜及茶叶中吡虫啉农药残留的测定。<br>本标准的方法检出限为：水果0.02mg/kg，蔬菜和茶叶0.05mg/kg。 |
| GB/T 23380—2009 | 水果、蔬菜中多菌灵残留的测定　高效液相色谱法 | 本标准规定了水果、蔬菜中多菌灵残留量的高效液相色谱测定方法。<br>本标准适用于水果、蔬菜中多菌灵残留量的测定。<br>本标准的方法检出限：0.02mg/kg。 |
| GB/T 23584—2009 | 水果、蔬菜中啶虫脒残留量的测定　液相色谱-串联质谱法 | 本标准规定了水果、蔬菜中啶虫脒残留量的液相色谱-串联质谱测定方法。<br>本标准适用于水果、蔬菜中啶虫脒残留量的测定。<br>本标准定量限：0.01mg/kg。 |

| 标准号 | 标准名称 | 摘要 |
|---|---|---|
| GB/T<br>5009.218—2008 | 水果和蔬菜中多种农药残留量的测定 | 本标准规定了水果和蔬菜中 211 种农药残留量的测定方法，以及水果和蔬菜中 107 种农药残留量的测定方法。<br>本标准适用于菠菜、大葱、番茄、柑橘、苹果中 211 种农药残留量的测定和苹果、梨、白菜、萝卜、藕、大葱、菠菜、洋葱中 107 种农药残留量的测定。 |
| GB/T<br>5009.143—2003 | 蔬菜、水果、食用油中双甲脒残留量的测定 | 本标准规定了蔬菜、水果、食用油中双甲脒残留量的测定方法。<br>本标准适用于蔬菜、水果、食用油中双甲脒（及代谢物）残留量的测定。<br>本方法的检出限为 0.02mg/kg；线性范围：0.0~1.0ng。 |
| GB/T<br>5009.188—2003 | 蔬菜、水果中甲基托布津、多菌灵的测定 | 本标准规定了蔬菜、水果中甲基托布津、多菌灵的测定方法。<br>本标准适用于蔬菜、水果中甲基托布津、多菌灵的测定。 |
| NY/T<br>1679—2009 | 植物性食品中氨基甲酸酯类农药残留的测定 液相色谱-串联质谱法 | 本标准规定了植物性食品中抗蚜威、硫双威、灭多威、克百威、甲萘威、异丙威、仲丁威和甲硫威残留的液相色谱-串联质谱联用测定方法。<br>本标准适用于蔬菜、水果中上述 8 种氨基甲酸酯类农药残留量的测定。 |
| NY/T<br>1275—2007 | 蔬菜、水果中吡虫啉残留量的测定 | 本标准规定了用高效液相色谱测定蔬菜和水果中吡虫啉残留量的方法。<br>本标准适用于蔬菜、水果中吡虫啉残留量的测定。<br>本方法检出限为 0.01mg/kg。 |
| NY/T<br>1380—2007 | 蔬菜、水果中 51 种农药多残留的测定 气相色谱-质谱法 | 本标准规定了用气相色谱-质谱法测定蔬菜、水果中 51 种农药残留量的方法。<br>本标准适用于蔬菜、水果中 51 种农药残留量的测定。<br>本方法的检出限为 0.0001~0.0637mg/kg。<br>本方法的检出范围为 0.008~3.2mg/L。 |
| NY/T<br>1453—2007 | 蔬菜及水果中多菌灵等 16 种农药残留测定 液相色谱-质谱-质谱联用法 | 本标准规定了蔬菜、水果中多菌灵等 16 种农药的残留用液相色谱-质谱-质谱联用测定方法。<br>本标准适用于蔬菜、水果中多菌灵、杀线威、噻菌灵、灭多威、吡虫啉、啶虫脒、嘧菌酯、虱螨脲、多杀菌素、咪鲜胺、氟菌唑、氟苯脲、氟虫脲、伐虫脲、霜霉威、氟铃脲残留量的测定。<br>16 种农药的最低检出限为 0.01~0.10mg/kg。 |
| NY/T<br>1652—2008 | 蔬菜、水果中克螨特残留量的测定 气相色谱法 | 本标准规定了用气相色谱仪测定蔬菜、水果中克螨特残留量的方法。<br>本标准适用于菜豆、黄瓜、番茄、甘蓝、普通白菜、萝卜、芹菜、柑橘、苹果等蔬菜、水果中克螨特残留量的测定。<br>本方法的标准曲线的线性范围为 0.05~0.2mg/L。<br>本方法的检出限为 0.08mg/kg。 |
| NY/T<br>761—2008 | 蔬菜和水果中有机磷、有机氯、拟除虫菊酯和氨基甲酸酯类农药多残留的测定 | 本部分规定了蔬菜和水果中敌敌畏、甲拌磷、乐果、对氧磷、对硫磷、甲基对硫磷、杀螟硫磷、异柳磷、乙硫磷、喹硫磷、伏杀硫磷、敌百虫、氧乐果、磷胺、甲基嘧啶磷、马拉硫磷、辛硫磷、亚胺硫磷、甲胺磷、二嗪磷、甲基毒死蜱、毒死蜱、倍硫磷、杀扑磷、乙酰甲胺磷、胺丙畏、久效磷、百治磷、苯硫磷、地虫硫磷、速灭磷、皮蝇磷、治螟磷、三唑磷、硫环磷、甲基硫环磷、益棉磷、保棉磷、蝇毒磷、地毒磷、灭菌磷、乙拌磷、除线磷、嘧啶磷、溴硫磷、乙基溴硫磷、丙溴磷、二溴磷、吡菌磷、特丁硫磷、水胺硫磷、灭线磷、伐灭磷、杀虫畏 54 种有机磷类农药多残留气相色谱的检测方法。<br>本部分适用于蔬菜和水果中上述 54 种农药残留量的检测。 |
| NY/T<br>1680—2009 | 蔬菜水果中多菌灵等 4 种苯并咪唑类农药残留量的测定 高效液相色谱法 | 本标准规定了用反相离子对高效液相色谱法测定蔬菜、水果中多菌灵、噻菌灵、甲基硫菌灵和 2-氨基苯并咪唑残留的方法。<br>本标准适用于蔬菜、水果中多菌灵、噻菌灵、甲基硫菌灵和 2-氨基苯并咪唑等 4 种苯并咪唑类农药残留量的测定。 |

| 标准号 | 标准名称 | 摘要 |
|---|---|---|
| NY/T 1435—2007 | 水果、蔬菜及其制品中二氧化硫总量的测定 | 本标准规定了水果、蔬菜及其制品中二氧化硫总量的测定方法。<br>本标准适用于水果、蔬菜及其制品中二氧化硫总量的测定。<br>本标准中重量法的检出限为 2.8mg/kg，浊度法的检出限为 0.3mg/kg。 |
| NY/T 1720—2009 | 水果、蔬菜中杀铃脲等七种苯甲酰脲类农药残留量的测定　高效液相色谱法 | 本标准规定了用高效液相色谱测定蔬菜、水果中除虫脲、灭幼脲、杀铃脲、氟虫脲、氟铃脲、氟啶脲和氟苯脲等七种苯甲酰脲类农药残留的方法。<br>本标准适用于番茄、甘蓝、黄瓜、大白菜、梨、桃、柑橘、苹果等蔬菜、水果中上述七种农药残留量的测定。<br>本标准方法检出限均为 0.05mg/kg。 |
| NY/T 3082—2017 | 水果、蔬菜及其制品中叶绿素含量的测定　分光光度法 | 本标准规定了分光光度法测定水果、蔬菜及其制品中叶绿素含量的方法。<br>本标准适用于水果、蔬菜及其制品中叶绿素 a 含量、叶绿素 b 含量和叶绿素总含量的测定。<br>本标准方法中叶绿素 a 的线性范围为 0.004~0.018mg/g，叶绿素 b 的线性范围为 0.005~0.020mg/g。 |
| SN/T 0145—2010 | 进出口植物产品中六六六、滴滴涕残留量测定方法　磺化法 | 本标准规定了植物产品中六六六、滴滴涕残留检验的制样和测定方法。<br>本标准适用于茶叶、柑桔、生姜、青刀豆等植物产品中六六六、滴滴涕残留量的检测。 |
| SN/T 0151—2016 | 出口植物源食品中乙硫磷残留量的测定 | 本标准规定了出口植物源食品中乙硫磷残留量测定的气相色谱检测及气相色谱-质谱确证方法。<br>本标准适用于大米、番茄、西蓝花、大豆油、桃子、橘子、草莓、苹果、茶叶等乙硫磷残留量的检测和确证。 |
| SN/T 0217.2—2017 | 出口植物源性食品中多种拟除虫菊酯残留量的测定　气相色谱-串联质谱法 | 该标准全文未在全国标准信息公共服务或其他行业标准服务公众平台备案。 |
| SN/T 0293—2014 | 出口植物源性食品中百草枯和敌草快残留量的测定　液相色谱-质谱/质谱法 | 本标准规定了出口植物源性食品中百草枯和敌草快的制样和液相色谱-质谱/质谱测定方法。<br>本标准适用于大米、大豆、玉米、小麦、棉籽、干木耳、甘蓝、苹果、香蕉、草莓中百草枯和敌草快残留量的测定和确证。 |
| SN/T 0217—2014 | 出口植物源性食品中多种菊酯残留量的检测方法　气相色谱-质谱法 | 本标准规定了食品中联苯菊酯、甲氰菊酯、氯氟氰菊酯、氯菊酯、氟氯氰菊酯、氯氰菊酯、醚菊酯、氟硅菊酯、氰戊菊酯和溴氰菊酯残留量的气相色谱-质谱检测方法。<br>本标准适用于茶叶、玉米、大米、花菜、菠萝、香菇中联苯菊酯、甲氰菊酯、氯氟氰菊酯、氯菊酯、氟氯氰菊酯、氯氰菊酯、醚菊酯、氟硅菊酯、氰戊菊酯和溴氰菊酯残留量的检测和确证。 |
| SN/T 0491—2019 | 出口植物源食品中苯氟磺胺残留量检测方法 | 本标准规定了出口植物源食品中苯氟磺胺残留量的气相色谱检测方法和气相色谱质谱确证方法。<br>本标准适用于大米、小麦、大豆、玉米、糙米、梨、葡萄、马铃薯、番茄、黄瓜、蘑菇和干辣椒中苯氟磺胺残留量的测定。 |
| SN/T 0602—2016 | 出口植物源食品中苄草唑残留量测定方法　液相色谱-质谱/质谱法 | 本标准规定了出口食品中苄草唑残留量的超高效液相色谱-质谱/质谱测定方法。<br>本标准适用于出口大米、糙米、玉米、红小豆、卷心菜、胡萝卜、香蕉中苄草唑残留量的测定。 |
| SN/T 0603—2013 | 出口植物源食品中四溴菊酯残留量检验方法　液相色谱-质谱/质谱法 | 本标准规定了植物源食品中四溴菊酯残留量的液相色谱-质谱/质谱法（LC-MS/MS）测定和确证方法。<br>本标准适用于大米、糙米、玉米、小麦、茶叶、浓缩芒果汁、大豆、苹果、柑橘、白菜、上海青中四溴菊酯残留量的测定和确证。 |

| 标准号 | 标准名称 | 摘要 |
|---|---|---|
| SN/T 0695—2018 | 出口植物源食品中嗪氨灵残留量的测定 | 该标准全文未在全国标准信息公共服务或其他行业标准服务公众平台备案。 |
| SN/T 1605—2017 | 进出口植物性产品中氰草津、氟草隆、莠去津、敌稗、利谷隆残留量检验方法　液相色谱-质谱/质谱法 | 本标准规定了食用植物性产品中氰草津、氟草隆、莠去津、敌稗、利谷隆残留的液相色谱-质谱/质谱检测方法。<br>本标准适用于大米、橙子、玉米、菠菜、大白菜、大豆中氰草津、氟草隆、莠去津、敌稗、利谷隆残留量的测定和确证。 |
| SN/T 1606—2005 | 进出口植物性产品中苯氧羧酸类除草剂残留量检验方法　气相色谱法 | 本标准规定了进出口粮谷中麦草畏、2,4-滴丙酸、2,4-滴，2,4,5-三氯苯氧基丙酸、2,4,5-三氯苯氧基乙酸、2,4-滴丁酸残留量的抽样、制样和气相色谱-质谱测定方法。<br>本标准适用于进出口小麦、大麦、大豆、油菜籽和大米中麦草畏、2,4-滴丙酸、2,4-滴，2,4,5-三氯苯氧基丙酸、2,4,5-三氯苯氧基乙酸、2,4-滴丁酸残留量的检验。 |
| SN/T 2073—2008 | 进出口植物性产品中吡虫啉残留量的检测方法　液相色谱串联质谱法 | 本标准规定了植物性产品中吡虫啉残留量的制样和液相色谱串联质谱测定方法。<br>本标准适用于毛豆、西蓝花、萝卜、板栗、大米、辣椒和茶叶中吡虫啉残留量的检测。 |
| SN/T 3628—2013 | 出口植物源食品中二硝基苯胺类除草剂残留量测定　气相色谱-质谱/质谱法 | 本标准规定了出口植物源食品中乙丁烯氟灵、氟乐灵、乙丁氟灵、环丙氟灵、氯乙氟灵、氨基乙氟灵、氨基丙氟灵、双丁乐灵、异丙乐灵、二甲戊乐灵、磺乐灵共11种二硝基苯胺类除草剂残留量的气相色谱串联质谱检测方法。<br>本标准适用于大豆、大米、小麦、洋葱、卷心菜、柑橘和苹果中11种二硝基苯胺类除草剂残留量的测定。 |
| SN/T 3699—2013 | 出口植物源食品中4种噻唑类杀菌剂残留量的测定　液相色谱-质谱/质谱法 | 本标准规定了植物源性食品中土菌灵、噻唑菌胺、辛噻酮和苯噻硫氰的液相色谱-质谱/质谱测定和确证方法。<br>本标准适用于大豆、玉米、小麦、葡萄、菜心、茶叶和洋葱中土菌灵、噻唑菌胺、辛噻酮和苯噻硫氰的测定。 |
| SN/T 5072—2018 | 出口植物源性食品中甲磺草胺残留量的测定　液相色谱-质谱/质谱法 | 该标准全文未在全国标准信息公共服务或其他行业标准服务公众平台备案。 |
| SN/T 5171—2019 | 出口植物源性食品中去甲乌药碱的测定　液相色谱-质谱/质谱法 | 规定了出口植物源食品中去甲乌药碱残留量的液相色谱-质谱/质谱的测定方法。<br>本标准适用于白菜、火龙果、橙子、花生、辣椒、川芎中去甲乌药碱残留量的测定，其他食品也可参照使用。 |
| SN/T 3935—2014 | 出口食品中烯效唑类植物生长调节剂残留量的测定　气相色谱-质谱法 | 本标准规定了出口食品中烯效唑、多效唑、抑芽唑、丙环唑、三唑酮、戊唑醇、己唑醇、糠菌唑、氟硅唑、腈菌唑和烯唑醇11种植物生长调节剂残留量的气相色谱-质谱测定方法。<br>本标准适用于甘蓝、番茄、苹果、柑橘、大米、玉米、大豆、花生油、鸡肉、蜂蜜中11种植物生长调节剂残留量的测定和确证。 |
| SN/T 0190—2012 | 出口水果和蔬菜中乙撑硫脲残留量测定方法　气相色谱质谱法 | 本标准规定了出口水果和蔬菜中乙撑硫脲残留量的测定方法。<br>本标准适用于鲜桔、马蹄、苹果、西蓝花、菠菜等水果和蔬菜中乙撑硫脲残留量的测定。 |
| SN/T 0525—2012 | 出口水果、蔬菜中福美双残留量检测方法 | 本标准规定了出口水果、蔬菜中福美双残留量的液相色谱和液相色谱-质谱/质谱检测方法。<br>本标准适用于苹果、梨、香蕉、西瓜、芹菜、茄子和白菜中福美双残留量的测定。 |

| 标准号 | 标准名称 | 摘要 |
|---|---|---|
| SN/T 1976—2007 | 进出口水果和蔬菜中嘧菌酯残留量检测方法 气相色谱法 | 本标准规定了水果和蔬菜中嘧菌酯残留量的气相色谱测定方法。<br>本标准适用于苹果、葡萄、柑橘、甘蓝、番茄、马铃薯、西蓝花中嘧菌酯残留量的测定。 |
| SN/T 3632—2013 | 出口果蔬汁中环状脂肪酸芽孢杆菌检测方法 | 本标准规定了果蔬汁中环状脂肪酸芽孢杆菌（Alicyclobacillus spp.）的检验方法。<br>本部分适用于果蔬汁中环状脂肪酸芽孢杆菌的检验。 |
| SN/T 4588—2016 | 出口蔬菜、水果中多种全氟烷基化合物测定 液相色谱-串联质谱法 | 本标准规定了蔬菜、水果中多种全氟烷基化合物的液相色谱-串联质谱测定和确证方法。<br>本标准适用于苹果、桃子、葡萄、番茄、白菜、菠菜中全氟丁酸、全氟戊酸、全氟丁烷磺酸、全氟己酸、全氟庚酸、全氟己烷磺酸、全氟壬酸、全氟辛烷磺酸、全氟癸酸的测定。 |
| SN/T 4698—2016 | 出口果蔬中百草枯检测 拉曼光谱法 | 本标准规定了使用便携式拉曼光谱仪快速检测白菜、黄瓜、番茄、莴笋、梨、苹果、橙子、葡萄等果蔬中百草枯的方法。<br>本标准适用于白菜、黄瓜、番茄、莴笋、梨、苹果、橙子、葡萄等果蔬中百草枯的筛选检测。 |
| SN/T 1902—2007 | 水果蔬菜中吡虫啉、吡虫清残留量的测定 高效液相色谱法 | 本标准规定了水果蔬菜中吡虫啉、吡虫清残留量的高效液相色谱测定方法。<br>本标准适用于番茄、黄瓜、柑橘中吡虫啉、吡虫清残留量的检验。 |
| SN/T 4591—2016 | 出口水果蔬菜中脱落酸等60种农药残留量的测定 液相色谱-质谱/质谱法 | 本标准规定了水果蔬菜中脱落酸、对氯苯氧乙酸（4-CPA）、2-甲-4-氯苯氧乙酸（MCPA）、2-（4-氯苯氧基）丙酸（4-CPP）、2-萘氧乙酸、2-甲-4氯氧基丙酸（MCPP）、2,4-二氯苯氧乙酸（2,4-D）、噻苯隆、6-苄氨基嘌呤、2-甲-4-氯苯氧基丁酸（MCPB）、2,4-滴丙酸、特乐酚、苯达松、氯吡脲、2,4,5-三氯苯氧乙酸（2,4,5-T）、氟草烟、绿草定、五氯苯酚、噻酰菌胺、2,4,5-涕丙酸、环丙酸酰胺、溴苯腈、甲基咪草烟、咪草烟、抑草生、环酰菌胺、甲氧咪草烟、灭幼脲、除虫脲、灭草喹、麦草氟、氯甲酰草胺、嘧草硫醚、氟草醚、噁唑禾草灵、氟吡草腙、喹禾灵、氟幼脲、赤霉酸（GA3）、氨磺乐灵、杀铃脲、双氟磺草胺、三氟羧草醚、吡氟氯禾灵、碘苯腈、氟苯脲、磺菌胺、双草醚、氟虫腈、氟磺胺草醚、氟铃脲、氟啶胺、氟虫脲、氟酰脲、啶蜱脲、虱螨脲、噻呋菌胺、氟啶脲、氟虫双酰胺60种农药残留量的液相色谱-质谱/质谱检测方法。<br>本标准适用于苹果、桃子、大葱、番茄、西蓝花、菠菜、芦笋、荷兰豆、胡萝卜、香菇、橙、葡萄、猕猴桃中上述60种农药残留量的筛选检测。 |
| SN/T 0148—2011 | 进出口水果蔬菜中有机磷农药残留量检测方法 气相色谱和气相色谱-质谱法 | 本标准规定了水果蔬菜中敌敌畏、乙酰甲胺磷、硫线磷、百治磷、乙拌磷、乐果、甲基对硫磷、毒死蜱、嘧啶磷、倍硫磷、丙虫硫磷、辛硫磷、灭菌磷、三硫磷、三唑磷、哒嗪硫磷、亚胺硫磷、敌百虫、灭线磷、甲拌磷、氧化乐果、内吸磷、二嗪磷、地虫硫磷、异稻瘟净、氯唑磷、甲基毒死蜱、对氧磷、杀螟硫磷、溴硫磷、乙基溴硫磷、噻唑磷、丙溴磷、乙硫磷、敌瘟磷、吡唑硫磷、蝇毒磷、甲胺磷、治螟磷、特丁硫磷、久效磷、除线磷、皮蝇磷、甲基嘧啶磷、对硫磷、甲基毒虫畏、异柳磷、稻丰散、杀扑磷、甲基硫环磷、伐杀磷、伏杀硫磷、甲基谷硫磷、二溴磷、速灭磷、甲基乙拌磷、巴胺磷、乙嘧硫磷、磷胺、地毒磷、马拉硫磷、甲基异柳磷、水胺硫磷、喹硫磷、杀虫畏、碘硫磷、硫环磷、威菌磷、苯硫磷、乙基谷硫磷70种有机磷类农药残留量的气相色谱及气相色谱-质谱检测方法。<br>本标准适用于菠萝、苹果、荔枝、胡萝卜、马铃薯、茄子、菠菜、荷兰豆、鲜木耳、鲜蘑菇、鲜牛蒡、鲜香菇、大葱中上述70种有机磷类农药残留量的检测。 |

| 标准号 | 标准名称 | 摘要 |
|---|---|---|
| SN/T 1156—2002 | 进出境瓜果检疫规程 | 本标准规定了进出境瓜果的检疫方法及检疫结果的评定。<br>本标准适用于进出境水果类、瓜类、茄科蔬菜和葫芦科蔬菜四类瓜果的检疫。 |
| GB 14891.5—1997 | 辐照新鲜水果、蔬菜类卫生标准 | 本标准规定了辐照新鲜水果、蔬菜类食品的技术要求和检验方法。<br>本标准适用于以抑止发芽、贮藏保鲜或推迟后熟延长货架期为目的,采用 60Co 或 137Cs 产生的 γ 射线或能量低于 5MeV 的 X 射线或能量低于 10MeV 电子束照射处理的新鲜水果、蔬菜。 |
| SN/T 1902—2007 | 水果蔬菜中吡虫啉、吡虫清残留量的测定　高效液相色谱法 | 本标准规定了水果蔬菜中吡虫啉、吡虫清残留量的高效液相色谱测定方法。<br>本标准适用于番茄、黄瓜、柑橘中吡虫啉、吡虫清残留量的检验。 |

## 5.2　蔬菜类

| 标准号 | 标准名称 | 摘要 |
|---|---|---|
| GB 2714—2015 | 食品安全国家标准 酱腌菜 | 本标准适用于酱腌菜。 |
| GB 23200.18—2016 | 食品安全国家标准 蔬菜中非草隆等 15 种取代脲类除草剂残留量的测定　液相色谱法 | 本标准规定了蔬菜中非草隆、丁噻隆、甲氧隆、灭草隆、绿麦隆、氟草隆、异丙隆、敌草隆、绿谷隆、溴谷隆、炔草隆、环草隆、利谷隆、氯溴隆和草不隆 15 种取代脲类除草剂残留量液相色谱法测定方法。<br>本标准适用于蔬菜中上述 15 种取代脲类除草剂残留量的测定。 |
| GB 23200.12—2016 | 食品安全国家标准 食用菌中 440 种农药及相关化学品残留量的测定　液相色谱-质谱法 | 本标准规定了滑子菇、金针菇、黑木耳和香菇中 440 种农药及相关化学品残留量液相色谱-质谱测定方法。<br>本标准适用于滑子菇、金针菇、黑木耳和香菇中 440 种农药及相关化学品的定性鉴别,364 种农药及相关化学品的定量测定;其他食用菌可参照执行。 |
| GB 23200.15—2016 | 食品安全国家标准 食用菌中 503 种农药及相关化学品残留量的测定　气相色谱-质谱法 | 本标准规定了滑子菇、金针菇、黑木耳、香菇中 503 种农药及相关化学品残留量气相色谱-质谱测定方法。<br>本标准适用于滑子菇、金针菇、黑木耳、香菇中 503 种农药及相关化学品的定性鉴别,478 种农药及相关化学品的定量测定,其他食用菌可参照执行。 |
| GB 7096—2014 | 食品安全国家标准 食用菌及其制品 | 本标准适用于食用菌及其制品。 |
| GB/T 5009.175—2003 | 粮食和蔬菜中 2,4-滴残留量的测定 | 本标准规定了粮食和蔬菜中 2,4-滴残留量的测定方法。<br>本标准适用于粮食和蔬菜中 2,4-滴残留量的测定。<br>本方法检出限:蔬菜试样,0.008mg/kg;原粮试样,0.013mg/kg;线性范围:0.01~10ng。 |
| GB/T 5009.184—2003 | 粮食、蔬菜中噻嗪酮残留量的测定 | 本标准规定了食品中噻嗪酮残留量的测定方法。<br>本标准适用于喷洒噻嗪酮后的粮食和蔬菜中噻嗪酮残留量的测定。 |
| GB/T 18630—2002 | 蔬菜中有机磷及氨基甲酸酯农药残留量的简易检验方法　酶抑制法 | 本标准规定了用酶抑制法测定蔬菜中有机磷农药及氨基甲酸酯农药残留的简易检验方法。<br>本标准适用于蔬菜中有机磷农药及氨基甲酸酯农药残留的测定。 |

| 标准号 | 标准名称 | 摘要 |
|---|---|---|
| GB/T 5009.199—2003 | 蔬菜中有机磷和氨基甲酸酯类农药残留量的快速检测 | 本标准规定了由酶抑制法测定蔬菜中有机磷和氨基甲酸酯类农药残留量的快速检验方法。<br>本标准适用于蔬菜中有机磷和氨基甲酸酯类农药残留量的快速筛选测定。 |
| GB/T 5009.105—2003 | 黄瓜中百菌清残留量的测定 | 本标准规定了黄瓜中百菌清残留量的测定方法。<br>本标准适用于使用过百菌清农药的黄瓜的残留量的测定。<br>本标准在黄瓜上的检出限为 $0.12\times10^{-11}$g，检出浓度为 0.048mg/kg。 |
| GB/T 5009.54—2003 | 酱腌菜卫生标准的分析方法 | 本标准规定了酱腌菜卫生指标的分析方法。<br>本标准适用于各种酱菜、发酵与非发酵性腌菜及渍菜等制品中各项卫生指标的分析。 |
| NY/T 1277—2007 | 蔬菜中异菌脲残留量的测定 高效液相色谱法 | 本标准规定了用高效液相色谱测定蔬菜中异菌脲残留量的方法。<br>本标准适用于番茄、大白菜、菜豆、结球甘蓝、黄瓜等蔬菜中异菌脲残留量的测定。<br>本方法的检出限为 0.35mg/kg。<br>本方法的线性范围为 1~40mg/L。 |
| NY/T 1379—2007 | 蔬菜中 334 种农药多残留的测定 气相色谱质谱法和液相色谱质谱法 | 本标准规定了蔬菜中 305 种农药的气相色谱质谱多残留测定方法和 29 种农药液相色谱质谱多残留测定方法。<br>本标准适用于蔬菜中 334 种农药残留量的测定。<br>本标准检出限为 0.001~0.05mg/kg。 |
| NY/T 1603—2008 | 蔬菜中溴氰菊酯残留量的测定 气相色谱法 | 本标准规定了气相色谱测定蔬菜中溴氰菊酯残留量的测定方法。<br>本标准适用于蔬菜中溴氰菊酯残留量的测定。<br>本方法检出限为 0.005mg/kg。 |
| NY/T 1434—2007 | 蔬菜中 2,4-D 等 13 种除草剂多残留的测定 液相色谱质谱法 | 本标准规定了用液相色谱质谱法测定蔬菜中 2,4-D 等 13 种除草剂多残留的方法。<br>本标准适用于蔬菜中 2,4-D 等 13 种除草剂残留量的测定。<br>本标准方法检出限为 0.000 4~0.01mg/kg。 |
| NY/T 1722—2009 | 蔬菜中敌菌灵残留量的测定 高效液相色谱法 | 本标准规定了新鲜蔬菜中敌菌灵残留量的高效液相色谱测定方法。<br>本标准适用于番茄、菜豆、黄瓜、甘蓝、白菜、芹菜、胡萝卜等蔬菜中敌菌灵残留量的测定。<br>本标准方法的检出限为 0.01mg/kg。 |
| NY/T 1725—2009 | 蔬菜中灭蝇胺残留量的测定 高效液相色谱法 | 本标准规定了新鲜蔬菜中灭蝇胺残留量的高效液相色谱测定方法。<br>本标准适用于黄瓜、番茄、菜豆、甘蓝、大白菜、芹菜、萝卜等蔬菜中灭蝇胺残留量的测定。<br>本标准方法的检出限为 0.02mg/kg。 |
| NY/T 3292—2018 | 蔬菜中甲醛含量的测定 高效液相色谱法 | 本标准规定了蔬菜中甲醛含量测定的高效液相色谱法。<br>本标准适用于蔬菜中甲醛含量的测定。<br>本方法定量限为 2.0mg/kg。 |
| NY/T 448—2001 | 蔬菜上有机磷和氨基甲酸酯类农药残毒快速检测方法 | 本标准规定了甲胺磷等有机磷和克百威等氨基甲酸酯类农药在蔬菜中的残毒快速检测方法。<br>本标准适用于叶菜类（除韭菜）、果菜类、豆菜类、瓜菜类、根菜类（除胡萝卜、茭白等）中甲胺磷、氧化乐果、对硫磷、甲拌磷、久效磷、倍硫磷、杀扑磷、敌敌畏、克百威、涕灭威、灭多威、抗蚜威、丁硫克百威、甲萘威、丙硫克百威、速灭威、残杀威、异丙威等的农药残毒快速检测。 |
| NY/T 762—2004 | 蔬菜农药残留检测抽样规范 | 本标准规定了新鲜蔬菜样本抽样方法及实验室试样制备方法。<br>本标准适用于市场和生产地新鲜蔬菜样本的抽取及实验室试样的制备。 |

| 标准号 | 标准名称 | 摘要 |
|---|---|---|
| NY/T 447—2001 | 韭菜中甲胺磷等七种农药残留检测方法 | 本标准规定了韭菜中 7 种农药的残留量测定方法。<br>本标准适用于韭菜中甲胺磷、甲拌磷、久效磷、对硫磷、甲基异柳磷、毒死蜱、呋喃丹的残留分析，其最低检出浓度分别为（mg/kg）：0.01、0.01、0.03、0.02、0.01、0.02、0.04。 |
| NY/T 1257—2006 | 食用菌中荧光物质的检测 | 本标准规定了食用菌中荧光物质的检测方法。<br>本标准适用于食用菌中荧光物质的定性检测。 |
| NY/T 1373—2007 | 食用菌中亚硫酸盐的测定充氮蒸馏–分光光度计法 | 本标准规定了食用菌中亚硫酸盐的分光光度计测定方法。<br>本标准适用于食用菌中亚硫酸盐的测定。<br>本方法的线性范围为 0.5~20μg。<br>本方法的检出限为 0.1μg。 |
| NY/T 1283—2007 | 香菇中甲醛含量的测定 | 本标准规定了香菇中甲醛含量的测定方法。<br>本标准适用于人工栽培和野生的香菇干品和鲜品中甲醛含量的测定。<br>本方法的检出限为 0.1mg/kg。 |
| SN 0659—1997 | 出口蔬菜中邻苯基苯酚残留量检验方法 液相色谱法 | 本标准规定了出口蔬菜中邻苯基苯酚残留量检验的抽样、制样和液相色谱测定方法。<br>本标准适用于出口番茄及辣椒中邻苯基苯酚残留量的检验。 |
| SN/T 1908—2007 | 泡菜等植物源性食品中寄生虫卵的分离及鉴定规程 | 本标准规定了泡菜等植物源性食品中寄生虫卵（包括蛔虫 *Ascaris*、钩口线虫 *Ancylostoma*、毛尾线虫 *Trichuris*、毛圆线虫 *Trichostrongylus* 虫卵和等孢球虫 *Isopsopoa* 卵囊等）的分离、形态学鉴定以及蛔虫卵的荧光 PCR 鉴定方法。<br>本标准适用于泡菜、辣椒酱、烤肉酱等植物源食品中寄生虫卵检验时的制样、分离、利用显微镜进行形态学鉴定，以及对检测到的蛔虫卵进行荧光 PCR 准确鉴定。 |
| SN/T 2095—2008 | 进出口蔬菜中氟啶脲残留量检测方法 高效液相色谱法 | 本标准规定了蔬菜中氟啶脲残留量检测的制样和高效液相色谱测定方法。<br>本标准适用于黄瓜、萝卜、荷兰豆中氟啶脲残留量的检测。 |
| SN/T 4589—2016 | 出口蔬菜中硝酸盐快速测定 改进的镉还原分析法 | 本标准规定了出口蔬菜中硝酸盐快速测定的改进镉还原分析法。<br>本标准适用于出口蔬菜中硝酸盐含量的检测。 |
| SN/T 0978—2011 | 进出口新鲜蔬菜检验规程 | 本标准规定了进出口新鲜蔬菜的分类、抽样、检验、结果判定方法及检验有效期。<br>本标准适用于进出口新鲜的根茎类、叶菜类、花菜类、瓜菜类、豆菜类蔬菜和新鲜食用菌类蔬菜的检验。 |
| SN/T 1104—2002 | 进出境新鲜蔬菜检疫规程 | 本标准规定了进出境新鲜蔬菜的检疫方法及检疫结果的判定。<br>本标准适用于进出境新鲜蔬菜的检疫，包括叶菜类、茎菜类、花菜类、茄果类、瓜果类、豆菜类、根菜类和新鲜食用菌等类。 |
| SN/T 0230.1—2016 | 进出口脱水蔬菜检验规程 | SN/T 0230 的本部分规定了进出口脱水蔬菜的抽样和检验、检验结果判定、不合格处置、样品保存。<br>本部分适用于进出口脱水蔬菜的检验。 |
| SN/T 1006—2001 | 进出口蔬菜干检验规程 | 本标准规定了进出口薇菜干的定义、抽样、品质检验、质量检验和包装及标志检验。<br>本标准适用于进出口薇菜干的检验。 |
| SN/T 0230.2—2015 | 出口脱水大蒜制品检验规程 | SN/T 0230 的本部分规定了出口脱水大蒜的取样和品质、重量及包装的检验规程。<br>本部分适用于出口脱水蒜片、脱水蒜粒和脱水蒜粉等脱水大蒜的检验。 |
| SN/T 0631—1997 | 出口脱水蘑菇检验规程 | 本标准规定了出口脱水蘑菇的检验方法。<br>本标准适用于出口蘑菇片的抽样、包装标志检验、重量检验、感官检验、理化检验、蛆螨检验、微生物检验及检验结果判定。 |

| 标准号 | 标准名称 | 摘要 |
|---|---|---|
| SN/T 0632—1997 | 出口干香菇检验规程 | 本标准规定了出口干香菇的检验方法及结果判定。<br>本标准适用于出口有柄和无柄厚、薄干香菇的抽样、包装使用性能及标志检验、重量检验、感官检验和理化检验。 |
| SN/T 0634—1997 | 出口干制葫芦条检验规程 | 本标准规定了出口干制葫芦条的检验方法。<br>本标准适用于出口干制葫芦条的有关定义、抽样方法、品质检验、重量鉴定、包装使用性能检验以及结果评定。 |
| SN/T 0626.3—2015 | 出口速冻蔬菜检验规程　芦笋类 | SN/T 0626 的本部分规定了出口速冻芦笋类蔬菜的术语和定义、取样、检验、检验结果判定、不合格处置、复验及检验有效期。<br>本部分适用于出口速冻白芦笋条、白芦笋段、绿芦笋条、绿芦笋段、段状带尖白、绿芦笋等产品的检验。 |
| SN/T 0626—2011 | 进出口速冻蔬菜检验规程 | 本标准规定了进出口速冻蔬菜的检验规程。<br>本标准适用于叶菜类、茎菜类、根菜类、花菜类、豆类、瓜果类、嫩芽类和食用菌类等速冻蔬菜的检验。 |
| SN/T 0626.10—2016 | 出口速冻蔬菜检验规程　第 10 部分：块茎类 | SN/T 0626 的本部分规定了出口速冻块茎类蔬菜的检验方法。<br>本部分适用于出口速冻芋仔、速冻牛蒡、速冻蒜米等块茎类蔬菜的检验和结果判定。 |
| SN/T 0626.5—1997 | 出口速冻蔬菜检验规程　豆类 | 本标准规定了出口速冻豆类蔬菜的检验方法。<br>本标准适用于出口速冻青刀豆、速冻荷兰豆、速冻枝豆（毛豆）、速冻青豆、速冻豇豆、速冻蚕豆等豆类蔬菜的抽样、包装、标志、感官、重量、温度、规格、理化、微生物等项目的检验及判定方法。 |
| SN/T 0626.7—2016 | 进出口速冻蔬菜检验规程　第 7 部分：食用菌 | SN/T0626 的本部分规定了进出口速冻食用菌的检验方法。<br>本部分适用于进出口速冻食用菌的抽样方法和包装、质量、品质、规格、安全卫生项目的检验和结果合格评定。 |
| SN/T 0626.8—2017 | 出口速冻蔬菜检验规程　第 8 部分：瓜类 | SN/T 0626 的本部分规定了出口速冻瓜类蔬菜的抽样、检验方法及检验结果的判定。<br>本部分适用于以新鲜瓜类蔬菜（包括黄瓜、苦瓜、丝瓜、越瓜、番木瓜、冬瓜、南瓜等）为原料加工而成的速冻瓜类蔬菜的检验。 |
| SN/T 1122—2017 | 进出境加工蔬菜检疫规程 | 本标准规定了进出境加工蔬菜的检疫方法和结果判定。<br>本标准适用于冷冻蔬菜、脱水蔬菜、腌渍蔬菜、水煮蔬菜等的进出境检疫。 |
| SN/T 0301—1993 | 出口盐渍菜检验规程 | 本标准规定了出口盐渍菜的取样、检验方法及结果判定。<br>本标准适用于出口盐渍菜的检验。 |
| SN/T 2303—2009 | 进出口泡菜检验规程 | 本标准规定了进出口泡菜的抽样、检验及检验结果的处理。<br>本标准适用于以精选时令蔬菜、辅以其他调料经修选、切断、盐腌、调味后发酵而成的进出口泡菜。 |
| SN/T 0633—1997 | 出口盐渍食用菌检验规程 | 本标准规定了出口盐渍食用菌的检验方法和结果判定规则。<br>本标准适用于出口盐渍食用菌的包装使用性能和标志检验、抽样、重量鉴定、感官、理化检验以及微生物等项目的检验。 |
| SN/T 0988—2013 | 出口水煮笋马口铁罐检验规程 | 本标准规定了出口水煮笋马口铁罐抽样、检验及检验结果的判定。<br>本标准适用于容量大于或等于 9L 的出口水煮笋马口铁罐的检验。 |
| SN/T 0314—1994 | 出口油炸蚕豆检验规程 | 本标准规定了出口油炸蚕豆的抽样和检验方法。<br>本标准适用于以食用植物油炸的各种蚕豆制品。 |
| SN/T 0627—2014 | 出口莼菜检验规程 | 本标准规定了出口莼菜的抽样、制样、包装、标志、感官、理化的检验方法，并对检验有效数字、检验结果的判定、不合格产品处理、检验有效期、样品保存和检验记录做了规定。<br>本标准适用于出口醋酸莼菜、水煮莼菜和新鲜莼菜的检验。 |

| 标准号 | 标准名称 | 摘要 |
|---|---|---|
| SN/T 0630—1997 | 出口冬菜检验规程 | 本标准规定了出口冬菜的检验方法。<br>本标准适用于出口冬菜的抽样方法和包装、感官、重量及理化检验。 |
| SN/T 0876—2000 | 进出口白皮蒜头检验规程 | 本标准规定了进出口白皮蒜头的检验方法及结果评定。<br>本标准适用于进出口白皮蒜头的抽样、包装使用性能及标志检验、质量检验、品质检验。 |
| SN/T 1007—2001 | 进出口鲜蒜苔检验规程 | 本标准规定了进出口鲜蒜苔的定义、抽样、品质检验、质量鉴定和包装标志的检验方法。<br>本标准适用于进出口鲜蒜苔的检验。 |
| SN/T 4552—2016 | 进出境大蒜检疫规程 | 本标准规定了进出境大蒜的抽样、检疫方法和结果判定。<br>本标准适用于进出境大蒜的检疫。 |
| SN/T 1352—2004 | 出口鲜竹笋检验规程 | 本标准规定了出口鲜竹笋的抽样、检验、结果判定方法和检验有效期。<br>本标准适用于出口鲜竹笋的检验。 |
| SN/T 4419.11—2016 | 出口食品常见过敏原LAMP 系统检测方法 第 11 部分：羽扇豆 | SN/T4419 的本部分规定了食品中过敏原羽扇豆成分的环介导等温扩增（LAMP）检测方法。<br>本部分适用于食品及其原料中过敏原羽扇豆成分的定性检测。<br>本部分所规定方法的最低检测限（LOD）为 0.1%（质量分数）。 |
| SN/T 4419.19—2016 | 出口食品常见过敏原LAMP 系统检测方法 第 19 部分：胡萝卜 | SN/T 4419 的本部分规定了出口食品中过敏原胡萝卜成分的环介导等温扩增（LAMP）检测方法。<br>本部分适用于食品及其原料中过敏原胡萝卜成分的定性检测。<br>本部分所规定方法的最低检测限（LOD）为 0.1%（质量分数）。 |
| SN/T 4419.20—2016 | 出口食品常见过敏原LAMP 系统检测方法 第 20 部分：芹菜 | SN/T4419 的本部分规定了食品中过敏原芹菜成分的环介导等温扩增（LAMP）检测方法。<br>本部分适用于食品及其原料中过敏原芹菜成分的定性检测。<br>本部分所规定方法的最低检测限（LOD）为 0.5%（质量分数）。 |
| SN/T 1961.7—2013 | 出口食品过敏原成分检测　第 7 部分：实时荧光 PCR 方法检测胡萝卜成分 | SN/T 1961 的本部分规定了食品中过敏原胡萝卜成分的实时荧光 PCR 检测方法。<br>本部分适用于食品及其原料中过敏原胡萝卜成分的定性检测。<br>本部分所规定方法的最低检出（LOD）为 0.01%（质量分数）。 |
| KJ 201710 | 蔬菜中敌百虫、丙溴磷、灭多威、克百威、敌敌畏残留的快速检测 | 本方法规定了蔬菜中敌百虫、丙溴磷、灭多威、克百威、敌敌畏残留的快速检测方法。<br>本方法适用于油菜、菠菜、芹菜、韭菜等蔬菜中敌百虫、丙溴磷、灭多威、克百威、敌敌畏残留的快速测定。 |

## 5.3　水果类

| 标准号 | 标准名称 | 摘要 |
|---|---|---|
| GB 23200.21—2016 | 食品安全国家标准　水果中赤霉酸残留量的测定　液相色谱-质谱/质谱法 | 本标准规定了水果中赤霉酸残留量的制样和液相色谱-质谱/质谱测定方法。<br>本标准适用于苹果、橘子、桃子、梨和葡萄中赤霉酸残留量的检测，其他食品可参照执行。 |
| GB 23200.25—2016 | 食品安全国家标准　水果中噁草酮残留量的检测方法 | 本标准规定了水果中噁草酮残留量检验的抽样、制样和气相色谱一质谱测定及确证方法。<br>本标准适用于柑橘、苹果中噁草酮残留量的检验，其他食品可参照执行。 |

| 标准号 | 标准名称 | 摘要 |
|---|---|---|
| GB 23200.27—2016 | 食品安全国家标准　水果中4,6-二硝基邻甲酚残留量的测定　气相色谱-质谱法 | 本标准规定了水果中4,6-二硝基邻甲酚残留量的气相色谱-质谱检验方法。<br>本标准适用于苹果、梨中4,6-二硝基邻甲酚残留量的检验,其他食品可参照执行。 |
| GB 23200.7—2016 | 食品安全国家标准　蜂蜜、果汁和果酒中497种农药及相关化学品残留量的测定　气相色谱-质谱法 | 本标准规定了蜂蜜、果汁和果酒中497种农药及相关化学品残留量气相色谱-质谱测定方法。<br>本标准适用于蜂蜜、果汁和果酒中497种农药及相关化学品残留量的测定,其他食品可参照执行。 |
| GB 14891.3—1997 | 辐照干果果脯类卫生标准 | 本标准规定了辐照干果果脯类食品的技术要求和检验方法。<br>本标准适用于经γ射线或电子束照射的花生仁、桂圆、空心莲、核桃、生杏仁、红枣、桃脯、杏脯、山楂脯及其他蜜饯类食品。 |
| GB/T 5009.129—2003 | 水果中乙氧基喹残留量的测定 | 本标准规定了水果中乙氧基喹残留量检验的抽样、试样的制备和气相色谱测定方法。<br>本标准适用于苹果等水果中乙氧基喹残留量的测定。<br>本标准检出限为0.05mg/kg。 |
| GB/T 5009.160—2003 | 水果中单甲脒残留量的测定 | 本标准规定了单甲脒在水果中的残留量测定方法。<br>本标准适用于水果中单甲脒残留量的测定。 |
| GB/T 5009.173—2003 | 梨果类、柑桔类水果中噻螨酮残留量的测定 | 本标准规定了梨果类、柑桔类水果中噻螨酮的测定方法。<br>本标准适用于梨果类、柑桔类水果中噻螨酮的测定。<br>本标准最低检出量:0.126ng。<br>本方法的最佳线性范围:1~40ng。 |
| GB/T 5009.201—2003 | 梨中烯唑醇残留量的测定 | 本标准规定了梨中烯唑醇残留量的测定方法。<br>本标准适用于梨中烯唑醇残留量的测定。<br>本方法的检测限为1.0ng。线性范围为0.1~5.0μg/mL。 |
| GB/T 5009.109—2003 | 柑桔中水胺硫磷残留量的测定 | 本标准规定了柑桔中水胺硫磷残留量的测定方法。<br>本标准适用于柑桔中水胺硫磷农药的残留量分析。<br>本方法的检出限为$1.4×10^{-12}$g,检出浓度为0.02mg/kg。 |
| NY/T 1455—2007 | 水果中腈菌唑残留量的测定　气相色谱法 | 本标准规定了水果中腈菌唑农药残留量气相色谱测定方法。<br>本标准适用于水果中腈菌唑农药残留量的测定。<br>本标准的线性范围为:0.05~2mg/kg。<br>本标准的方法检出限为:电子捕获检测器0.005mg/kg,氮磷检测器0.008mg/kg。 |
| NY/T 1456—2007 | 水果中咪鲜胺残留量的测定　气相色谱法 | 本标准规定了水果中咪鲜胺及其代谢物残留量气相色谱测定方法。<br>本标准适用于水果中咪鲜胺及其代谢物残留量的测定。<br>本标准方法检出限为0.005mg/kg,本方法线性范围0.05~1mg/kg。 |
| NY/T 1601—2008 | 水果中辛硫磷残留量的测定　气相色谱法 | 本标准规定了水果中辛硫磷残留量的气相色谱测定法。<br>本标准适用于水果中辛硫磷残留量的测定。<br>本标准方法检出限为0.02mg/kg。 |
| NY 1440—2007 | 热带水果中二氧化硫残留限量 | 本标准规定了热带水果中二氧化硫残留限量指标。<br>本标准适用于荔枝、龙眼鲜果,本标准不适用于热带水果干果和制品。 |

| 标准号 | 标准名称 | 摘要 |
|---|---|---|
| SN 0157—1992 | 出口水果中二硫代氨基甲酸酯残留量检验方法 | 本标准规定了出口苹果中二硫代氨甲酸酯残留量的抽样和测定方法。本标准适用于出口苹果中二硫代氨甲酸酯（包括代森锌、福美双等）残留量的检验。 |
| SN 0523—1996 | 出口水果中乐杀螨残留量检验方法 | 本标准规定了出口水果中乐杀螨残留量检验的抽样、制样和气相色谱测定方法。本标准适用于出口苹果中乐杀螨残留量的检验。 |
| SN 0654—2019 | 出口水果中克菌丹残留量的检测　气相色谱法和气相色谱-质谱/质谱法 | 本标准规定了出口水果中克菌丹残留量的气相色谱和气相色谱-质谱/质谱检测方法。本标准适用于苹果、梨、橘子、橙子、桃、桑葚、葡萄、猕猴桃、草莓、橄榄、荔枝、芒果、香蕉、火龙果、西瓜、甜瓜等水果中克菌丹的测定。 |
| SN/T 0152—2014 | 出口水果中 2,4-滴残留量检验方法 | 本标准规定了苹果、梨、香蕉、菠萝和柑橘中 2,4-滴农药残留量的气相色谱测定方法。本标准适用于苹果、梨、香蕉、菠萝和柑橘中 2,4-滴农药残留量的测定。 |
| SN/T 0159—2012 | 出口水果中六六六、滴滴涕、艾氏剂、狄氏剂、七氯残留量测定　气相色谱法 | 本标准规定了出口水果中六六六、滴滴涕、艾氏剂、狄氏剂和七氯残留量的测定方法。本标准适用于柑桔、脐橙、苹果中六六六、滴滴涕、艾氏剂、狄氏剂和七氯残留量的测定。 |
| SN/T 0162—2011 | 出口水果中甲基硫菌灵、硫菌灵、多菌灵、苯菌灵、噻菌灵残留量的检测方法　高效液相色谱法 | 本标准规定了出口水果中甲基硫菌灵、硫菌灵、多菌灵、苯菌灵、噻菌灵残留量的高效液相色谱检测方法和液相色谱-质谱/质谱确证方法。本标准适用于出口柑橘、苹果、梨、桃子和葡萄中甲基硫菌灵、硫菌灵、多菌灵、苯菌灵、噻菌灵残留量的测定和确证。 |
| SN/T 0163—2011 | 出口水果及水果罐头中二溴乙烷残留量检验方法 | 本标准规定了柑桔类、大浆果类水果及罐头中二溴乙烷残留检验的制样和测定方法。本标准适用于柑桔、菠萝、香蕉及柑桔、菠萝罐头中二溴乙烷残留量的气相色谱和气质联用方法测定。 |
| SN/T 0533—2016 | 出口水果中乙氧喹啉残留量检测方法 | 本标准规定了出口水果中乙氧喹啉测定的高效液相色谱和液相色谱-质谱/质谱检测方法。本标准适用于出口苹果、梨、桃、李、柑橘中乙氧喹啉的测定。 |
| SN/T 0192—2017 | 出口水果中溴螨酯残留量的检测方法 | 本标准规定了水果中溴螨酯残留量的检测和确证方法。本标准适用于苹果、樱桃、柠檬、草莓、菠萝、葡萄、西瓜中溴螨酯残留量的检测和确证。 |
| SN/T 0652—2018 | 出口水果中对酞酸铜残留量测定方法 | 该标准全文未在全国标准信息公共服务或其他行业标准服务公众平台备案。 |
| SN/T 2455—2010 | 进出境水果检验检疫规程 | 本标准规定了进出境水果的检验检疫方法和检验检疫结果的判定。本标准适用于进出境水果的检验检疫。 |
| SN/T 3642—2013 | 出口水果中甲霜灵残留量检测方法　气相色谱-质谱法 | 本标准规定了出口水果中甲霜灵残留量气相色谱-质谱检测方法。本标准适用于出口苹果、柑桔、梨、桃、葡萄、柿子等水果中甲霜灵残留量的测定和确证。 |

| 标准号 | 标准名称 | 摘要 |
|---|---|---|
| SN/T 3643—2013 | 出口水果中氯吡脲（比效隆）残留量的检测方法　液相色谱-串联质谱法 | 本标准规定了出口水果中氯吡脲（比效隆）残留量的液相色谱-串联质谱检测方法。<br>本标准适用于葡萄、猕猴桃、西瓜、梨、柑桔、苹果等水果中氯吡脲（比效隆）残留量的测定和确证。 |
| SN/T 4069—2014 | 输华水果检疫风险考察评估指南 | 本标准规定了赴外考察评估输华水果检疫风险的对象、要求和程序。<br>本标准为检疫专家赴外考察评估输华水果检疫风险提供指南。<br>本标准适用于检疫专家赴外考察评估输华水果检疫风险。 |
| SN/T 4330—2015 | 进境水果检疫处理一般要求 | 本标准规定了进境水果检疫处理的一般要求。<br>本标准适用于检验检疫机构对进境水果所携带有害生物的检疫处理。 |
| SN/T 4331—2015 | 进境水果检疫辐照处理基本技术要求 | 本标准规定了进境新鲜水果实施检疫辐照处理的基本技术要求。<br>本标准适用于进境新鲜水果携带限定性有害生物（昆虫、螨类）的检疫辐照处理。 |
| SN/T 0886—2000 | 进出口果脯检验规程 | 本标准规定了进出口果脯的取样和品质、质量及包装的检验方法。<br>本标准适用于进出口果脯、蜜饯的检验。 |
| SN/T 0888—2000 | 进出口脱水苹果检验规程 | 本标准规定了进出口脱水去皮苹果的取样和品质、质量及包装的检验方法。<br>本标准适用于进出口脱水去皮苹果的检验。 |
| SN/T 0976—2012 | 进出口油炸水果蔬菜脆片检验规程 | 本标准规定了进出口油炸水果蔬菜脆片抽样、制样、品质、安全卫生检验、重量鉴定和包装检验的检验方法。<br>本标准适用于进出口油炸苹果片、猕猴桃片、四季豆、洋葱片、莲根（藕）片、胡萝卜片等果蔬脆片的检验。 |
| SN/T 1753—2016 | 出口浓缩果汁中甲基硫菌灵、噻菌灵、多菌灵和2-氨基苯并咪唑残留量的测定　液相色谱-质谱/质谱法 | 本标准规定了出口浓缩果汁中甲基硫菌灵、噻菌灵、多菌灵和2-氨基苯并咪唑残留量的液相色谱-质谱/质谱测定方法。<br>本标准适用于浓缩果汁中甲基硫菌灵、噻菌灵、多菌灵和2-氨基苯并咪唑残留量的检测和确证。 |
| SN/T 2655—2010 | 进出口果汁中纳他霉素残留量检测方法　高效液相色谱法 | 本标准规定了进出口果汁中纳他霉素的高效液相色谱检测方法。<br>本标准适用于进出口苹果汁、橙汁、梨汁中纳他霉素残留量的检测。 |
| SN/T 3030—2011 | 进出口蜜饯检验规程 | 本标准规定了进出口蜜饯的抽样、检验、检验结果的判定及不合格品处理。<br>本标准适用于进出口蜜饯类、果脯类、凉果类、话化类、果丹（饼）类、果糕类、其他类的检验。 |
| SN/T 3135—2012 | 进出口干果检验规程 | 本标准规定了进出口干果的抽样和检验、检验结果判定、不合格处置、样品保存。<br>本标准适用于进出口干果的检验。 |
| SN/T 3272.1—2012 | 出境干果检疫规程　第1部分：通用要求 | SN/T 3272的本部分规定了出境干果类产品的一般性现场检疫、检疫抽样、实验室检验的步骤和方法，以及结果判定方法。<br>本部分适用于出境干果的检疫。 |

| 标准号 | 标准名称 | 摘要 |
|---|---|---|
| SN/T 4886—2017 | 出口干果中多种农药残留量的测定　液相色谱-质谱/质谱法 | 本标准规定了出口干果中多种农药残留量的液相色谱-质谱/质谱筛选检测方法。<br>本标准适用于葡萄干、红枣干、核桃、杏仁等干果中麦穗宁、久效磷、杀虫脒、抗蚜威、噻虫嗪、氟啶虫酰胺、苯嗪草酮、噻虫胺、氯草敏、吡虫啉、乐果、啶虫脒、硫环磷、噻虫啉、抑霉唑、恶霜灵、醚苯磺隆、甲基苯噻隆、克百威、粉唑醇、嘧霉胺、甲萘威、阿特拉津、甲霜灵、敌草隆、萎锈灵、毒草安、多效唑、敌稗、甜菜宁、伐灭磷、乙嘧酚磺酸酯、咪酰胺、仲丁威、枯草隆、氯苯嘧啶醇、嘧菌酯、腈菌唑、咪唑菌酮、三唑酮、啶酰菌胺、氟硅唑、戊唑醇、异恶酰草胺、草萘胺、联苯三唑醇、氟酰胺、己唑醇、马拉硫磷、戊菌唑、三唑磷、杀虫威、精异丙甲草胺、苯醚甲环唑、喹硫磷、苯霜灵、吡菌磷、百克敏、二嗪农、辛硫磷、禾草丹、伏杀磷 62 种农药残留量的测定和确证。 |
| SN/T 0315—94 | 出口无核红枣、蜜枣检验规程 | 本标准规定了出口无核红枣、蜜枣的抽样和检验方法。<br>本标准适用于出口无核红枣、蜜枣的检验。 |
| SN/T 1042—2002 | 出口焦枣检验规程 | 本标准规定了出口焦枣的抽样方法、检验项目和方法、技术要求、结果判定及复验规则等。<br>本标准适用于以干红枣为主要原料，经烘烤而制成产品的检验，以同种工艺制成的其他类似产品可参照执行。 |
| SN/T 1803—2006 | 进出境红枣检疫规程 | 本标准规定了进出境红枣的检疫方法和结果判定。<br>本标准适用于进出境新鲜红枣、干制红枣的检疫。 |
| SN/T 0796—2010 | 出口荔枝检验检疫规程 | 本标准规定了出口荔枝的检验检疫方法及结果判定。<br>本标准适用于出口荔枝的检验检疫。 |
| SN/T 1046—2002 | 出口冷冻草莓检验规程 | 本标准规定了出口冷冻草莓的抽样、检验及检验结果的判定。<br>本标准适用于以新鲜、成熟、无病虫害、果形正常的草莓为原料，经挑选、去蒂、清洗、去杂质，按合同要求加工而成的出口冷冻罐装、袋装草莓的检验。 |
| SN/T 1992—2007 | 进境葡萄繁殖材料植物检疫要求 | 本标准对葡萄繁殖材料上的有害生物进行了风险分析并提出了明确的植物检疫要求。<br>本标准适用于所有进境的葡萄繁殖材料。 |
| SN/T 1424—2011 | 对日本出口哈密瓜检疫规程 | 本标准规定了新疆出口日本的哈密瓜基地及加工场所的注册登记、现场检疫、实验室检验以及检疫结果评定和签证的要求。<br>本标准适用于新疆产哈密瓜出口日本检疫。 |
| SN/T 0885—2000 | 进出口鲜香蕉检验规程 | 本标准规定了进出口鲜香蕉的检验方法。<br>本标准适用于进出口鲜香蕉的包装、品质、质量检验。 |
| SN/T 4597—2016 | 进口椰果检验规程 | 本标准规定了进口椰果的术语和定义、分类、报检、检验、结果判定及处置和复验等的要求。<br>本标准适用于进口粗制椰果、压缩椰果、蜜制椰果、酸渍椰果、杀菌椰果等的检验。 |
| SN/T 0629—1997 | 出口柚检验规程 | 本标准规定了出口柚鲜果的检验方法。<br>本标准适用于出口柚的抽样、包装、数量、外观品质、理化检验方法和结果判定。 |

# 第6章　果蔬及其制品品质评价

## 6.1　通用类

| 标准号 | 标准名称 | 摘要 |
|---|---|---|
| GB/T 5009.10—2003 | 植物类食品中粗纤维的测定 | 本标准规定了植物类食品中粗纤维含量的测定方法。<br>本标准适用于植物类食品中粗纤维含量的测定。 |
| GB/T 10468—89 | 水果和蔬菜产品pH值的测定方法 | 本标准规定了测定水果和蔬菜产品pH值的电位差法。适用于水果和蔬菜产品pH值的测定。 |
| GB/T 10467—1989 | 水果和蔬菜产品中挥发性酸度的测定方法 | 本标准规定了水果和蔬菜产品中挥发性酸度的测定方法。<br>本标准适用于所有新鲜果蔬产品，也适用于加或未加二氧化硫、山梨酸、苯甲酸、甲酸等化学防腐剂之一的果蔬制品的测定。 |
| GB/T 5009.38—2003 | 蔬菜、水果卫生标准的分析方法 | 本标准规定了蔬菜、水果中卫生指标的分析方法。<br>本标准适用于蔬菜、水果中六六六、滴滴涕、有机磷农药、汞、镉、氟、砷、甲基硫菌灵、多菌灵各项卫生指标的分析。 |
| NY/T 2640—2014 | 植物源性食品中花青素的测定　高效液相色谱法 | 本标准规定了植物源性食品中的飞燕草色素、矢车菊色素、矮牵牛色素、天竺葵色素、芍药素和锦葵色素共6种花青素的高效液相色谱测定方法。<br>本标准适用于植物源性食品中花青素含量的测定。<br>本标准的检出限：以称样量为1g，定容体积为50mL计，飞燕草色素、矢车菊色素、天竺葵色素、芍药素和锦葵色素5种花青素的检出限均为0.15mg/kg；矮牵牛色素的检出为0.5mg/kg。同样条件下定量限：飞燕草色素、矢车菊色素、天竺葵色素、芍药素和锦葵色素5种花青素均为0.5mg/kg；矮牵牛色素为1.5mg/kg。 |
| NY/T 2641—2014 | 植物源性食品中白藜芦醇和白藜芦醇苷的测定　高效液相色谱法 | 本标准规定了植物源性食品中白藜芦醇及白藜芦醇苷的高效液相色谱测定方法。<br>本标准适用于植物源性食品中白藜芦醇及白藜芦醇苷含量的测定。<br>本标准白藜芦醇及白藜芦醇苷的检出限均为1.0mg/kg，定量限均为3.0mg/kg。 |
| NY/T 3290—2018 | 水果、蔬菜及其制品中酚酸含量的测定　液质联用法 | 本标准规定了水果、蔬菜及其制品中酚酸含量的液质联用测定方法。<br>本标准适用于水果、蔬菜及其制品中14种主要酚酸的含量测定。 |
| NY/T 2637—2014 | 水果和蔬菜可溶性固形物含量的测定　折射仪法 | 本标准规定了水果和蔬菜可溶性固形物含量测定的折射仪法。<br>本标准适用于水果和蔬菜可溶性固形物含量的测定。 |
| NY/T 2277—2012 | 水果蔬菜中有机酸和阴离子的测定　离子色谱法 | 本标准规定了水果、蔬菜中有机酸和阴离子离子色谱的测定方法。<br>本标准适用于水果、蔬菜中氯离子、亚硝酸根、硝酸根、硫酸根、磷酸二氢根、苯甲酸、山梨酸、苹果酸、琥珀酸和柠檬酸的测定。 |
| NY/T 1600—2008 | 水果、蔬菜及其制品中单宁含量的测定　分光光度法 | 本标准规定了用紫外可见分光光度法测定水果蔬菜及其制品中单宁含量的方法。<br>本标准适用于水果、蔬菜及葡萄酒中单宁含量的测定。<br>本标准方法检出限为0.01mg/kg，线性范围为0~5.0mg/L。 |
| SN/T 4260—2015 | 出口植物源食品中粗多糖的测定　苯酚-硫酸法 | 本标准规定了出口植物源性食品中粗多糖含量的比色测定法。<br>本标准适用于食用菌、枸杞、葡萄、枣类、果汁等植物源性食品中粗多糖含量的测定。<br>本标准不适用于添加淀粉、糊精组分的食品。<br>本标准方法的检出限为0.5mg/kg。 |

| 标准号 | 标准名称 | 摘要 |
|---|---|---|
| SN/T 2803—2011 | 进出口果蔬汁（浆）检验规程 | 本标准规定了进出口食品工业用果蔬汁（浆）的原辅料与加工卫生要求、成品的抽样与检验、检验结果的判定与处置。<br>本标准适用于以水果、蔬菜为原料，经清洗、取汁（或制浆）、浓缩、杀菌等工序制成，用于兑制饮料或加工食品的进出口果蔬汁（浆）的检验。<br>本标准不适用于预包装成品的检验。 |

## 6.2　蔬菜类

| 标准号 | 标准名称 | 摘要 |
|---|---|---|
| GB/T 30388—2013 | 辣椒及其油树脂　总辣椒碱含量的测定　高效液相色谱法 | 本标准规定了辣椒及其油树脂中总辣椒碱含量的高效液相色谱测定法。<br>本标准适用于辣椒及其油树脂中总辣椒碱含量的高效液相色谱测定。 |
| GB/T 30389—2013 | 辣椒及其油树脂总辣椒碱含量的测定　分光光度法 | 本标准规定了整辣椒或辣椒粉（Capiscum frutescens L.）及其油树脂中总辣椒碱含量的紫外分光光度测定方法。<br>本标准适用于辣椒及其油树脂中总辣椒碱含量的紫外分光光度测定。<br>本标准实验条件下用活性炭不能有效脱色的样品，应选用高效液相色谱法。 |
| GB/T 22293—2008 | 姜及其油树脂　主要刺激成分测定　HPLC法 | 本标准规定了测定干姜及姜油树脂中姜醇、姜酚（简写为 [6]-G、[8]-G、[10]-G、[6]-S、[8]-S、[10]-S）的反相 HPLC 测定方法。<br>本标准适用于干姜和姜油树脂中姜醇，姜酚的测定。 |
| GB/T 15672—2009 | 食用菌中总糖含量的测定 | 本标准规定了食用菌中总糖含量的测定方法。<br>本标准适用于食用菌中总糖含量的测定。 |
| GB/T 12533—2008 | 食用菌杂质测定 | 本标准规定了食用菌及其干制品中杂质含量的测定方法。<br>本标准适用于食用菌及其干制品中杂质含量的测定。 |
| NY/T 1651—2008 | 蔬菜及制品中番茄红素的测定　高效液相色谱法 | 本标准规定了用高效液相色谱仪测定蔬菜及制品中番茄红素的方法。<br>本标准适用于番茄、胡萝卜、番茄汁、番茄酱等蔬菜及制品中番茄红素的测定。<br>本方法的线性范围为 10~1 000ng。<br>本方法的检出限为 0.13mg/kg。 |
| NY/T 1278—2007 | 蔬菜及其制品中可溶性糖的测定　铜还原碘量法 | 本标准规定了新鲜蔬菜及其制品中可溶性糖的测定方法。<br>本标准适用于新鲜蔬菜及蔬菜制品中可溶性糖的测定。<br>本标准的线性范围为 0~2.5mg 还原糖。 |
| NY/T 1746—2009 | 甜菜中甜菜碱的测定　比色法 | 本标准规定了甜菜块根中甜菜碱含量测定的比色法。<br>本标准适用于甜菜块根中甜菜碱含量的测定。本标准的线性范围为 0.1~12.5mg/mL。本标准方法的检出限为 0.04%。 |
| NY/T 2643—2014 | 大蒜及制品中蒜素的测定　高效液相色谱法 | 本标准规定了大蒜及制品（蒜粉、蒜片）中蒜素（二烯丙基硫代亚磺酸酯）含量的高效液相色谱测定方法。<br>本标准适用于大蒜及制品（蒜粉、蒜片）中二烯丙基硫代亚磺酸酯含量的测定。<br>本标准方法的检出限：最低检出量为 50ng，用于色谱分析的试样质量为 3g 时，最低检出浓度为 16.7mg/kg。 |

| 标准号 | 标准名称 | 摘要 |
|---|---|---|
| NY/T 1800—2009 | 大蒜及制品中大蒜素的测定　气相色谱法 | 本标准规定了大蒜及制品（蒜粉、蒜片、蒜油）中大蒜素类硫醚化合物（二烯丙基三硫醚、二烯丙基二硫醚）含量的气相色谱测定方法。<br>本标准适用于大蒜及制品（蒜粉、蒜片、蒜油）中二烯丙基三硫醚（DATS）和二烯丙基二硫醚（DADS）等大蒜素类硫醚化合物含量的测定。 |
| NY/T 713—2003 | 香草兰豆荚中香兰素的测定 | 本标准规定了属于［Vanilla fragrans（Salisbury）Ames］和（syn. Vanilla planifolia Andrews）种的香草兰中香兰素测定方法。<br>本标准适用于香草兰豆荚、切段和粉末中香兰素的测定。本标准不适用于香草兰豆荚抽提物中香兰素的测定。<br>本标准描述了分析香兰素的3个分析方法：①高效液相色谱法；②紫外分光光度法；③气相色谱法。 |
| NY/T 1676—2008 | 食用菌中粗多糖含量的测定 | 本标准规定了食用菌粗多糖的比色测定法。<br>本标准适用于各种干、鲜食用菌产品中粗多糖及食用菌制品中粗多糖含量的测定，不适于添加淀粉、糊精组分的食用菌产品，以及食用菌液体发酵或固体发酵产品。<br>本标准方法的检出限 0.5mg/kg。 |
| NY/T 2279—2012 | 食用菌中岩藻糖、阿糖醇、海藻糖、甘露醇、甘露糖、葡萄糖、半乳糖、核糖的测定　离子色谱法 | 本标准规定了食用菌中岩藻糖、阿糖醇、海藻糖、甘露醇、甘露糖、葡萄糖、半乳糖和核糖离子色谱的测定方法。<br>本标准适用于食用菌中岩藻糖、阿糖醇、海藻糖、甘露醇、甘露糖、葡萄糖、半乳糖和核糖含量的测定。 |
| NY/T 3170—2017 | 香菇中香菇素含量的测定　气相色谱–质谱联用法 | 本标准规定了香菇中香菇素［Lentinula edodes（Berk.）Pegler］含量的气相色谱–质谱测定方法。<br>本标准适用于香菇中香菇素含量的测定。<br>本标准方法的检出限为 0.1mg/kg。定量检测范围 0.25~20.0mg/kg。 |
| NY/T 2280—2012 | 双孢蘑菇中蘑菇氨酸的测定　高效液相色谱法 | 本标准规定了双孢蘑菇中蘑菇氨酸的高效液相色谱测定方法。<br>本标准适用于双孢蘑菇中蘑菇氨酸的测定，其他食用菌中蘑菇氨酸的测定可参照本方法。<br>本标准方法蘑菇氨酸的检出限鲜品为 1.0mg/kg，干品为 10.0mg/kg；定量限鲜品为 3.0mg/kg，干品为 30.0mg/kg。 |
| NY/T 1654—2008 | 蔬菜安全生产关键控制技术规程 | 本标准规定了蔬菜产地环境选择、育苗、田间管理、采收、包装、标识、运输和贮存、质量管理等蔬菜安全生产关键控制技术。<br>本标准适应于我国露地蔬菜生产的关键技术控制。 |
| SB/T 10213—94 | 酱腌菜理化检验方法 | 本标准规定了酱腌菜理化检验方法的取样要求、样品处理及水分、食盐、总酸、氨基酸态氮、还原糖、全糖的测定方法。<br>本标准适用于以蔬菜为主要原料，经腌渍工艺加工成的蔬菜制品。 |
| SB/T 10214—94 | 酱腌菜检验规则 | 本标准规定了酱腌菜检验时的采样原则、采样量、采样方法、采样标签、样品的送检、样品的检验及检验报告。<br>本标准适用于以蔬菜为主要原料经腌渍而成的蔬菜制品。 |

## 6.3　水果类

| 标准号 | 标准名称 | 摘要 |
|---|---|---|
| GB/T 19416—2003 | 山楂汁及其饮料中果汁含量的测定 | 本标准规定了山楂汁及其饮料中钾、总磷、氨基酸态氮、总黄酮（芦丁）4 种组分的测定方法和果汁含量的计算方法。<br>本标准适用于山楂浓缩汁、果汁及果汁含量不低于 2.5%的饮料中果汁含量的测定。 |

| 标准号 | 标准名称 | 摘要 |
|---|---|---|
| GB/T 21916—2008 | 水果罐头中合成着色剂的测定　高效液相色谱法 | 本标准规定了水果罐头中柠檬黄、苋菜红、靛蓝、胭脂红、日落黄、诱惑红、亮蓝、赤藓红人工合成着色剂的高效液相色谱测定方法。<br>本标准适用于水果罐头中柠檬黄、苋菜红、靛蓝、胭脂红、日落黄、诱惑红、亮蓝、赤藓红人工合成着色剂的测定。<br>本标准检出限为柠檬黄 0.300mg/kg、苋菜红 0.300mg/kg、靛蓝 0.300mg/kg、胭脂红 0.300mg/kg、日落黄 0.150mg/kg、诱惑红 0.150mg/kg、亮蓝 0.100mg/kg、赤藓红 0.150mg/kg。 |
| GB 16325—2005 | 干果食品卫生标准 | 本标准规定了干果食品的卫生指标和检验方法以及食品添加剂、生产加工过程、包装、标识、贮存、运输的卫生要求。<br>本标准适用于以新鲜水果（如桂圆、荔枝、葡萄、柿子等）为原料，经晾晒、干燥等脱水工艺加工制成的干果食品。 |
| NY/T 2742—2015 | 水果及制品可溶性糖的测定 3,5-二硝基水杨酸比色法 | 本标准规定了水果及制品中可溶性糖含量测定的 3,5-二硝基水杨酸比色法。<br>本标准适用于水果及制品中可溶性糖含量的测定。<br>本标准的检出限为 2.0mg/L，线性范围为 0~120.0mg/L。 |
| NY/T 2796—2015 | 水果中有机酸的测定 离子色谱法 | 本标准规定了新鲜水果中有机酸（柠檬酸、苹果酸、酒石酸和琥珀酸）含量的离子色谱测定方法。<br>本标准适用于新鲜水果中有机酸（柠檬酸、苹果酸、酒石酸和琥珀酸）含量的测定。 |
| NY/T 2012—2011 | 水果及制品中游离酚酸含量的测定 | 本标准规定了水果及其制品中游离酚酸包括（咖啡酸、香豆酸、阿魏酸和芥子酸）含量液相色谱的测定方法。<br>本标准适用于水果及其制品中游离酚酸（咖啡酸、香豆酸、阿魏酸和芥子酸）含量的测定。<br>本标准定量测定的范围：咖啡酸、香豆酸、阿魏酸和芥子酸均为 1.0~200mg/L。<br>本标准定量限：咖啡酸、香豆酸、阿魏酸和芥子酸均为 1.0mg/kg。<br>本标准检出限：咖啡酸 0.6mg/kg、香豆酸 0.5mg/kg、阿魏酸 0.6mg/kg、芥子酸 0.7mg/kg。 |
| NY/T 2016—2011 | 水果及其制品中果胶含量的测定　分光光度法 | 本标准规定了用分光光度法测定水果及其制品中果胶含量的方法。<br>本标准适用于水果及其制品中果胶含量的测定。<br>本标准方法线性范围为 1~100mg/L，检出限为 0.02g/kg。 |
| NY/T 2009—2011 | 水果硬度的测定 | 本标准规定了新鲜水果硬度的手持式硬度计测定方法。<br>本标准适用于苹果、梨、桃、李、杏、樱桃、草莓、芒果、猕猴桃果实硬度的测定。 |
| NY/T 1594—2008 | 水果中总膳食纤维的测定　非酶-重量法 | 本标准规定了水果中总膳食纤维含量测定的非酶-重量法。<br>本标准适用于总膳食纤维含量≥10%、淀粉含量≤2%（以干基计）的水果中总膳食纤维含量的测定。 |
| NY/T 2741—2015 | 仁果类水果中类黄酮的测定　液相色谱法 | 本标准规定了液相色谱法测定仁果类水果中类黄酮的方法。<br>本标准适用于仁果类水果（苹果、梨和山楂）中主要类黄酮含量的测定。 |
| NY/T 2795—2015 | 苹果中主要酚类物质的测定　高效液相色谱法 | 本标准规定了苹果中主要酚类物质的高效液相色谱测定方法。<br>本标准适用于苹果中没食子酸、原儿茶酸、新绿原酸、原花青素 B1、儿茶素、绿原酸、原花青素 $B_2$、咖啡酸、表儿茶素、p-香豆酸、芦丁、阿魏酸、槲皮苷、根皮苷、槲皮素和根皮素等单个或多个组分含量的测定。 |
| NY/T 1841—2010 | 苹果中可溶性固形物、可滴定酸无损伤快速测定近红外光谱法 | 本标准规定了无损伤快速测定苹果果实中可溶性固形物、总酸含量近红外光谱的方法。<br>本标准适用于中、晚熟苹果品种中可溶性固形物、总酸含量的无损伤快速测定。<br>本标准不适用于仲裁检验。 |

| 标准号 | 标准名称 | 摘要 |
|---|---|---|
| NY/T 2336—2013 | 柑橘及制品中多甲氧基黄酮含量的测定 高效液相色谱法 | 本标准规定了柑橘及其制品中多甲氧基黄酮（甜橙黄酮、川皮苷和蜜橘黄酮）含量的液相色谱测定方法。<br>本标准适用于柑橘及其制品中多甲氧基黄酮（甜橙黄酮、川皮苷和蜜橘黄酮）含量的测定。<br>本标准定量测定范围：甜橙黄酮、川皮苷和蜜橘黄酮均为 0.02~30mg/L。<br>本标准方法定量限：甜橙黄酮、川皮苷和蜜橘黄酮均为 0.02mg/kg。<br>本标准方法检出限：甜橙黄酮、川皮苷和蜜橘黄酮均为 0.01mg/kg。 |
| NY/T 2010—2011 | 柑橘类水果及制品中总黄酮含量的测定 | 本标准规定了柑橘类水果及制品中总黄酮含量的比色检测法。<br>本标准适用于柑橘类水果及制品中总黄酮含量的测定。<br>本标准总黄酮的定量测定范围：0.8~100mg/L。<br>本标准总黄酮的定量限：0.8mg/kg。<br>本标准总黄酮的检出限：0.3mg/kg。 |
| NY/T 2011—2011 | 柑橘类水果及制品中柠碱含量的测定 | 本标准规定了柑橘类水果及其制品中柠碱含量的液相色谱测定方法。<br>本标准适用于柑橘类水果及其制品中柠碱含量的测定。<br>本标准定量测定范围：1.0~200mg/L。<br>本标准定量限：0.7mg/kg。<br>本标准检出限：0.2mg/kg。 |
| NY/T 2013—2011 | 柑橘类水果及制品中香精油含量的测定 | 本标准规定了柑橘类水果及制品中香精油含量的蒸馏滴定测定法。<br>本标准适用于柑橘类水果及制品中香精油含量的测定。 |
| NY/T 2014—2011 | 柑橘类水果及制品中橙皮苷、柚皮苷含量的测定 | 本标准规定了柑橘类水果及其制品中橙皮苷和柚皮苷含量的液相色谱测定方法。<br>本标准适用于柑橘类水果及其制品中橙皮苷和柚皮苷含量的测定。<br>本标准定量测定范围：橙皮苷和柚皮苷均为 1.0~200mg/L。<br>本标准定量限：橙皮苷和柚皮苷均为 1mg/kg。<br>本标准检出限：橙皮苷和柚皮苷均为 0.3mg/kg。 |
| NY/T 2015—2011 | 柑橘果汁中离心果肉浆含量的测定 | 本标准规定了柑橘果汁中离心果肉浆含量的离心测定方法。<br>本标准适用于柑橘果汁中离心果肉浆含量的测定。 |
| SN/T 2007—2007 | 进出口果汁中乳酸、柠檬酸、富马酸含量检测方法 高效液相色谱法 | 本标准规定了果汁中乳酸、柠檬酸、富马酸含量的高效液相色谱检测方法。<br>本标准适用于苹果汁、梨汁中乳酸、柠檬酸、富马酸含量的测定。 |
| NY/T 1388—2007 | 梨果肉中石细胞含量的测定 | 本标准规定了梨果肉中石细胞含量的测定方法。<br>本标准适用于梨果肉中石细胞含量的测定重量法。 |
| SN/T 4849.1—2017 | 出口食品及饮料中常见小浆果成分的检测方法 实时荧光 PCR 法 第1部分：蓝莓 | SN/T 4849 的本部分规定了出口食品及饮料中蓝莓成分的检测方法，实时荧光 PCR 法。<br>本部分适用于鲜果、冷冻果、蜜饯、鲜榨果汁、果肉型果汁、混浊汁、果干、果酱及其他以蓝莓为原辅料的食品及饮料中蓝莓成分的定性检测（清汁及果酒除外）。<br>本部分所规定方法的最低检出限（LOD）为 1%（体积比）。 |
| SN/T 4849.2—2017 | 出口食品及饮料中常见小浆果成分的检测方法 实时荧光 PCR 法 第2部分：树莓 | SN/T 4849 的本部分规定了出口食品及饮料中树莓成分的检测方法实时荧光 PCR 法。<br>本部分适用于鲜果、冷冻果、蜜饯、鲜榨果汁、果肉型果汁、混浊汁、果干、果酱及其他以树莓为原辅料的食品及饮料中树莓成分的定性检测（清汁及果酒除外）包括红树莓、黄树莓、黑树莓。此部分所规定方法的红树莓最低检出限（LOD）为 0.1%（体积比），黄树莓和黑树莓的最低检出限（LOD）为 0.1%（体积比）。 |

| 标准号 | 标准名称 | 摘要 |
|---|---|---|
| SN/T 4849.3—2017 | 出口食品及饮料中常见小浆果成分的检测方法　实时荧光 PCR 法　第 3 部分：黑加仑 | SN/T 4849 的本部分规定了出口食品及饮料中黑加仑成分的检测方法实时荧光 PCR 法。<br>本部分适用于鲜果、冷冻果、蜜饯、鲜榨果汁、果肉型果汁、果干、果酱等以黑加仑为原辅料的初加工食品及饮料中黑加仑成分的定性检测（清汁及果酒除外）。<br>本部分所规定方法的最低检出限（LOD）为 1%（体积比）。 |
| SN/T 4849.4—2017 | 出口食品及饮料中常见小浆果成分的检测方法　实时荧光 PCR 法　第 4 部分：桑葚 | SN/T 4849 的本部分规定了出口食品及饮料中桑葚成分的检测方法　实时荧光 PCR 法。<br>本部分适用于鲜果、冷冻果、蜜饯、鲜榨果汁、果肉型果汁、果干、果酱等以桑葚为原辅料的初加工食品及饮料中桑葚成分的定性检测（清汁及果酒除外）。本部分所规定方法的最低检出限（LOD）为 1%（体积比）。 |
| SN/T 4849.5—2017 | 出口食品及饮料中常见小浆果成分的检测方法　实时荧光 PCR 法　第 5 部分：蔓越莓和蓝莓 | SN/T 4849 的本部分规定了出口食品及饮料中蔓越莓和蓝莓成分的检测方法　实时荧光 PCR 法。<br>本部分适用于鲜果、冷冻果、蜜饯、鲜榨果汁、果肉型果汁、混浊汁、果干、果酱及其他以蔓越莓和蓝莓为原辅料的食品及饮料中蔓越莓和蓝莓成分的定性检测（清汁及果酒除外）。本部分所规定方法的最低检出限（LOD）为 1%（体积比）。 |
| SN/T 4849.6—2017 | 出口食品及饮料中常见小浆果成分的检测方法　实时荧光 PCR 法　第 6 部分：猕猴桃 | SN/T 4849 的本部分规定了出口食品及饮料中猕猴桃成分的检测方法　实时荧光 PCR 法。<br>本部分适用于鲜果、冷冻果、蜜饯、鲜榨果汁、果肉型果汁、果干、果酱等以猕猴桃为原辅料的初加工食品及饮料中猕猴桃成分的定性检测（清汁及果酒除外）。本部分所规定方法的最低检出限（LOD）为 1%（体积比）。 |
| SN/T 3729.1—2013 | 出口食品及饮料中常见水果品种的鉴定方法　第 1 部分：草莓成分检测　PCR 法 | SN/T 3729 的本部分规定了出口食品和饮料中草莓成分的实时荧光 PCR 检测方法。<br>本部分适用于果汁、果酱及其他以水果为原辅料的食品中草莓成分的定性检测。本部分所规定方法的最低检出限（LOD）为 1%（质量分数）。 |
| SN/T 3729.2—2013 | 出口食品及饮料中常见水果品种的鉴定方法　第 2 部分：杏成分检测　实时荧光 PCR 法 | SN/T 3729 的本部分规定了出口食品和饮料中杏成分的实时荧光 PCR 检测方法。<br>本部分适用于果汁、果酱及其他以水果为原辅料的食品中杏成分的定性检测。本部分所规定方法的最低检出限（LOD）为 1%（质量分数）。 |
| SN/T 3729.3—2013 | 出口食品及饮料中常见水果品种的鉴定方法　第 3 部分：梨成分检测　实时荧光 PCR 法 | SN/T 3729 的本部分规定了出口食品和饮料中梨成分的实时荧光 PCR 检测方法。<br>本部分适用于果汁、果酱及其他以水果为原辅料的食品中梨成分的定性检测。本部分所规定方法的最低检出限（LOD）为 1%（质量分数）。 |
| SN/T 3729.4—2013 | 出口食品及饮料中常见水果品种的鉴定方法　第 4 部分：芒果成分检测　实时荧光 PCR 法 | SN/T 3729 的本部分规定了出口食品和饮料中芒果成分的实时荧光 PCR 检测方法。<br>本部分适用于果汁、果酱及其他以水果为原辅料的食品中芒果成分的定性检测。本部分所规定方法的最低检出限（LOD）为 0.01%（质量分数）。 |
| SN/T 3729.5—2013 | 出口食品及饮料中常见水果品种的鉴定方法　第 5 部分：木瓜成分检测　实时荧光 PCR 法 | SN/T 3729 的本部分规定了出口食品和饮料（油、酒精等精加工食品除外）中木瓜（番木瓜）成分的实时荧光 PCR 检测方法。<br>本部分适用于果汁、果酱及其他以水果为原辅料的食品中木瓜（番木瓜）成分的定性检测。本部分所规定方法的最低检出限（LOD）为 1%（质量分数）。 |

| 标准号 | 标准名称 | 摘要 |
| --- | --- | --- |
| SN/T 3729.6—2013 | 出口食品及饮料中常见水果品种的鉴定方法 第6部分: 苹果成分检测 实时荧光 PCR 法 | SN/T 3729 的本部分规定了出口食品和饮料中苹果成分的实时荧光 PCR 检测方法。<br>本部分适用于果汁、果酱及其他以水果为原辅料的食品中苹果成分的定性检测。本部分所规定方法的最低检出限（LOD）为 1%（质量分数）。 |
| SN/T 3729.7—2013 | 出口食品及饮料中常见水果品种的鉴定方法 第7部分: 葡萄成分检测 PCR 法 | SN/T 3729 的本部分规定了出口食品和饮料中葡萄成分的实时荧光 PCR 检测方法。<br>本部分适用于果汁、果酱及其他以水果为原辅料的食品中葡萄成分的定性检测。本部分所规定方法的最低检出限（LOD）为 1%（质量分数）。 |
| SN/T 3729.8—2013 | 出口食品及饮料中常见水果品种的鉴定方法 第8部分: 山楂成分检测 实时荧光 PCR 法 | SN/T 3729 的本部分规定了出口食品和饮料中山楂成分的实时荧光 PCR 检测方法。<br>本部分适用于果汁、果酱及其他以水果为原辅料的食品中山楂成分的定性检测。本部分所规定方法的最低检出限（LOD）为 1%（质量分数）。 |
| SN/T 3729.9—2013 | 出口食品及饮料中常见水果品种的鉴定方法 第9部分: 桃成分检测 实时荧光 PCR 法 | SN/T 3729 的本部分规定了出口食品和饮料中桃成分的实时荧光 PCR 检测方法。<br>本部分适用于果汁、果酱及其他以水果为原辅料的食品中桃成分的定性检测。本部分所规定方法的最低检出限（LOD）为 1%（质量分数）。 |
| SN/T 3729.10—2013 | 出口食品及饮料中常见水果品种的鉴定方法 第10部分: 香蕉成分检测 实时荧光 PCR 法 | SN/T 3729 的本部分规定了出口食品和饮料（油、酒精等精加工食品除外）中香蕉成分的实时荧光 PCR 检测方法。<br>本部分适用于果汁、果酱及其他以水果为原辅料的食品中香蕉成分的定性检测。本部分所规定方法的最低检出限（LOD）为 1%（质量分数）。 |
| SN/T 3729.11—2014 | 出口食品及饮料中常见水果品种的鉴定方法 第11部分: 橘、橙成分检测 PCR-DHPLC 法 | SN/T 3729 的本部分规定了出口食品和饮料中橘橙成分的实时荧光 PCR 检测方法。<br>本部分适用于果汁、果酱及其他以水果为原辅料的食品中橘橙成分的定性检测。本部分所规定方法的最低检出限（LOD）为 1%（重量比）。 |
| SN/T 3844—2014 | 出口果汁中熊果苷的测定 | 本标准规定了果汁中熊果苷含量的液相色谱—串联质谱测定方法和液相色谱测定方法。<br>本标准适用于苹果汁、石榴汁、橙汁、葡萄汁、桃汁等果汁中熊果苷含量的测定和确证。 |
| SN/T 3846—2014 | 出口苹果和浓缩苹果汁中碳同位素比值的测定 | 本标准规定了稳定同位素比质谱测定苹果和浓缩苹果汁中果汁、果糖、果肉稳定碳同位素比值的方法。<br>本标准适用于苹果和浓缩苹果汁中果汁、果糖、果肉稳定碳同位素比值的测定。 |
| QB/T 4855—2015 | 果汁中水的稳定氧同位素比值（$^{18}O/^{16}O$）测定方法 同位素平衡交换法 | 本标准规定了果汁（浓缩果汁除外）中水的稳定氧同位素比值（$^{18}O/^{16}O$）的测定方法。<br>本标准适用于果汁及果汁饮料中水的稳定氧同位素比值（$^{18}O/^{16}O$）的测定，不适用于浓缩果汁中的稳定氧同位素比值（$^{18}O/^{16}O$）测定。 |

# 第7章 果蔬产业市场经营及管理

## 7.1 市场管理

| 标准号 | 标准名称 | 摘要 |
|---|---|---|
| GB/T 34768—2017 | 果蔬批发市场交易技术规范 | 本标准规定了果蔬批发市场的交易环境、市场设施设备、交易管理要求、人员管理和记录管理。<br>本标准适用于果蔬批发市场交易和农产品批发市场的果蔬交易。 |
| GB/T 35873—2018 | 农产品市场信息采集与质量控制规范 | 本标准规定了农产品市场信息的采集内容、采集方法、表达方法和质量控制等要求。<br>本标准适用于以农产品市场信息监测、分析、预警、发布等为目的的农产品市场信息采集与质量控制。 |
| GB/T 34258—2017 | 农产品购销基本信息描述 薯芋类 | 本标准规定了农产品购销中薯芋类商品基本信息描述的术语和定义、要求。<br>本标准适用于薯芋类商品购销的信息描述。 |
| GB/T 34257—2017 | 农产品购销基本信息描述 茄果类 | 本标准规定了农产品购销中茄果类商品基本信息描述的术语和定义、要求。<br>本标准适用于茄果类商品购销的信息描述。 |
| GB/T 34256—2017 | 农产品购销基本信息描述 热带和亚热带水果类 | 本标准规定了农产品购销中热带和亚热带水果类商品基本信息描述的术语和定义、要求。<br>本标准适用于热带和亚热带水果类商品购销的信息描述。 |
| GB/T 31739—2015 | 农产品购销基本信息描述 仁果类 | 本标准规定了农产品购销中仁果类商品基本信息描述的术语和定义、要求。<br>本标准适用于仁果类商品购销的信息描述。 |
| NY/T 2138—2012 | 农产品全息市场信息采集规范 | 本标准规定了农产品全息市场信息的采集内容、采集方法和表达方法。<br>本标准适用于以农产品市场信息监测、分析、预警为目的的农产品市场信息的采集。 |
| NY/T 2137—2012 | 农产品市场信息分类与计算机编码 | 本标准规定了农产品市场信息采集与分析的产品分类和计算机编码。本标准适用于以农产品市场信息监测、分析、预警为目的的农产品市场信息的采集和分析；不适用于生物学分类工作。 |
| NY/T 2776—2015 | 蔬菜产地批发市场建设标准 | 本标准规定了蔬菜产地批发市场的术语与定义、一般规定、建设规模与项目构成、选址与建设条件、工艺与设备、建设用地与规划布局、建筑工程及配套工程、节能节水与环境保护和主要技术经济指标等内容。<br>本标准适用于以经营蔬菜为主的农产品产地批发市场的新建项目和改、扩建项目，是编制、评估蔬菜产地批发市场工程项目可行性研究报告的依据，是有关部门评审、批复、监督检查和竣工验收的依据，是开展此类项目初步设计的参考依据。<br>蔬菜产地批发市场的建设，除执行本标准外，还应符合现行国家和行业有关标准和规定。 |
| SB/T 10452—2007 | 长辣椒购销等级要求 | 本标准规定了长辣椒购销的术语和定义、基本要求、卫生要求、等级划分、试验方法、检验规则、包装、标志、贮存和运输。<br>本标准适用于尖形生鲜长辣椒购销。 |
| SB/T 10451—2007 | 苦瓜购销等级要求 | 本标准规定了苦瓜购销的术语和定义、基本要求、卫生要求、等级划分、试验方法、检验规则、加工、包装、标志、贮存和运输。<br>本标准适用于生鲜苦瓜购销。 |

## 7.2　产业管理

| 标准号 | 标准名称 | 摘要 |
|---|---|---|
| GB/Z 35036—2018 | 辣椒产业项目运营管理规范 | 本指导性技术文件给出了辣椒产业项目运营管理的项目条件、职责分工、项目组织与运行、项目预期成效分析、项目评价与管理的内容，并提供了辣椒产业精准扶贫的标准化典型案例。<br>本指导性技术文件适用于辣椒产业项目运营管理。 |
| GB/Z 35037—2018 | 蓝莓产业项目运营管理规范 | 本指导性技术文件给出了蓝莓产业项目运营管理的项目条件、职责分工、项目组织与运行、项目预期成效分析、项目评价与管理的内容，并提供了蓝莓产业精准扶贫的标准化典型案例。<br>本指导性技术文件适用于蓝莓产业项目运营管理。 |
| GB/Z 35041—2018 | 食用菌产业项目运营管理规范 | 本指导性技术文件给出了食用菌产业扶贫项目的项目条件、职责分工、项目组织与运行、项目预期成效分析、脱贫周期、项目评价与管理内容，提供了我国食用菌生产主要栽培品种分类与特征和兴城市华山街道食用菌产业精准扶贫（脱低）典型案例。<br>本指导性技术文件适用于食用菌产业项目运营管理。 |
| GB/T 37503—2019 | 物流公共信息平台服务质量要求与测评 | 本标准规定了物流公共信息平台的类型、服务质量要求以及服务质量测评。<br>本标准适用于物流公共信息平台的服务和测评。 |
| GB/T 36088—2018 | 冷链物流信息管理要求 | 本标准规定了冷链物流信息管理原则、信息内容和信息管理要求。<br>本标准适用于冷链物流各环节信息的记录与应用。 |

# 第8章　果蔬产业追溯体系管理

| 标准号 | 标准名称 | 摘要 |
|---|---|---|
| GB/T 31575—2015 | 马铃薯商品薯质量追溯体系的建立与实施规程 | 本标准规定了马铃薯商品薯质量追溯体系建立与实施的目标、原则、基本要求、追溯信息的记录及保障质量追溯体系实施的商品薯包装标识要求及企业内部管理要求。<br>本标准适用于有组织的、规模化种植、运输、贮藏模式下的马铃薯商品薯追溯。<br>本标准不适用于散户种植、贮藏、销售模式及收购后散装混杂销售模式下的马铃薯商品薯追溯。 |
| GB/T 38159—2019 | 重要产品追溯　追溯体系通用要求 | 本标准规定了重要产品追溯体系的组成、建立原则、系统与平台设计、实施、评价、改进等通用要求。<br>本标准适用于食用农产品、食品、药品、农业生产资料、特种设备、危险品、稀土产品等重要产品追溯体系建设。 |
| GB/T 38158—2019 | 重要产品追溯　产品追溯系统基本要求 | 本标准规定了产品追溯系统的总体要求、追溯系统建设要求、追溯数据管理要求、追溯系统运维要求以及追溯系统安全要求等内容。<br>本标准适用于食用农产品、食品、药品、农业生产资料、特种设备、危险品、稀土产品等重要产品追溯系统建设。 |
| GB/T 38157—2019 | 重要产品追溯　追溯管理平台建设规范 | 本标准规定了重要产品追溯管理平台的总体要求、总体架构，以及平台功能、性能、数据接口、部署环境、安全性、运行维护等方面的要求。<br>本标准适用于食用农产品、食品、药品、农业生产资料、特种设备、危险品、稀土产品等重要产品的追溯管理平台的建设。 |
| GB/T 38156—2019 | 重要产品追溯　交易记录总体要求 | 本标准规定了追溯参与方在供应链上下游产品交易时的交易记录总体要求，包括交易记录内容、数据描述、采集、存储、传输和共享、信息安全等。<br>本标准适用于食用农产品、食品、药品、农业生产资料、特种设备、危险品、稀土产品等重要产品追溯过程中交易记录的采集、存储、管理和交换。 |
| GB/T 38155—2019 | 重要产品追溯　追溯术语 | 本标准界定了追溯活动中的基础术语、技术术语、管理与服务术语及其定义。<br>本标准适用于食用农产品、食品、药品、农业生产资料、特种设备、危险品、稀土产品等重要产品追溯相关的管理、研究、开发、应用及服务。 |
| GB/T 37029—2018 | 食品追溯　信息记录要求 | 本标准规定了工业化生产的预包装、可销售的食品在生产、物流和销售过程中涉及的追溯信息记录要求。<br>本标准适用于食品安全追溯。 |
| GB/T 36759—2018 | 葡萄酒生产追溯实施指南 | 本标准规定了葡萄酒生产过程中可追溯体系建设及信息记录要求。<br>本标准适用于葡萄酒生产企业（含原酒加工企业、加工灌装企业等），葡萄酒生产监管部门、第三方追溯服务提供方等也可参照使用。 |
| GB/T 31575—2015 | 马铃薯商品薯质量追溯体系的建立与实施规程 | 本标准适用于有组织的、规模化种植、运输、贮藏模式下的马铃薯商品薯追溯。<br>本标准不适用于散户种植、贮藏、销售模式及收购后散装混杂销售模式下的马铃薯商品薯追溯。 |
| GB/T 28843—2012 | 食品冷链物流追溯管理要求 | 本标准规定了食品冷链物流的追溯管理总则以及建立追溯体系、温度信息采集、追溯信息管理和实施追溯的管理要求。<br>本标准适用于预包装食品从生产结束到销售之前的运输、仓储、装卸等冷链物流环节中的追溯管理。 |

| 标准号 | 标准名称 | 摘要 |
| --- | --- | --- |
| GB/T 29373—2012 | 农产品追溯要求 果蔬 | 本标准规定了果蔬供应链可追溯体系的构建和追溯信息的记录要求。<br>本标准适用于果蔬供应链中各组织可追溯体系的设计和实施。 |
| GB/Z 21724—2008 | 出口蔬菜质量安全控制规范 | 本指导性技术文件规定了出口蔬菜种植、采收、加工、包装、储存运输、检验、追溯、产品召回、记录保持等涉及蔬菜质量安全的技术规范。<br>本指导性技术文件适用于各种类别的出口蔬菜企业在蔬菜基地种植、采收、加工、包装、储存运输、检验、追溯、产品召回、记录保持等方面的安全质量控制。 |
| SN/T 4529.1—2016 | 供港食品全程 RFID 溯源规程 第 1 部分：水果 | SN/T 4529 的本部分规定了供港水果全程 RFID 溯源体系的实施原则、实施要求、溯源系统模型、信息记录和处理、体系运行自查、溯源管理和产品召回。<br>本部分适用于供港水果全程 RFID 溯源体系的构建和实施。 |
| SN/T 4529.2—2016 | 供港食品全程 RFID 溯源规程 第 2 部分：蔬菜 | SN/T 4529 的本部分规定了供港蔬菜 RFID 全程溯源体系的实施原则、实施要求、溯源系统模型、信息记录和处理、体系运行自查、溯源管理和产品召回。<br>本部分适用于供港蔬菜全程 RFID 溯源体系的构建和实施。 |
| NY/T 2531—2013 | 农产品质量追溯信息交换接口规范 | 本标准规定了农产品质量追溯信息系统的术语和定义、信息交换原则、编码设计、信息交换内容、信息交换格式。<br>本标准适用于各类农产品质量追溯信息系统之间的信息交换。 |
| NY/T 1993—2011 | 农产品质量安全追溯操作规程 蔬菜 | 本标准规定了蔬菜质量安全追溯的术语和定义、要求、编码、关键控制点、信息采集、信息管理、追溯标识、体系运行自查和质量安全问题处置。<br>本标准适用于蔬菜质量安全追溯体系的实施。 |
| NY/T 1762—2009 | 农产品质量安全追溯操作规程 水果 | 本标准规定了水果质量安全追溯的术语和定义、要求、编码方法、信息采集、信息管理、追溯标识、体系运行自检、质量安全问题处置。<br>本标准适用于水果质量安全追溯体系的实施。 |
| NY/T 1761—2009 | 农产品质量安全追溯操作规程 通则 | 本标准规定了农产品质量安全追溯的术语与定义、实施原则与要求、体系实施、信息管理、体系运行自查、质量安全问题处置。<br>本标准适用于农产品质量安全追溯体系的建立与实施。 |
| NY/T 1431—2007 | 农产品追溯编码导则 | 本标准规定了农产品追溯编码的术语和定义、编码原则和编码对象。<br>本标准适用于农产品追溯代码编制。 |
| NY/T 1993—2011 | 农产品质量安全追溯操作规程 蔬菜 | 本标准规定了蔬菜质量安全追溯的术语和定义、要求、编码、关键控制点、信息采集、信息管理、追溯标识、体系运行自查和质量安全问题处置。<br>本标准适用于蔬菜质量安全追溯体系的实施。 |
| SB/T 11059—2013 | 肉类蔬菜流通追溯体系 城市管理平台规范 | 本标准规定了城市管理平台的管理功能要求、接口要求、性能要求、部署环境要求、安全性要求等。<br>本标准适用于城市管理平台的建设和运行维护。 |